湛庐CHEERS

与最聪明的人共同进化

HERE COMES EVERYBODY

CHEERS
湛庐

时间之问

汪波 著

What Is Time

①

帐篷里的时间之神

浙江科学技术出版社 · 杭州

你对时间的起源了解多少？

扫码加入书架
领取阅读激励

- 时间的起点在哪里？（单选题）

  A. 宇宙大爆炸之前

  B. 宇宙大爆炸之时

  C. 宇宙大爆炸之后

  D. 时间没有起点

扫码获取全部
测试题及答案，
一起探索时间起源的秘密

- 为什么星星那么多却无法照亮整个夜空？（单选题）

  A. 因为星星不够多

  B. 因为星星距离太远

  C. 因为宇宙在膨胀

  D. 因为光速有限

- 时间可以被分割到多小？（单选题）

  A. 1 秒

  B. 1 纳秒

  C. 1 普朗克时间

  D. 1 阿秒

扫描左侧二维码查看本书更多测试题

各方赞誉

时间之矢通常是用周期运动来度量的，这本身就颇奇特。时间是什么？我们很难给出令人满意的回答，但是“时间之问”的种种探究，无疑可以让人们很好地感受我们与时间的万种纠缠。

刘华杰

北京大学科学传播中心教授

这套书通过爸爸、妈妈、哥哥、妹妹一家人的日常对话，把生命成长与自然科学、亲子陪伴、哲学思考融为一体，广袤的星空旷野、神秘的人生历史、温馨的家庭氛围，配上值得信赖的汪波老师的娓娓讲述。阅读《时间之问》，享受家人在一起的温情时光。

苏德超

武汉大学哲学学院教授

阅读这套书的过程，像是在复刻我在山野追踪小动物的惊奇体验。这套《时间之问》不仅是科普读物，更是带孩子在生活中感受时间、思考时间的启蒙课。真正的科普不是灌输知识，而是守护孩子探索世界时眼睛里的闪光。这套露营指南般的小书，可以教会我们如何把孩子口中的“为什么”变成亲子探险的藏宝图。

陈　睿

中国科学探险协会秘书长

自然科普作家和科学教育专家

在目前的环境下，人文教育或者说通识教育不但是缺失的，而且被认为是没有用的。这就导致我们在理解世界的时候缺了一个工具箱。一个人如何有持续学习和持续更新自我的能力，实际上跟底层的文化根基是关联的。汪波老师的这套写给青少年的时间通识，其实给孩子提供了一个在好奇心的驱使下，持续发问和持续学习的系统化思维方式，希望他们能从时间开始，深度认知这个世界。

李一诺

一土教育联合创始人

《笑得出来的养育》作者

这是一套神奇的时间之书、宇宙之书。

我几乎是一口气手不释卷地读完的，非常惊喜。汪波老师用接地气和生活化的一家人的故事，引发了孩子和父母一起对时间的思考，而通过“时间”这个维度，他把人类文明中非常重要的发现，以及思维模式，一一进行了生动展示。

我们惯常于在教室里的学习，而这套书直接把我们的课堂，带到了大自然之中，带到了星空之下，带到了整个宇宙之中。我们这才发现，原来，杜威所说的“教育就是生活，生活就是教育”是完全可以实践的，而在教室里学习所缺乏的自驱力、专注力，似乎都迎刃而解了。

最关键的，是让我们开始思考，我和宇宙之间，到底是什么关系——这个思维模式，价值千金——会改变孩子一生的命运。

三川玲

童书妈妈创始人、教育出版人

幸福流全支持读写中心发起人

推荐序一

花点时间，了解时间

尹传红

中国科普作家协会副理事长

“世界上哪样东西是最长的又是最短的，最快的又是最慢的，最能分割的又是最广大的，最不受人重视的又是最受人们惋惜的；没有它，什么事情都做不成；它使一切渺小的东西归于消失，使一切伟大的东西永世长存？”这是法国 18 世纪著名的思想家和哲学家伏尔泰，在他的一部文学作品中写下的一则谜语，其答案由作品中的一位智者查第格给出。

这位智者是这样说的：“最长的莫过于时间，因为它永无穷尽；最短的也莫过于时间，因为人们所有的计划都来不及完成；在等待的人，时间是最慢的；在作乐的人，时间是最快的；它可以扩展到无穷大，也可以分割到无穷小；当时，谁都不加重视；过后，谁都表示惋惜；没有它，什么事情都做不成；不值得后世纪念的，它会使人忘却；伟大的，它会使之永垂不朽。”

然而，时间是什么呢？古罗马杰出的神学家、哲学家奥古斯丁（公元 354—430 年）在他的著作《忏悔录》中坦陈：没有人问我，我倒知道时间是什么；有人问我，我试图解释的话，反倒不知道时间是什么了。

确实，时间，作为人类语言中使用率最高的词语之一，迄今仍还有着许多谜团。你看，它渗透于一切自然现象，伴随着人们的生活日常，似乎又不是一种单独的存在。古往今来，它一直困扰着世界上许许多多聪慧的大脑。甚至可以说，时间一直是横在人类认识道路上的一个知识盲点，揭示时间的秘密，是一项极富挑战性的前沿科学课题。

说起来并不久远，仅仅在 100 多年以前，物理学家还认为我们的宇宙是由时间和三维的空间所构成的，而时间是一个独立于空间之外的影响因子。但是，在爱因斯坦的广义相对论中，时间也变成了像长度、宽度和深度一样的度量单位，宇宙具备了确确实实的四维特性——我们称之为“时空”。按现代观点来说，宇宙是时间、空间和万物的总和。

也不难发现，物理学自诞生以来，其发展历程中的几个最重要的成就，都或多或少地跟人类对于时间和空间的认识的进步有着不可分割的关系。而且，特别明显的一个特征是：物理学所研究的量，如重量、动量、能量、电量，都是作为研究对象的物体所具有的特性，唯独时间是人类与自然现象融洽地共有的属性，而且似乎只能沿着一定的方向经过；如果不经历事件，则时间将失去意义——时间与事件，是一条不断的链。

古罗马哲学家塞涅卡（公元前 4 年—公元 65 年）曾经发出如此感慨：长期艰苦的研究工作终将揭示现存的奥秘。但人的生命是有限的，只有经过相当长的历史时期，人们才有可能获得对宇宙的全面认识。如果我们的宇宙不能为每一代人都提供可探索的奥秘，那么，这个宇宙就太渺小、太可悲了……大自然是不肯将其天机一下子全都泄露给我们的。

所有满怀好奇之心的孩子，我郑重向你提议，不妨花时间读一读文津图书奖得主汪波新著《时间之问》，跟随他一起去寻找时间的源头，感受时间的流逝，转动时间的年轮，聆听时间的节奏。相信你一定会大有收获，进而激发起探求欲，去破解大自然留给我们的时间谜题。

推荐序二

星空下的邀请：献给未来探索者的书

苟利军

中国科学院国家天文台研究员

中国科学院大学教授

《中国国家天文》执行总编

古人常说，四方上下曰宇，往古来今曰宙。对于浩瀚宇宙而言，它的奇伟不仅体现在空间的广袤上，也体现在时间的深邃上。从大爆炸的起源到黑洞的永恒，从恒星的诞生到银河的旋转，天文学本质上就是一门关于时间的科学。时间在宇宙中无处不在，它连接着过去、现在与未来，像一座桥梁贯穿古今。正因如此，当我得知汪波老师即将推出以“时间”命名的《时间之问》系列科普读物时，我欣然接受为其撰写推荐序的邀请。这套书巧妙地以时间为切入点，将科学与人文交织成网，带领青少年读者进入一个多维度的知识世界。在人工智能迅猛发展的当下，这套书的出版可谓正逢其时——它不仅是生动的科普读物，更是一把激发年轻一代好奇心与跨界思维的钥匙。

在介绍这套书之前，我想先简单介绍一下作者汪波老师。汪波是一位在微电子领域深耕多年的学者，具有扎实的理工科背景：他曾任教于北京大学深圳研究生院，专注于集成电路的研究与教学。除了科研和教学方面的成就，汪波老师还是一位出色的科普作家。他上一部广受好评的作品《芯片简史》以芯片的诞生和发展为主线，梳理了这一科技奇迹如何改变世界。值得一提的是，《芯片简史》荣获了 2024 年第十九届国家图书馆文津图书奖，足见其影响之大。而如今，他将目光投向更宏大的主题——时间，并面向青少年读者精心改编推出《时间之问》系列。

《时间之问》全系列共 4 册，汪波老师以一家四口周末外出露营、探索大自然的温馨场景为背景，用通俗易懂又饶有趣味的对话形式，引出关于“时间”的层层谜题。科学家爸爸和孩子们在溯溪、登山、野炊、观星的过程中天马行空地提问与讨论，将抽象的时间概念融入具体的生活场景中，由浅入深地展开探索。

这套书最大的一个特点在于其跨学科的融会贯通。汪波老师并未将讨论局限于某单一领域，而是以“时间”这一主题为纽带，打通了科学和人文的知识边界。从数学到天文、从物理到生物、从化学到信息技术，甚至延伸到历史和哲学，该系列通过时间将各个学科有机地联系在一起。例如，在探索宇宙起源时，自然引入了天文学中的“大爆炸”理论；讲解时间箭头时，又融合了热力学第二定律和宇宙学观测；讨论历法时，不仅涉及天文观测和地球公转周期，还触及文化历史（如英国巨石阵的天文用途、中国古代的星宿历法）。这种跨领域的叙事方式使得知识点不再是孤立的碎片，而是构成了一个融会贯通的网络。读者在阅读过程中会惊喜地发现，各门学科原来可以如此紧密相关：科学并非冰冷枯燥的公式定理，人文也不只是远离现实的故纸堆，两者在“时间”这个宏大的命题下水乳交融、相互印证。这种融合同样向青少年传递了一个重要理念——现实世界的问题往往需要多学科视角才能真正被理解和解决，只有学会整合多方面知识，才能更全面地认识我们所处的世界。

或许有人会问：为什么青少年读者现在就需要读这样一套关于“时间”的书？答案就在于我们所处的时代背景。当今世界，科技变革日新月异，人工智能、量子计算、太空探索等前沿领域正以前所未有的速度重塑人类社会。时间，作为一切变化和发展的载体，已成为理解这些快速变革的关键。如果不能从根本上认识时间、把握时间，年轻一代很可能在信息爆炸的洪流中迷失方向。青少年正处于好奇心最旺盛、求知欲最强的黄金年龄，如果不及时引导他们探索“时间之谜”，他们可能会错过培养基础科学观念的最佳时机。这套书可谓是恰逢其时——它以青少年易于接受的方式，将深刻的时间观念潜移默化地传递给读者。通过阅读这套书，青少年可以从时间这一基本维度出发，理解宇宙的演化历史、掌握科技运转的节奏，从而在瞬息万变的时代中找到自己的定位。例如，在天文学领域，理解距离和轨道的关键就在于时间：光年这一距离单位本质上是光在一年中传播的距离，通过测量光线传输时间可以估算星系的遥远；在信息技术时代，北斗导航系统与通信网络的精确运行都依赖各处时钟的同步——没有时间同步，现代互联网和导航系统将陷入混乱。由此可见，时间不只是钟表上的刻度，更是驱动创新与科技运转的隐形引擎。让青少年提前树立起对时间的科学认识和敬畏之心，能帮助他们更好地理解当代科技，并为未来的学习与创新打下坚实基础。

总而言之，《时间之问》是一套值得每一位青少年阅读的科普佳作。它不仅解答了关于时间的诸多谜题，更在字里行间点亮了读者心中的求知之光。在这个时间仿佛被加速的时代，我们更需要停下脚步，和孩子一起重新审视“时间”的意义。这套书提供了一个绝佳的契机，让我们跟随汪波老师的脚步，引导年轻人去探索时间的奥秘，去拥抱充满无限可能的未来。愿每一位读者，都能在书中找到属于自己的“时间之源”，在漫长的人生旅途中始终保持对世界的好奇和对知识的热爱。相信有了这样的启迪，我们的下一代一定能在时光的长河中乘风破浪、勇往直前，创造出更加璀璨的明天！

推荐序三

为什么我们要开启和宇宙的关系

三川玲

童书妈妈创始人、教育出版人

幸福流全支持读写中心发起人

如果你现在是一个七八岁、十来岁的孩子，有人跟你说，小朋友，我现在给你一把钥匙，你就可以打开“宇宙”的大门，看到里面所有的秘密！那么，你会好奇吗，你会相信吗，你会兴奋吗，你会渴望吗？

如果你是一个孩子的家长，当你的孩子过来问你，地球为啥是圆的，我们和澳大利亚的季节为啥刚好相反，时间有起点和终点吗，宇宙有边界吗，世界上有外星人吗？那么，你是会不耐烦地说，“我也不知道，反正你们考试也不考”；还是会引导孩子去观察、去思考、去寻求答案呢？

在家庭作业、考试成绩的压力之下，我们到底要不要让孩子开启和宇宙的链接呢？

必须要，肯定要，一定要。

其一，我心即宇宙，如果我们不去仰望星空，了解宇宙，我们其实就不会了解自己。

据说（根据《陆九渊年谱》记载），中国宋代著名的哲学家陆九渊在他四五岁的时候，问他的父亲，天地在哪里有尽头呢（天地何所穷际）？他的父亲没有回答他（其父笑而未答）。

后来，陆九渊一直想着这个问题，不断地学习和思考，甚至达到了废寝忘食的地步。有一天，当他读到“宇宙”的定义：四方上下曰宇（空间），往古来今曰宙（时间），突然领悟到：元来无穷。人与天地万物，皆在无穷之中也。

由此，他提出了一个著名的命题，“宇宙便是吾心，吾心即是宇宙”，就是说：人类的宇宙世界，是建立在人类的经验和感知上的，一个人的心有多大，他的世界就有多大。

这跟柏拉图所提出的那个著名的“洞穴寓言”是一致的，如果我们一直被囚禁在一个洞穴里，那么，我们对这个世界的认知，就会全部局限在我们对洞穴里的光和影子的感知里。

如果我们不去了解整个宇宙，那么，我们就是用一个个的洞穴，把自己给禁锢在一个个的局限之中，而我们对自己生命的理解，也就注定是局限的。

因此，我们要带着孩子一起去了解我们所在的宇宙吗？答案是不言而喻的。

其二，我们要建立一个“我和宇宙的关系”，让自己的生命和整个宇宙融为一体。

从小到大，父母会带着孩子认识周围的人和事物，这是哥哥、姐姐、叔叔、阿姨、老师、医生、警察……这是你住的家，你去上的学校、公园、博物馆、图书馆……孩子就会处在他所生活的一个社会网络里面。

但是，我们有没有引导孩子做另外一种思考，就是“我和整个宇宙”之间的关系。

我所看见的月亮、太阳、银河，我和它们之间是什么样的关系？我所看见的高山、大海、天空，我和它们之间是什么样的关系？我所看见的日出日落、春夏秋冬，我和它们之间是什么样的关系？我所看见的草地树林、土地岩石，我和它们之间是什么样的关系？

那么，这样的孩子，就会去构建“自己”和“宇宙”之间的链接，他就会去和宇宙对话，在宇宙里寻找自己的答案——而不是只向家里的人和学校的课本寻找自己的答案。

那么，他就有可能像爱因斯坦一样，从小就思考“光到底是什么”“时间到底是什么”。而他想要的答案，父母不知道，老师也不知道——他就读大学的时候，教授甚至告诉他“我只教授已有的知识，如果你想思考未知的问题，那么，请你离开我的教室”。

因此，爱因斯坦只能自己向整个宇宙寻求答案——最后，他找到了相对论。

其三，把自己的生命可能性，建立在无限的宇宙之中，让生命呈现更多的可能性。

我们的孩子未来要成为什么样的人？

我们给他的坐标，是拿到一个好文凭，找到一个好工作，能够买房买车，过上有保障的生活吗？

还是我们把坐标调整到整个宇宙里：从空间上，不是做一个班级的或学校的第一名，也不是做家族里最有出息的那个人，而是在更为宽广的领域内，贡献自己最大的价值；在时间上，我们可以瞄准人类文明最伟大的贡献者，无论是思想家、科学家，还是企业家、艺术家，看自己有没有可能放在这个坐标系里。

可能有家长会说，这怎么可能？

那么，我们就想一下，苏格拉底、孔子，李白、苏东坡、莎士比亚，牛顿、爱因斯坦，他们的父母，是早就知道自己的孩子能够成为伟大的人吗？

那么，我们又怎么能够知道，自己的孩子就不是下一个为人类文明贡献价值的人呢？

其四，生活就是教育，教育就是生活，我们最好的学习，就来源于也归结于生活。

自从20世纪美国著名实用主义教育家约翰·杜威提出“教育就是生活，生活就是教育”的理念之后，全世界的教育工作者无不认同。

但是，能够真正地做到的，非常之少。

大多数的学校教育，都把教育局限在了教室里，而在家庭教育中，很多家长也把自己当作了学校教育的助教。

我们丧失了在生活里思考问题、解决问题的能力，很多学生考试成绩很好，却走路分不清方向，植物分不清野草和庄稼，动物分不清鹅鸭……更不用说夜观天象、明晓历法了。

只要我们把“生活”和“教育”的链条打通，那么，很多我们为之焦虑的问题，都可以迎刃而解了。

其五，珍惜一切触发我们思考的事物，因为我们的生命因思考而存在。

我们和动物都活着，其中的区别，就是我们知道自己活着，所以，我们会追问为什么活着；而动物并不知道自己活着，所以，他们并不追寻生命的意义。

我们知道我们的存在，是因为我们意识到我们在思考。那么，当我们停止思考的时候，其实，我们就不是在度过人的一生。

我们所有的价值，是通过思考产生的，是通过问“为什么”产生的。

那么，我们就要永远珍惜任何触发我们思考的事物——食物、水分、空气、信息、思想、知识、情绪、动作……都会融入我们的生命里。

我们更要把眼光放在更远、更高的地方，由此，你才有可能创造更为精彩的生命奇迹。

哲学家仰望天空，会跌落在土坑里，还被女仆嘲笑，但是，他作为一个生命，是和整个宇宙融为一体的，他在和夜空中的星辰对话，他的生命体验，是女仆永远也无法体会到的。

连屎壳郎推粪球，都是依靠银河中的星星为自己导航，走向自己想去的方向。

因此，仰望星空，你才能把脚踏在实实在在的地上，你才能走出自己的每一个步伐。

前 言

邀请你加入一场父母和孩子的旅行

各位好奇心旺盛的少年朋友们：

此刻你们捧着这套书，也许很好奇作者是谁，而我也好奇地想象着读这套书的人是谁。在我眼前，出现了未来的科学家、音乐家、工程师，还有医生、程序员、诗人，又或是任何一个普通人。我猜你们都喜欢在大自然里自由自在地行走，喜欢梦想未来。

我小时候也喜欢梦想将来。前些天，我翻出了初中的一篇日记，上面写到了我的一个梦想。有一次我发现数学里的函数居然和物理图像有着紧密的联系，一瞬间两门学科像交错生长的植物关联在了一起，这个发现让我非常兴奋。于是我有了一个异想天开的梦想，将来我要把各科知识有机地结合起来，让它们互相促进，寻找出它们之间的内在联系……

后来在忙碌的学业和工作中，这个想法被渐渐淡忘了。但它没有完全消失，只是被悄悄地埋在了心里。如今这个想法生根发芽了，我迫切地想把它分享给你们。如何把不同的学科串联起来呢？我选择的是一种特殊的材料——时间。因为时间里隐藏着广阔宇宙和微小粒子的秘密，时间里铭刻着我们生生不息的文化和节气民俗，时间里蕴含着生命运行的规律。那么，如何用时间串联起这一切呢？不是在课堂上，而是在旅行中。我邀请你一起加入一场父母和孩子的旅行，在群山中倾听大自然的呢喃，在大自然中漫步、搭帐篷、登山漂流，跟亲近的人探索其中的天文、物理和生命的奥秘，这会不会是一种很酷的体验呢？

作为一个好奇的少年，也许你很想弄清楚：宇宙是如何起源的，夜空为什么是黑色的，时间能倒流吗，节气是阴历还是阳历，钟表为什么“嘀嗒嘀嗒”地走动，为什么人到了晚上就会困倦……让我们一起在旅行中发现这一切。每个周末，两个孩子会跟着爸妈出去探索自然。对于野外无穷的新鲜事物，孩子们都喜欢叽叽喳喳向父母问个不停。每次出游都有一个与时间有关的主题，或者是节气，或者是天文，又或者是动、植物。我希望你们以世界作为唯一的书本，体会这些令人激动的发现时刻。

我们会探索时间的起源、时间的箭头和方向、宇宙在时间中的演化、节气和闰月、精密的时钟和人体里的生物钟。你会了解到我们农历新年的日期起源于何时，时间在高山上比在平原上流动得快那么一点点，时间的箭头有可能反过来，从未来流向过去，而身体里的生物钟也会跟随着地球自动调节时间。我会用一锅意大利字母面来比喻宇宙的起源，用帐篷里的影子来描述十二星座，用小溪里的漂流来说明时间如何变慢，用荡秋千来演示时钟的原理，用积木来解释闰月是怎么回事，用远去的汽车尾灯来形容宇宙如何加速膨胀。

除了收获知识，我更希望你们能在大自然中体验到生命的瑰丽和亲情的美好，体会到父母对你们的付出和陪伴的不易。在野外露营需要拆装帐篷、挖沟渠，这些活儿都缺不了爸爸，爸爸在科学方面的丰富知识和野外环境中的沉着冷静是你们的榜样；当然妈妈的悉心陪伴也不可或缺，妈妈在文学、诗歌、音乐方面的修养是你们心灵的营养。

也许你们现在每天都有一些奇妙的想法，那么请好好收藏它们，万一哪天实现了呢，就像我曾经的这个知识融合的想法。也许曾经有门课你无论如何努力都学不好，但这很可能与智力根本无关，只是与某个特定思考方式有关。也许这场野外旅行中的某个情景会让你有所领悟，为你打开一扇新的大门。

我想象不出，这部作品会以一种什么样的方式影响到你。也许它只是陪你度过一段时光。也许它为你探索宇宙的奥秘打开了一道门缝，让你直接体会到世界的神奇，而无须陷在公式堆里。也许它为你展示了先人的智慧和他们留下的巨大遗迹，令你对他们刮目相看。也许你会意识到所谓的现在并不存在，从而不再纠结于英语的过去时和现在时。也许你会恍然明白世界并不以你为中心——不论是在家里还是在广阔的宇宙里，而你也能从容以待。又或许对着星空发呆时，你会突然意识到你身体里的元素亿万年前也曾经飘曳在那里，经过漫长的旅行重新汇聚在你的身体里……

世界在你面前展现为一个圆环，而你是其中的一段弧，与大自然、父母以及所有人连接在一起。

接下来，让我们开始这段时间之旅吧！

亲爱的小读者：

你是否觉得时间无处不在却难以捉摸？其实，在时间里隐藏着大自然所有的秘密。读懂了时间，就读懂了一切。

在这套书中，你会遇到爱因斯坦的时间、二十四节气中的时间、《红楼梦》中的时间、夜来香中的时间……

你最好坐下来读这套书，因为这比站着读的时间过得更慢一点。你也可以在火车上读，这同样会让你的时间变慢一点。

想知道为什么吗？答案就在书中。

汪波

目 录

第1章 融合：时间是容纳万物的火锅汤 001

第2章 诞生：138亿年前的一场大爆炸 063

第1章

融合：时间是容纳万物的火锅汤

回家之路

客厅的一个大地球仪前，哥哥和妹妹正埋头查看一个个国家和城市。妹妹手里拿着五角星图案的贴纸。

“爸爸的飞机什么时候起飞呀？”5 岁的妹妹抬起头来问妈妈。

妈妈把一束花插进花瓶中，抬眼看了一眼墙上的时钟：“还有 10 分钟。”

妹妹取下一颗五角星，看了看比她大 6 岁的哥哥。哥哥点点头，妹妹把五角星贴到了大西洋海岸边的一个地方。

暑假开始了，爸爸即将回国休假。这天下午 5 点，兄妹俩不断计算着爸爸回家的行程。这段路程跨越半个地球，他们准备在爸爸返程途中经过的地方贴上五角星。

“爸爸那边现在几点？”哥哥问妈妈。

“爸爸那里比我们靠西，太阳要晚出来几小时，现在那里还是上午 10 点呢。”

“那爸爸几点才飞到中国？”

“要到后半夜了。”

1 小时后，另一颗五角星被贴在了地球仪上。几小时后，这些五角星渐渐连成一条弯弯曲曲的线。此时夜已经深了，两个孩子的困倦却一扫而空。

“我们还不想睡觉，也睡不着。”哥哥对妈妈说。

“是吗，你们确定不困？”

兄妹俩点点头。

“对了！”妹妹突然想起了什么，“爸爸下了飞机后，怎么回家呢？”

“坐早上 7 点的火车。”妈妈说。

“哦，这么早。”妹妹打了一个哈欠。

“那我们给爸爸一个惊喜，怎么样？”哥哥突然有了一个主意。

“什么惊喜？”妹妹瞪大眼睛问。

“我们直接去机场接他！”11 岁的哥哥已经很有主见。

“哈？！这我倒没想过。”妈妈说。

“去嘛！去嘛！”妹妹直接去拿妈妈的挎包。妈妈想了一下，点点头。

哥哥和妹妹都为这个主意激动不已，他们立刻换好鞋，和妈妈一起下了楼。

妈妈小心翼翼地驾驶着汽车。上了高速后，妹妹撑不住，靠在一边睡着了，哥哥也眯了一会儿。

两小时后，下高速经过收费站时，妹妹和哥哥被减速带颠醒了。看着远处犹如大鹏展翅的机场，即将见到爸爸的激动心情让他们一下子清醒过来。

• ● •

一架飞往中国的国际航班上，绝大部分乘客在酣睡。客舱前部的一个座位上，阅读灯亮着，一位乘客手里拿着两张信纸，上面的字迹有点稚嫩，他却读得很仔细——这是儿子写给他的。信纸上贴了一张黄色贴纸，上面有几行字："爸爸，语文老师布置作业，让我们写一封信，我就想写给你，希望你能收到。"

亲爱的爸爸：

你出差在外快一年了，过得还好吗？我们很想念你，真希望早点见到你。

妈妈把我和妹妹照顾得很好。每天晚上，我帮妈妈择菜、洗菜、洗碗，妹妹分筷子、端盘子。虽然能坐四个人的餐桌总有一个位子空着，但我们还是习惯把四张椅子都拉出来，凑点人气。

一次周末，我去同学家玩，他们一家正在看一个综艺节目，主持人问："哪个地方的男人穿裙子？"

我同学说是苏格兰，他弟弟说不对，是比利时，他妈妈说是阿根廷，他爸爸说是墨西哥。结果公布答案，我同学说对了，一家人都为他感到骄傲和开心。而我们家呢，已经好久没有这么欢乐的时刻了。那时，我才发觉嘴角有一丝咸味，扭过头去不让他们发现……

爸爸，你相信吗？我现在也慢慢成长为一个男子汉了。在外面的时候，都是我保护妹妹。遇到困难，我学着你的样子绝不退让。只是，在夜里，我一个人躺在床上时，会抱紧我自己……

听说你申请到了暑假回国探亲，我高兴坏了，这下我们家可以好好团聚了。爸爸，你会带我们去哪儿玩呢？

祝旅途顺利！

儿子

6 月 10 日

与白天熙熙攘攘、人流涌动的情景相比，凌晨的机场到达大厅空旷而冷清。远处的跑道上偶尔有起落的飞机发出轰鸣声，在寂静的星空下显得很刺耳。

母子三人在到达大厅外的一家咖啡店里坐着。哥哥手里拿着一封航空信，那是爸爸写给他的。

亲爱的儿子：

快一年没有见到你了，你一定长高了很多吧？

很高兴你能帮妈妈分担家务。你知道吗，每次爸爸在路上听到有孩子喊“爸爸”，都会不自觉地回头张望，因为在我出差的这个国家，“爸爸”的发音和中文一样。只是每一次回头都令我失望。

你是我们家的第一个孩子，我对你倾注了大量心血，也对你提出了高标准和严要求。然而事与愿违。我们相爱，在彼此的怒目中。我们歉疚，在不欢而散后。和你们分别了一年，我突然意识到以前那样要求你不对。我只看到了你的缺点，却没有看到自己的错误。其实，能够和家人在一起就已经很开心了。

儿子，这次回国，我能待上一个半月，除了休假，还要在国内工作一段时间，周末可以陪你和妹妹出去旅行。对了，我想到了暑假的好去处，回家后再告诉你们吧！

爸爸

6 月 30 日

时间已接近清晨，爸爸的航班应该要落地了，显示屏上却一直没有提示。这时，外面的跑道上突然响起一阵急促的警报声，妈妈的心头闪过一丝不祥的预感。

十几辆消防车、救护车和紧急救援车鱼贯而入，开进了停机坪，红蓝闪烁的警示灯格外醒目。就在这时，一架引擎冒着浓烟的飞机出现在天空中，它缓缓地降低高度，一点儿一点儿地接近跑道。飞机倾斜着落地，稍稍偏离了跑道，但最终停稳了。

又过了许久，机场的广播通知，刚才飞来的航班有一个引擎发生故障，单引擎成功降落，所幸无人伤亡。人们这才回过神来，不禁自发地鼓起了掌。

妈妈悬着的一颗心终于放下来了。又过了一会儿，乘客才陆续出来。爸爸拉着行李箱，脸上惊魂未定，从大厅里一步步走出来。妈妈、哥哥和妹妹兴奋地高高举起手臂朝他挥动，爸爸吃了一惊，他原本还打算坐火车回家呢，没想到家人都来接他了。刚才在飞机上的恐惧一扫而空，他快步朝家人们跑了过去。

伴随着喜悦的叫喊声，一家人紧紧地拥抱在了一起……妈妈接过爸爸手中的拉杆箱，爸爸左手抱起女儿，右手搭在儿子肩头，一起朝出口走去。

来到停车场，爸爸刚要拉开驾驶位的车门，妈妈拦住他，示意他坐到副驾驶的位置上休息一下，自己开着车载着一家人，缓缓驶上了公路。

早上的第一缕阳光刚好从地平线冒出来，照在车身上熠熠生辉，橘黄色的晨光让爸爸想起了家里餐厅吊灯所发出的柔和光芒。是的，他的心已经到家了。

WHAT IS TIME
知识盒子

时 区

时间，既看不到又摸不到，但人类的祖先居然在头脑中产生了时间的观念。这是一个多么不可思议的想法！

世上为什么会有时间？这个问题很难回答，但有一点是肯定的，我们在思念亲人时，会对时间格外敏感。比如杜甫的诗句“烽火连三月，家书抵万金”。在失去家人的音讯时，我们会觉得时间变得无比漫长，内心备受煎熬。

再比如张九龄的“海上生明月，天涯共此时”。当圆月升起之时，想到与所思念之人正共同经历“此时”，这种奇妙的感觉会减轻思念之苦。但是，在现在的“地球村”时代，体会“海上生明月，天涯共此时”所寄托的情感已变得奢侈，因为随着知识的不断积累，我们清晰地知道，在“此时”，地球上有人在经历白天，有人在度过黑夜，他们正经历着一天当中不同的时刻！

在无法统一时间的情况下，该如何定义时间呢？通常我们把太阳位于天空最高点的时刻定义为正午 12 点。此时从太空看，我们所在的这个区域正对着太阳。当地球自西向东旋转时，相邻区域的人会依次经历正午 12 点的时刻，先是东半球的大洋洲和亚洲，然后是欧洲和非洲，最后是北美洲和南美洲。在太空中看地球，地球表面从黑暗之影中旋转出来，经历了半天的光明之后又重新旋进黑暗，这种光明与黑暗之间的周期性转换，造就了地球上黎明和黄昏的交替变换，以及人类祖先认知中的时间流逝。

但如果地球上每个地方都定义自己的本地时间，就会产生无数个本地时间，这会造成极大的混乱。怎么解决这个问题呢？之前的人们注意到，地球自转一圈后会回到之前的位置，这个过程需要 24 小时，所以一个好的解决方法是，将地球纵向分割成 24 份，每一份像一个橘瓣，地球每旋转过一个橘瓣就对应于时间上的 1 小时，这就是时区的来历。在同一个时区内，都采用同一个本地时间，这样整个地球只需要 24 个本地时间，且只有在跨越时区时才需要调整时间。而且调整时间时，只需要调整小时，而不需要调整分钟。

时区划分的起点是英国伦敦的格林尼治天文台，经度每隔 15°划分为一个时区，以此将地球划分为 24 个时区（见图 1-1），其中伦敦以东有 12 个时区，以西有 12 个时区。北京在伦敦以东第八个时区内，即“东八区”，所以比伦敦早 8 小时（如果伦敦正在经历夏令时，则比标准时间早 1 小时，此时北京只比伦敦早 7 小时）。

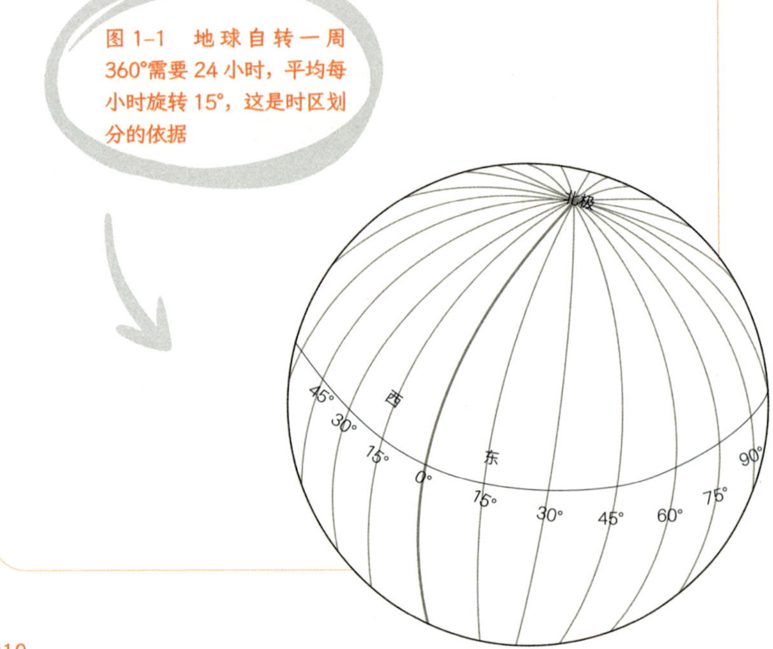

图 1-1 地球自转一周 360°需要 24 小时，平均每小时旋转 15°，这是时区划分的依据

去国外旅行，到达目的地后首先要将手表调整为当地时间。需要注意的是，有的国家内部有多个时区，如美国本土就包括东部时间、中部时间、山地时间和西部太平洋时间等，这让时间调整变得更为复杂。不过好消息是，现在的智能手机在联网时都能根据所在的地理位置自动调整时间。

如果你要给国外的亲友打电话，别忘了先查询一下对方的当地时间，否则有可能将他从睡梦中吵醒！不过，位于瑞典的诺贝尔奖评审委员会是个例外，他们经常打电话把其他国家的获奖人从睡梦中叫醒，第一时间告知喜讯。

夏日的呢喃

几天后的一个傍晚，一家人在客厅里忙碌着，地上散乱地放着几只箱子。

“东西都带齐了吗？”妈妈背着包，手里拎着一个大袋子。

“都带上了。哦，还有露营灯！”爸爸说。

“放在哪儿，在电视柜旁边吗？”妈妈问。

“哦，找到了。小家伙们，准备好了吗？背上你们的包。”爸爸嘱咐道。

所有的东西，帐篷、衣物、餐具、食材等都打包好了，装进了汽车的后备厢里。

这是周五的晚上。一家人简单吃了点东西，便开车上路了。“出发！”

出了市区，经过一个多小时后，他们下了高速，来到一个露营地。他们停好车，搬出装备，支起了帐篷。

深蓝的夜幕上点缀着无数颗星星。由于远离城市的灯火，夜空中的星星看起来异常明亮。哥哥仍然精神抖擞，可是妹妹已经在车上睡着了，妈妈把她轻轻抱进了帐篷。

很久没有看到如此美丽的星空了，妈妈和哥哥躺在帐篷外的防潮垫上，望着天上的星星发呆。爸爸在草地上支好一把帆布椅，舒服地坐下。四周一片寂静，只有夜虫在吟唱。这是一次悠闲的郊野之旅，一家人打算在海边的露营地安静地待上两天，放松自己。

“爸爸、妈妈，你们困吗？”哥哥问。

“不困，海边的空气很清爽啊！”爸爸说。

“刚才在车上我想起了一个问题：那天飞机引擎起火，你在飞机上想了些什么？”哥哥问。

“我的第一反应是：糟了糟了，以后再也见不到你们了。”爸爸举起双臂摇晃着。

“那时你最大的心愿是什么呢？”妈妈问。

“如果飞机真的出事了，一定凶多吉少。我只愿化作天上的一颗星永远注视着你们，而你们将来想我时只要抬头看一眼星星就行。”

“那你之前有没有想到会发生这么严重的事情？”哥哥看着爸爸问。

“真是没想过。生命的无常是人生最不可思议的事情。”

“是吗？那你觉得生命究竟是什么？”哥哥仍然追着爸爸问。

“你的问题可真不少，”爸爸笑了，“让我想一想。”他沉吟了一下，“以前我觉得生命就是活着，但在那天以后，我体会到生命是一种馈赠，一种来自时间的馈赠，它是每一天、每一分、每一秒。你活着，世界是你的；你不在了，你的世界也就随之消逝了。”

“可是我不觉得时间给了我什么，反而觉得它像个小偷。”哥哥有点愤愤不平。

妈妈笑了：“为什么你会这么想？”

“因为一切美好的东西我都留不住，它们都会被时间偷走。”

“原来是这样。”爸爸拿了一杯水递给哥哥，“可是你有没有想过，时间总是先给予，再拿去。”

“先给予，再拿去？”哥哥接过杯子。

“是啊，每个人都得到了时间的馈赠，借助一串遗传代码，得以来世上走一遭。”爸爸说。

“‘时间的馈赠’是什么意思？”哥哥接着问道。

“你看我们头顶的银河系，共有 2 000 多亿颗恒星，而生命的痕迹寥寥无几。宇宙经过数十亿年的演变才有了形成行星所必需的元素，之后又经过数十亿年，才逐渐产生了地球生命所必需的蛋白质。然而，这只是生命的最初阶段。”

“然后呢？”

“再经过数十亿年，这些最简单的生命物质才逐渐聚合形成细菌、植物、动物。它们逐渐从海洋征服陆地，直到某天，地球上东非地区的某个角落，猿猴开始从树上爬下来。和动辄上百亿年的宇宙相比，人的生命如此短暂。为了创造这样一个生命，宇宙花费了上百亿年的时间，可是，要带走一个生命却如此轻而易举，我们不得不在心中掂量一下每个生命的分量。”爸爸随手捡起一块石头，放在手掌上把玩。

“可是，为什么每个生命都有终点？想到这儿，我就有种说不出的恐惧。”哥哥说出了自己最担心的事情。

“嗯，人们常说，在生命的终点有死神在等着，耐心地等了一辈子。死神会结束一个人所拥有的全部时间，不过，”爸爸缓了一下接着说，“死神也有力所不能及之处。在它力所不能及之处，就是人类舞蹈之时。”

“是吗，什么是死神力所不能及的呢？”哥哥感到稍微宽心些。

“就是生和死之间的这一段过程，你能明白吗？”爸爸说完，看了一眼哥哥。

“我不太明白。”

“你想想，在生命的过程中，我们可以欢呼跳跃，我们可以悲伤流泪，我们可以奋笔疾书，我们可以飞上太空、潜下深海。我们用望远镜对准宇宙的深处，回看宇宙百亿年的历史，或在显微镜下寻找生命的奥秘。我们爱上别人，或被别人爱上；我们创造新的生命，传播生命的密码。不论是欣喜感激还是懊恼忏悔，死神都只能做个旁观者。每个生命的过程都可以很精彩，而且独一无二。”

“为什么每个生命的过程是独一无二的？”哥哥追问道。

“你想啊，无论王公贵族还是平民百姓，谁都无法选择自己的父母、出生在世界哪个角落以及说哪种母语。生命的诞生是一个偶然，是与爱的一次偶遇。因为偶然，所以独一无二。”爸爸说。

“那你和妈妈的相遇也是偶然吗？”

“当然也不例外。但生命一旦诞生，就变成了必然，它就是爱的全部，是与爱的唯一拥抱。”

“对了，”哥哥突然想起一个话题，“那我和妹妹怎么就跑到了你和妈妈身边？”

“这是一个很长的故事。”爸爸缓缓说道，“有一天，我和你妈妈相遇了，于是你和妹妹的生命恰好被赋予了时间，并被冠以名字。”爸爸停顿了一下，接着说：“接下来，你们会编写一段怎样的人生故事，全由你们自己决定。”

爸爸说到这儿停了一会儿，望着头顶的星空，他眼中的星光变得格外晶莹。“你们的人生注定是不同于我和你妈妈以及其他任何人的独一无二的故事，这就是我们所称的‘生命’。”

看着天上的星星，他们许久没有出声。

夜深了，大家躺在星空下沉沉睡去。

WHAT IS TIME
知识盒子

生命与时间

生命是一种来自时间的馈赠，这种馈赠是免费的，但也是最昂贵的。

为了孕育一个生命，宇宙可谓耐心之至。它先是从 138 亿年前的大爆炸中冷却下来，经过亿万年，那些灰烬逐渐聚集成星云。之后一些星云缓缓地坍缩到一起，开始发光，于是有了恒星。又过了几十亿年，第一代恒星开始衰老。在最终结束生命之时，有些巨大的恒星像焰火一样爆发，在一片炽热中孕育出生命所需的碳、氧等元素，这些元素再次凝聚，才有了行星。

在无数星系团中有一个叫银河系的星系，它的其中一条旋臂外侧有一颗不起眼的黄色恒星，碰巧不大也不小，足够稳定发光 100 亿年。在这颗恒星周围，碰巧环绕着若干岩石行星，其中一颗叫作地球的行星，与黄色恒星的距离不远不近，使得地球表面的温度不高不低，恰好能形成液态水。地球的体积不大不小，而且内部恰好有一个铁质内核，因而存在稳定的磁场，使得大气层不会消散。

就这样经历了十多亿年，地球上终于孕育出了生命。地球自转轴与公转面之间恰好有一个倾角，这使得地球有一年四季的变化，也有温带和寒带的区分，从而孕育了丰富多样的生命。然而，物种大灭绝来临了。地球历史上经历过多达 5 ～ 20 次物种大灭绝，尽管许多早期的物种消亡了，但生命作为一个整体一直存续到了今天，它们都来自 30 多亿年前在海洋里偶然间形成的那个细胞。

地球上最普通的生命就像一朵小花，大多只能存活一季。如果世上从来没有过小花，那意味着宇宙里也从来没有过生命。一朵小花，便是宇宙中存在生命的明证，每个人也是。

生命由每一秒、每一分、每一天构成。生命是一段旅程，从出生到死亡，不论其寿命是短还是长。蜉蝣成虫只有 1 天的寿命，工蜂平均寿命是 2 个月，家鼠的寿命在 2 年左右，驯鹿最长可以活 17 年，蓝鲸则能达到 70 ～ 90 岁，大海龟可以活几百岁。长寿冠军无疑属于植物：松树在中国文化里是长寿的象征，许多杉树的寿命可达上千年，而挪威云杉可以活 5 000 年以上（见图 1–2）。

生命是地球上最伟大的表演。

图 1–2　生命长度

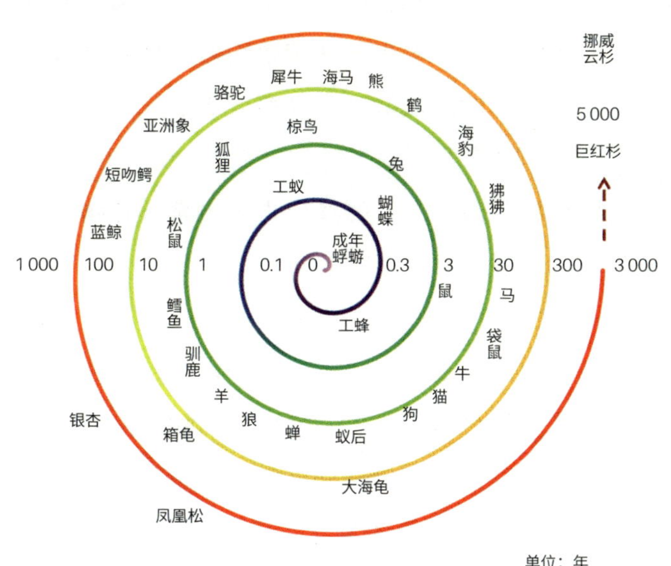

地平线下的朝阳："现在"存在吗

大海的波涛拍打了一夜。星星渐渐隐去，只剩下最亮的几颗。慢慢地，这几颗散落的星星也让位给了渐渐明亮的天空。天空好像在发生一种细致均匀的化学反应，白蒙蒙的混沌渐渐消逝，浅蓝一点点变成湛蓝，天空开始变得透亮。

妈妈和爸爸醒了，从帐篷里走了出来，妹妹和哥哥还在睡梦中。

海天之交出现了一丝亮眼的金线，映照着波光粼粼的大海。远处的波涛渐渐移近，轰鸣的声音越来越震耳。浪头越堆越高，拍打在沙滩上，发出震天响声，然后碎成一排白色的浪花。泡沫在细沙间退却，发出丝丝叹息。

这是一个没有闹钟的早晨。爸爸和妈妈坐在沙滩上，一起望着大海，阵阵波涛声抚慰着他们紧绷的神经。大自然真是神奇啊，可以使每个人心中的烦恼在不知不觉间淡去。他们彻底忘记了时间，忘记了自己的所在，感到从未有过的轻松。

过了一会儿，兄妹俩也醒了。

哥哥从帐篷里露出半个头："快看，第一缕阳光！"

"真巧，你们赶上了太阳露脸。"妈妈说。

哥哥和妹妹拿出太阳镜戴上，注视着缓缓升起的太阳。

"别被你们的眼睛欺骗了，你们看到的并不是太阳本身。"爸爸突然说了一句。

"不是太阳？那是什么？"哥哥惊讶地问。

"只是太阳的影像而已。确切地说，太阳现在还在地平线以下呢。"爸爸说。

"为什么呢？"妹妹也跟着问。

"因为光线在大气层里发生折射，太阳发出的光线拐了一个弯。当我们沿着直线看回去的时候，看到的只是地平线上的太阳的影像。"

"真有意思，太阳还没露脸，我们就已经看到它了。"哥哥说。

随着太阳的升高，帐篷、海滩、远处的山峦，都被镀上了一层金色。

洗漱后，大家坐在垫子上，享受着清凉的海风，耳边是翻腾跳跃的波涛声。

"这么说来，眼见不一定为实啊！"妈妈从保温箱里拿出一些饮料和面包，大家一起享用早餐。

“是啊，”爸爸说，“而且我们眼睛看到的太阳，也不是现在的太阳，而是 8 分钟前的太阳。”

“我越来越糊涂了，”哥哥说，“我们看到的竟然是从前的太阳？！”

“是啊，为什么呢？”妹妹不解地问。

“因为时间。”爸爸说，“太阳距离地球大约 1.5 亿千米，这又被称作 1 个天文单位。光速是每秒 30 万千米，所以光线要经过大约 500 秒才能到达地球，也就是 8 分多钟。”

“哦，原来是这样。那离地球越远的星星，它的光线到达我们这里所花费的时间就越长吗？”哥哥问。

“对，我们看到的是更加久远的景象。”爸爸说。

“那如果我们站在冥王星上，看到的是多久之前的太阳呢？”哥哥问。

“冥王星上距离太阳最远的地方与太阳之间相隔大约 50 个天文单位，所以阳光要花费 50 倍的时间才能到达那里，大约 25 000 秒，约 7 小时。”爸爸说。

“这么说，那些天上的恒星，我们看到的都是它们过去的样子？”哥哥问。

“对。比如我们看到的牛郎星的光是它 17 年前发出的。因为光走一年的距离是 1 光年，牛郎星的光到达地球要历经 17 年，所以它距离地球 17 光年。我们看到的织女星的光是它 25 年前发出的。而其他没那么明亮的星星，因为距离地球更加遥远，所以它们的光来自更加久远的过去。比如，仙女座星系（又称‘仙女座大星云’）的光来自 250 万年前，那时人类的祖先还在东非大裂谷，刚刚从树上走下来。”爸爸说。

“可是，我们是怎么知道星星与地球的距离的？”哥哥还想知道更多。

“这是一个好问题，不过几句话解释不清楚，以后我们可以一起去发现。”爸爸说，“虽然我们无法观察到现在，但是由于有了距离和时间，我们能够去触摸历史，甚至非常遥远的历史。这是时间带给我们的礼物。”

吃过早饭，天气凉爽，爸爸和妈妈在海里游泳，哥哥和妹妹在沙滩上堆着沙堡。

WHAT IS TIME
知识盒子

光 年

宇宙浩瀚无边。地球距离太阳约 1.5 亿千米，距离比邻星约 40 万亿千米，距离仙女座星系 2 403 亿亿千米。显然，在宇宙尺度上，千米这种单位远远不够用。

那么，用什么作为标尺才能更好地衡量宇宙的尺度呢？人们想到了借助世界上运动速度最快的光。光每秒行进约 30 万千米，1 年能走 94 607 亿千米，这个长度被定义为 1 光年。若以普通飞机的速度行进，则需要连续飞行 122 万年。

如果用光年这把新“尺子”来衡量宇宙，那么我们距离比邻星约 4.2 光年，距离夜空中最亮的恒星天狼星约 8.6 光年，距离仙女座星系约 254 万光年。因此，光年适合作为长度单位来衡量宇宙距离。

那么，宇宙有多大？银河系的直径约 10 万光年。小型星系的直径只有 100 光年，而巨型射电星系的直径能达到 300 万光年。至于那些包含了上万个星系的球状星团，它们的直径可达 5 000 万光年。而可观测宇宙的直径达到了 930 亿光年！

光年的尺度如此之大，较近的距离就不适合用光年表示了。如图 1-3 所示，光线从地球传播到月球只需 1.3 秒，所以人们将光走 1 秒的距离定义为“光秒”，约等于 30 万千米。

图 1-3　天体之间的距离

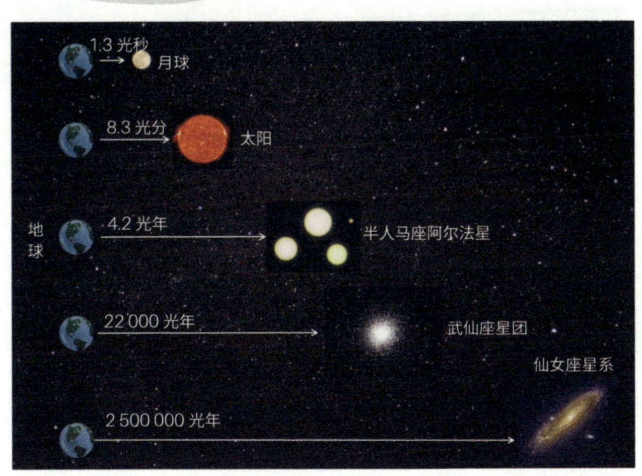

地球距离月球平均 38 万千米，约等于 1.3 光秒。类似地，光沿直线传播 1 分钟的距离被定义为“光分”。地球距离太阳约 8.3 光分。

由于光速是恒定不变的，所以人们用光速来定义距离。光在真空中于 1/299 792 458 秒内行进的距离被定义为 1 米。

横着切牛肉：学科的联系

快到中午了，妈妈从保温箱里拿出一块冰鲜牛肉准备做烤肉。爸爸从车上搬下炉子和烧烤盘。哥哥要求帮忙切牛肉。

哥哥来回摆弄着牛肉，似乎不知道从哪里下刀，于是他问爸爸该怎么切。

爸爸说："你仔细看一下牛肉的纹路，顺着纹路切似乎容易一些，但那样做出来的牛肉不好嚼。"

"那该怎么切？"哥哥举着刀子，不知如何是好。

"要横着切，把所有的纹路都切断。"

哥哥试着切了一刀，看起来还不错。妹妹过来看哥哥切肉。过了一会儿，牛肉都切好了，蘸上调料，他们开始烤肉。

"你尝尝味道怎么样，好嚼吗？"爸爸夹起一片烤熟的肉递给哥哥。

"嗯，不错，很好嚼。爸爸，你应该去开一门厨艺课。”哥哥一边吃，一边说。

“这可不用开课，你们自己平时多观察、多尝试就可以了。”

一家人开始趁热吃烤肉。

哥哥饿了，大口吃着。爸爸边吃边跟他聊天，随口问他学校的课程难吗？哥哥说：“最近学的课程越来越多，每门课的内容各不相同，觉得很零散，彼此没什么关联。”

“要说联系，还是有的，只不过需要我们自己去发现、去建立。”爸爸说，“还记得刚才切牛肉吗？你仔细观察牛肉的纤维，每一根纤维就像是一门学科，它由浅入深，自成体系。越往深学，就越困难，似乎钻进了一条狭小的通道，会变得越来越窄。如果竖着切牛肉，每根纤维都很长，而且是孤立的，所以很难煮烂，也很难消化。”

哥哥听着，似乎懂了一点儿。

爸爸接着说：“反之，如果横着切，切下来的每一片就都包含了很多纤维的一小段，正因为如此，横切的牛肉更容易煮熟、咬烂。同样，如果我们找到一个话题，其中包含了几个学科的内容，它们彼此之间是一种弱联系，就会像横切下来的牛肉一样容易煮烂和消化。”

“我有点明白你的意思了——横着切相当于不同学科融合在一起，而竖着切，则是单一的学科。”哥哥说。

“对。横切的牛肉片包含了很多根纤维，就像关联了不同的学科，而所有这些纤维都很短，所以容易消化。不同学科的知识融合起来也会产生类似的效果。比如，先确定一个主题，然后去查找与这一主题相关的内容，相互比较、思考，这样一遍下来，对这一主题的认识一定非常深刻，效果远胜于对单一学科的学习。”

此时，妈妈问大家要不要饮料，每个人都要了一杯。

哥哥又想起了一个问题：“可是，我学知识的时候，当时懂了，过一段时间又忘记了，这该怎么办呢？”

爸爸喝了一口饮料接着说：“比起在学校学到的知识，在生活中学到的知识更容易记得牢，因为你亲身体验过了。如果能把所学的知识融入生活中，知识就会转换为见地，而见地是不会忘记的，因为它是一种视角。重要的不是你所关注之物，而是你看待事物的眼光。”

“可是，我们总不能凭空去训练眼光呀！”

“你说得对，我们只有通过观察特定的事物才能训练眼光。”

“那观察什么呢？”哥哥问。

“观察我们身边的一草一木、一虫一鸟，山峦小溪、星空原野……”爸爸接着说，“我们目光所及之处，都可以像切牛肉那样把它横着切开一个截面。”

“那应该从哪个角度去切呢？”哥哥吃完烤肉，放下了盘子。

“如果有两个选项——时间和空间，你会选哪个呢？”

“我想我会选时间。”

“不错的选择！”爸爸说，“时间无处不在，无论是天文、物理、生物还是文学，都离不开时间。时间虽然无色无形，但宇宙不能没有时间。”

“为什么这么说呢？”哥哥问。

“如果没有时间，宇宙只不过是一个小小的果壳而已。在大爆炸时，宇宙只是一个无比微小的点，正因为有了时间，才膨胀成为现在包含数以千亿计星系的宇宙。”

最后一片烤肉吃完了，爸爸收起刀具，清洗干净。哥哥坐着没有动，似乎在想着什么。

WHAT IS TIME
知识盒子

无处不在的时间

时间是如此虚无缥缈、难以描述。即便如此，古往今来，人们仍试图勾勒出时间的形象。在西方艺术里，时间是一位长着翅膀的老人，象征时间飞速流逝。他一手拿着沙漏，另一手拿着长柄镰刀，寓意时间会钩走一切（见图 1-4）。

时间在诗歌中留下许多印迹。李白写下了“光阴者，百代之过客也”。英国诗人威廉·布莱克在《天真的预言》中写道：“一沙一世界，一花一天堂。无限掌中置，刹那成永恒。”①

① 采用徐志摩所译版本。英文原文也很美：
To see a world in a grain of sand
And a heaven in a wild flower,
Hold infinity in the palm of your hand
And eternity in an hour.

图 1-4 时间老人

来源：维基百科。

阿根廷作家博尔赫斯把时间比喻成一条载着我们远去的河流、一团在我们体内燃烧的火以及一头吞噬我们的虎。

在物理学里，时间隐藏在牛顿第二运动定律中。这个定律可以描述一切运动的物体，如卫星、炮弹随时间变化的轨迹，它们的受力与加速度成正比，而加速度代表速度随时间的变化程度。

而在宇宙学里，时间起始于 138 亿年前的一场大爆炸。以牛顿为代表的古典物理学家认为，时间是标准的、永恒的。而以爱因斯坦为代表的现代物理学家认为，不存在标准的时间，不同的地方有不同的时间，甚至时间可以变慢。不过如果要问物理学家，宇宙大爆炸以前世界是什么样子，他们可能会感到难以回答。

时间也隐藏在数学之中。短跑运动员在起跑时速度较慢，之后速度达到峰值，在冲刺时略有下降。我们用微积分可以清楚地分析出他们跑步速度变化的趋势。

毫无疑问，时间也钻进了树木的年轮、层叠的岩石和珊瑚的条纹里。

时间甚至“侵入”了我们的话语。一些语言里有现在时、过去时、将来时，还有一些听起来很奇怪的时态，比如过去将来时或者过去未完成时。汉语里虽然没有严格意义上的时态变化，但表示时间的词语不少，仅仅表示时间很短的词就有须臾、刹那、霎时、转瞬、顷刻、瞬息、片刻、俄顷、少焉……

永远的鸽群：时间的延续

午后的日光强烈而倔强地炙烤着大地，空气中热气蒸腾。鸟儿倦了，片片树叶耷拉着，一家人只好钻进帐篷里躲避阳光的锋芒。他们躺了一个多小时，恢复了一些精力。

“待会儿你们想去哪里玩？”爸爸问大家。

“海边有点热，不如我们去那边的树林里转转吧？”妈妈提议道。

哥哥和妹妹点点头。

树林在一个小丘上，低矮的灌木和高大的乔木错落分布。树冠把阳光挡在外面，地上满是浓荫。树林里很安静，只能听到蝉鸣声。

妹妹想知道鸣叫声是从哪里发出来的，于是问哥哥：“你看到蝉了吗？”

“要慢慢找。”过了一会儿，哥哥在一棵树的树干上发现了一只蝉，指给妹妹看。妹妹第一次看到蝉，很是兴奋。

“蝉能活很久吗？”妹妹好奇地问爸爸。

“蝉在树上歌唱的时间只有几个月。”爸爸说。

“这么短啊，真可怜。为什么它们的生命这么短？”

“这只是它们在地上的时间，蝉在地下还要度过漫长的黑暗时光。有的蝉会在地下待 3 年，有的甚至要待上 13～17 年才会出来。”

“17 年？我现在的年龄都没这么大。”妹妹若有所思地说。

“嗯。不过有些昆虫就没这么长寿了，它们在春天出生，夏天生长，也许能熬过秋天，但大部分都没法过冬。”哥哥说。

“所以，”爸爸插了一句，“古语说‘夏虫不可语冰’，讲的就是这个意思。没有经历过冬天的生命，理解不了什么是冰。”

这时大家走到一棵树下歇脚，妹妹接着问：“世界上什么动物和植物活得最长呢？”

爸爸盘腿坐着说道：“一般来说，长得慢的动物和植物活得更久一些。就像这棵松树，每年才生长一点点。还有，看你的脚下，这里有一片苔藓，它们长得也很慢。北美的红杉寿命可达几千年，这树木不知见证了多少世事变迁、多少地震海啸。”

“比这更长的时间是多少呢？”妹妹想问到底。

“是永久！”哥哥迅速答道。

“永久是多久？”

哥哥耸了耸肩，不知道怎么解释，大家一时沉默了。

“我有一个想法，”妈妈突然插了一句，哥哥和妹妹转头看向妈妈，听她接着说道，“你们想象一座8 000米高的山峰，每1 000年才有一只勇敢的鸟儿从山脊上飞过，飞越山峰时鸟儿的翅膀会轻轻擦碰山脊上的岩石。直到有一天，整座山峰都被鸟儿的翅膀磨平了，这期间所花费的时间就是永久吧。”

“哇！”哥哥和妹妹同时发出一声惊叹。

“那世界上有没有生命能一直活下去？”妹妹仰头看了一眼头顶的树冠。

“我不知道，”爸爸回答道，“至少现在还没发现。不过，即使某一个生命体能永久存活，它身上的细胞也不会伴随它一生。”

“就像我们手上的茧和死皮吗？”哥哥给妹妹看自己中指上的茧子。

“对，”爸爸说，“我们身体中的细胞都在不断地新陈代谢。每一天都有老的细胞死去，新的细胞诞生，经过一段时间，某个器官里的细胞就被完全替换了一遍。虽然从表面看并没有什么分别，但实际上，我们每天都与昨天不同。”

“真神奇！”妹妹摸摸哥哥的茧子说。

“记得我小时候，邻居养了一群鸽子，”妈妈回忆着，“放学回家，我总能听到天上鸽子的哨音，抬头就会看到鸽子在天空中飞翔。多少年过去了，鸽子似乎还是那群鸽子，但实际上已经不知换了多少代了。”

“那是因为大鸽子生了小鸽子，小鸽子又变成了大鸽子。”妹妹认真地说。

“你说得没错。大鸽子把有关自己模样、羽毛颜色的信息传递给小鸽子，这些信息就是遗传密码——DNA。”爸爸说。

“要是所有的知识也能通过 DNA 遗传就好了，这样我就不用费力学习了。”哥哥俏皮地说。

“你这个调皮鬼。”妈妈笑道，“虽然鸽子、狮子可以把自己的身体特征遗传给后代，但是飞行的方法、捕食的技巧还是需要父母教给子女的。”

“那人类呢？”妹妹问。

“人类也类似，只不过更复杂。人们组织了社会网络，形成了自己的风俗习惯和知识体系，这些也被一代又一代地传递下来。它们有个名字，叫作‘文化’。”妈妈说。

他们在树林里闲逛，哥哥和妹妹跑在前面，一发现有趣的东西就叫爸爸妈妈过去看。

WHAT IS TIME
知识盒子

细胞和器官的更新代谢

今天的我与昨天的我一样吗？我们照镜子的时候很难发现自己有什么改变，但其实我们每天都会失去一些细胞，比如脱落的皮肤表皮细胞。当然，数量不多，而且立刻会有新的细胞补充进来。

身体里的很多细胞同样在不停地更新。小肠上皮细胞每隔 2 ～ 4 天就会更新一次，血小板的更新速度稍微慢一点儿，7 ～ 10 天一次。幸好味蕾上的味觉细胞 10 ～ 14 天才更新一次，否则我们会失去多少味觉上的乐趣！

有的细胞更新速度很慢。皮肤上皮细胞约 4 个星期更新一次，气管细胞需要 1 ～ 2 个月，造血干细胞大约要 2 个月，造骨细胞需要 3 个月，血红细胞长达 4 个月，肝细胞则需要 6 ～ 12 个月。

心肌细胞每年只更新 1%，而中枢神经细胞的数量从出生起既不增加也不更新，所以我们才能记得很久以前的事情。

当然，细胞的更新速度很难计算，以上都是估计数值，会因人而异，甚至同一器官里不同位置的细胞更新速度也不完全一样。

如果一个细胞进入了有计划的程序性死亡过程，则被称为凋亡，它是细胞主动实施的一种自我终结行为。这时，细胞会逐渐分裂成小碎片，而这些小碎片会被吞噬细胞清理干净（见图 1-5）。

为什么细胞要主动地死亡呢？因为健康的机体总是处于细胞生长和死亡的动态平衡之中。如果细胞一味地恶性生长，就会导致癌症。研究细胞凋亡可以让我们更好地认识疾病并找到治疗对策。

图 1-5　细胞凋亡的过程

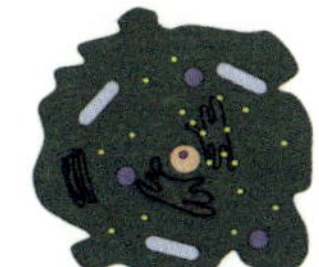

2002 年的诺贝尔生理学或医学奖就与细胞凋亡的研究有关，以表彰三位科学家发现了器官发育和“程序性细胞死亡”过程中的基因规则。

火锅汤：多学科融合

夕阳渐渐西沉，通体橙红，暑气随之消散，代之以满天霞光。一家人从树林里走出来，回到营地准备晚饭。

妈妈拿出蔬菜和肉放在盘子里，晚餐是火锅。

“对了，还有刚才在树林里摘的马齿苋。”妈妈一边说，一边从包里取出马齿苋。

“今天这顿晚饭真丰富，既有我们带来的蔬菜，也有我们采摘的野菜。”哥哥说。

“嗯，”爸爸说，“虽然它们大小不一、形状各异，可食用的部位也各不相同，但它们都是从泥土中长出来的。”

“而且最终的归宿都是这口锅。”哥哥调侃道。

“还有我们的肚子！”妹妹眨眨眼睛补充道。

爸爸一边往锅里加入汤料，一边对哥哥说：“你不是说最近增加了很多新的课程吗？你看我们面前这些菜，种植的蔬菜就像在学校里老师传授的知识，而野菜就像你自己感兴趣去学的知识。”

哥哥点点头。

“不管是种植的蔬菜还是野菜，它们都产自土地。而校内的课程和课外的知识也有一个共同的来源。”爸爸接着说。

“是吗，它们的共同来源是什么呢？”

“人类的好奇心。”爸爸说。

“好奇心？”

“对！好奇心就是一片最广袤的土地，可以长出各种植物。”

等到锅里的汤沸腾时，爸爸把各种食材依次放入火锅里。

爸爸一边搅拌，一边说：“虽然这些菜形态各异，在火锅汤里却能很好地融合在一起。”

“那不同的知识能融合在一起吗？”哥哥也用筷子帮忙搅拌。

“当然能。如果我们能找到一个共同的话题，且这个话题和每个学科都有一点儿关系，那么它就是这些学科知识的交集。通过它，所有的学科都能很好地融通起来。”

“就像这锅火锅汤？”

“对。”

“火锅汤这个比喻不错，”哥哥说，“可是怎么才能在不同的学科里找到共同点呢？怎么才能找到能容纳不同知识的火锅汤呢？”

“这个火锅汤必须有包容性，它能无声地渗入不同的学科里，与之共融。具有这种渗透性的一定不是空间，因为空间是具有独占性的。比方说，我坐在了这个位置，别人就不能再坐了。但是时间不一样，它就像这锅汤一样，能渗透到每一种食材里面。水利万物而不争。”爸爸说。

“这么说，时间就是我们的火锅汤吗？”

“对。”

“我想起李白的一句诗，”妈妈插了一句，“‘光阴者，百代之过客也’，万物无不在光阴之中。”

“你能举个例子吗，”哥哥问，“哪些学科里体现了时间？”

“最简单的，斗转星移、日升月落里有时间，物理运动里有时间，化学反应里有时间，生物的作息有时间。至于文学艺术中，对时间的描述更是比比皆是。以后有机会我们慢慢详细聊。”爸爸说。

“但也不能把所有的知识一股脑地堆在一起吧？就像不能把所有食材一下子全部放进火锅里。”妈妈说。

“对，有些食材一煮就熟，有些则需要花费相当长的时间。不同的学科情况也类似，要搭配适当。”爸爸说。

大家边吃边聊，这顿饭吃得很慢、很久。

WHAT IS TIME
知识盒子

时间在不同学科里

时间隐藏在很多学科里，就像容纳万物的火锅汤（见图 1-6）。

图 1-6 时间像容纳万物的火锅汤

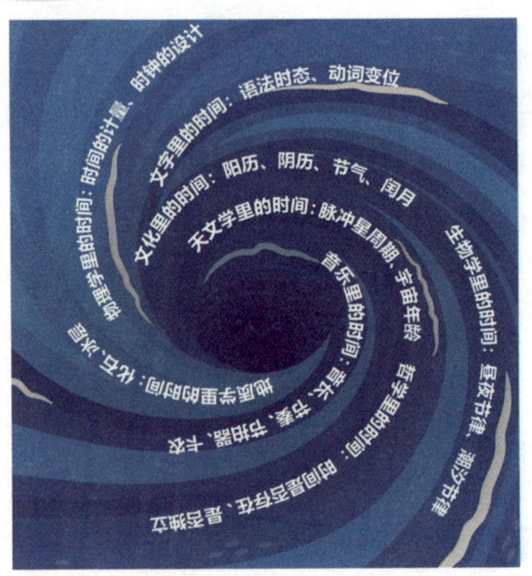

大多数动、植物都有昼夜节律，这是生物学研究的一个重要分支——时间生物学。平时我们感觉不到昼夜节律，但是熬夜或者倒时差时身体经历的那种难受，其实是我们的身体正在努力适应新的昼夜节律的表现。昼夜节律失衡会造成许多疾病，如内分泌失调和失眠等。昼夜节律源自身体要适应地球自转的节奏，因而地球上几乎每种生物都有昼夜节律。根据昼夜节律，我们可以将动物划分成昼行性动物和夜行性动物。对于植物来说，大部分花儿在日间开放，但也有极少数在夜间盛开。昼夜节律由生物体内的时钟决定。哺乳动物体内都有一个主时钟，以及分布在全身的“本地时钟”，它们均跟随主时钟的变化而变化。而主时钟又能通过感知光线变化，与地球自转的 24 小时周期同步，日日如此。

如何确定古生物化石的年代？这个问题曾难倒了许多生物学家。而化学家帮助解决了这个问题。原理是，有些化学元素的原子核不太稳定，就像一堆搭好的积木，过一段时间就会“坍塌”，分裂成更小的原子。这个过程叫衰变。这些元素的衰变周期非常有规律，发生衰变的原子数量达到衰变前数量的一半，所花费的时间是固定的，这被称为“半衰期”。通过测定化石中某种元素所占的比例，再跟该元素的半衰期进行对比，我们就能测算出古生物生活的年代距今的时长。有的元素的半衰期长达几十亿年，因此，用这种方法能帮助我们测定很久以前的化石的形成年代。

时间也藏在音乐里。全音符持续时间最长，全音符持续时间的一半是半音符，半音符的一半是四分音符，以此下去还有八分音符和十六分音符。如果要感受音乐的节奏，就需要用到“拍”。“拍”有一定的速度，可以用来计算音符的长短。为了表示乐曲的速度，人们还会在乐谱上做标记，如急板、小快板、中板和慢板等。

时间看似与位置无关，但要确定方位，我们也离不开时间。导航卫星上安装有一台精确到纳秒的原子时钟。地面上的手机接收到 4 颗以上的卫星发来的时间信号，就能计算出手机所在的位置。此外，为了进一步提高导航精度，还要考虑卫星高速运动导致时间变慢的效应，这种效应可以用爱因斯坦的狭义相对论来解释。

时间随着宇宙的诞生而产生，但时间究竟是什么？为了破解宇宙和基本粒子的终极秘密，科学家们需要深刻理解时间的本质究竟是什么，甚至回到最根本的问题：时间是否存在？

星空的指针：头顶的时间

天色渐晚，夜来香发出阵阵香气，含羞草垂下叶子。妈妈在两棵树之间拉了吊床，妹妹躺在上面摇来摇去。

哥哥躺在沙滩上看星星。爸爸要拍摄星轨的照片，他用支架固定好手机，对准北极星的方向，设定好星轨拍摄模式和曝光时间。1 小时过去了，一幅星轨图呈现在屏幕上。

哥哥凑过来，看到很多星星围绕着北极星，形成了由无数道光迹组成的圆圈。

“这些圆圈是怎么拍出来的？”哥哥指着照片问。

“这个嘛……”爸爸想了想，该怎么解释呢？他灵机一动，从包里摸出一个橙子，用一根烤肉的铁签从上往下穿进去，“假设这个橙子是地球，那么它会以这根铁签为轴进行自转，铁签的上端就指向北极星。”

哥哥和妹妹点了点头。

“我们就像是站在橙子上的人，跟着橙子一起旋转。头顶的星空是静止不动的，但运动和静止是相对的。如果以我们脚下的地球为不动的参照物，那么我们就会感到星空在旋转。只要长时间曝光，就能拍出星星围绕着北极星旋转的轨迹。”爸爸说。

“没想到星空这么宏伟！”哥哥看着这个巨大圆形星轨图赞叹道，“星轨看起来就像钟表的圆盘。”

“对，其实星空就是一个巨大的时钟，”爸爸说，“天空是背景，恒星就是指针。随着地球的自转，指针也在旋转，且转一圈刚好是一昼夜。”

“那一昼夜为什么是 24 小时呢？”妹妹突然追问道。

“让我想想”，爸爸说，“这跟古埃及人有关。他们根据星星升起的时间，把夜晚分成了 12 小时，再用日晷将白天分成 10 小时，加上黎明和黄昏各 1 小时，一天就有了 24 小时。”

“恒星除了显示夜晚的时间，还有什么用？”哥哥问。

“恒星还是季节的守护神，能指示季节的变化。”爸爸接着说，“例如，猎户座升到天空最高点时意味着冬天来临，而牛郎星、织女星在头顶时意味着夏天来临。它们就像天空中的年历，预示了植物何时萌芽、鸟类何时迁徙。”

“那行星呢，它们也能指示时间吗？”哥哥问。

“在希腊语里，行星是流浪者的意思。它们并不像恒星那样沿着固定的轨道运行，而是有点像醉汉，在恒星组成的背景上一步一回头，先向前迈一大步，又回退一步。很久以来，人们对它们的轨迹一直琢磨不清，不过一些行星仍有规律可循。”

“例如呢？”哥哥问。

“例如木星吧，”爸爸指着天上一颗明亮的行星说，“它绕太阳一圈的轨道周期差不多有 12 年，所以下次它接近地球时，我们刚好又过了一个本命年，木星因而被称为‘岁星’。除了恒星和行星，你们想想，还有什么能指示时间？”

“月亮也能指示时间呀！”妹妹从吊床上下来，也凑了过来。

“对，月亮是天然的月历，每一次从月圆到月缺，再到月圆，就是阴历的一个月。虽然看起来简单，但其实月亮的运动远比人们想象的复杂，人们过了很久才逐渐弄清楚月食背后的秘密。你们知道还有什么天体能指示时间吗？”爸爸问。

“还有太阳。”哥哥说。

“对，天空中最明亮的天体，古代神话里不可缺少的主角。古埃及人创造了太阳历，而中国人创造了节气来反映太阳在一年中的变化。”爸爸说。

“星空的变化真神奇。”哥哥说。

“对，星空是一位伟大的老师，它教会了人们如何测量宇宙的尺度。恒星的位置相对固定，人们因之发展出了最早的几何学。通过几何学，我们测量出了地球到月亮和到太阳的距离，又测量出与其他许多行星和附近恒星的距离。”

“那更远的星星的距离呢？”妹妹问。

“通过测量一种脉冲星闪烁的时间，我们可以测量出它们与我们的距离。然后用这个距离作为标尺，就可以测量出更远的几百万光年以外的星星的距离。”爸爸说。

“可是我还不太明白这背后的原理。”哥哥说。

“没关系，以后有机会再跟你细说。除此之外，星空也是一位优秀的故事讲述者，它讲述着宇宙过去的故事。”

“什么样的故事呢？”妹妹又问。

“有些星星能呈现出宇宙早期的样子，还有星云的孕育、恒星的诞生和衰老的情形……”爸爸说。

“星星还可以当我们的向导。”妈妈插了一句。

“对，”爸爸接着说，“它们在黑夜里导引着方向。早期人类的航海活动都以北半球为主要范围，这不能不说与北极星密切相关。别说迁徙的鸟儿了，科学家甚至发现有一种屎壳郎能通过银河中星星的排列方向来为自己滚粪球导航。”

哥哥和妹妹听了都哈哈大笑。妹妹边笑边说：“是吗？我也想找一只屎壳郎来看看。”

“人们怎么知道屎壳郎用星星导航呢？”哥哥也笑着问。

“因为在天气晴朗的晚上，屎壳郎能够推着粪球走出一条直线，阴天时则好像迷路了一样，总是在转圈圈。当科学家在人工环境下造出一条模拟的银河时，屎壳郎又恢复了这种通过星空来导航的能力。”爸爸回答。

“看来，即使在一堆粪球里，也不代表你不能仰望星空。”妈妈一边拿出睡袋一边说。

哥哥和妹妹笑了。天晚了，他们躺下睡了。

WHAT IS TIME
知识盒子

星空与时间

为什么一天要划分成 24 小时？

古代埃及人依据夜幕降临后从天边依次升起的 12 颗闪亮的恒星，把夜晚划分为 12 小时。然后把这 12 小时对应到白天，有了另外的 12 小时，于是一天就有了 24 小时。需要注意的是，由于每两颗星星升起的时间间隔不完全相等，所以那时候每个小时并不是等长的。

在浩瀚的星空中，有一些自然形成的时间指针，它们构成了更广阔的时间尺度，有些很短，有些则很长（见图 1-7）。

- **千分之一秒**：脉冲星的直径只有几十千米，所以能高速旋转，自转一周只需要千分之一秒到几秒。

- **小时**：从地球的视角看，恒星绕北极星旋转 15°所需的时间，恰好也是地球自转 15°所需的时间。
- **天**：从地球看到的日升日落的周期，也是地球自转一周的周期。
- **月**：从地球看到的月圆月缺的周期，也称为“朔望月”，近似于月球绕地球一周的时间。
- **年**：太阳与季节的回归周期，又称为太阳年或回归年。
- **11 年**：太阳黑子活跃的周期。黑子是太阳光球表面一些较暗的区域，那里温度较低，但磁场聚集。太阳黑子爆发会干扰地球磁场，产生磁暴，导致指南针失灵、无线电通信中断、卫星导航失真。太阳喷射出的高能粒子与地球南、北极的大气碰撞，就能产生极光。2023 年 12 月，北京地区上空甚至产生了极光。
- **12 年**：地支重复一次的周期，称为“轮”，近似于木星公转的周期——11.86 年。

- **18 年**：月食重复的周期，又称为沙罗周期，确切地说是 6 585.32 天，或约 18 年 11 天。
- **19 年**：19 年中增加 7 个闰月的周期，对应着每经过 19 年，太阳、月亮、地球重新回到之前的相对位置。
- **76 年**：著名的哈雷彗星回归的周期。有些彗星的公转周期甚至超过 200 年。
- **26 000 年**：岁差周期，地球的自转轴轻微摆动的周期。如图 1–7 所示，地轴的摆动类似旋转的陀螺。自转轴的周期性摆动造成地球上周期性的冰川季。
- **2.2 亿年**：太阳绕银河系一周的时间，也是银河系自转一周的时间。目前，根据太阳年龄推算，银河系已经旋转了 20 ～ 25 周。

图 1-7 地球自转轴的周期性摆动可类比陀螺运动

来源：维基百科。

如果时间停止……

周日早上起来后，一家人简单吃了点东西。爸爸说，南边有一座森林覆盖的山丘，山顶上有海风吹过，应该很凉快。大家都想去，于是他们穿好登山鞋，拿着登山杖出发了。

爬到半山腰，时间还早，他们并不急着登顶，就先歇息一下。他们坐在一棵大榕树下，树冠覆盖出很大一片树荫，垂下很多须根。妈妈拿出画板和铅笔速写，她就近取材，画周围形态各异的树木，不一会儿，五六棵不同的树就出现在了画板上。

过了一会儿，妈妈画完了，大家也休息好了，他们继续出发，向山顶前进。

没走几步，天空中突然飘来一大片乌云，携带着雨水，倾泻而下。他们赶紧找了一个地方躲避。过了一会儿，云渐渐散去，雨停了，他们继续向山顶迈进。

爬到山顶的时候，天空完全放晴了。从山顶望去，一边是海岸柔软的沙滩，一边是怪石嶙峋的群山。极目望去，远处的海里悄然升腾起一线白云。

一家人在山顶眺望着远方。哥哥呆呆地望着眼前的山和海，想着这几天发生的事情：爸爸与死亡擦肩而过，夜空中看到的那些恒星可能已经熄灭了，蝉在树上只歌唱几个月就要死去……想着想着，他不禁有些伤感。

爸爸走过来，问他在想什么。

“我在想，蝉是从哪里来的，死后去了哪里？星星是从哪里来的，它们的寿命结束后又去了哪里呢？”

爸爸想了想说：“所有物质都来自一种很小很小的颗粒，然后由某种力量将它们聚合在了一起，形成了生命和星星。”

“那生命和星星又为什么会消失呢？”哥哥问。

爸爸停下来想了想，指着天上的云说：“你看天上的白云，有时聚在一起，有时分开。如果明天这朵云不见了，变成雨水落下来，你会为它哭泣吗？”

哥哥摇摇头。

“因为你知道云没有消失，”爸爸接着说，“它变成水滴进入了江河和植物中，或进入我们的身体，变成我们的一部分。白云的存在虽然短暂，但它并没有消失，只是在不同时间有了新的形态而已。”

“那生命和星星也是这样的吗？”

爸爸点点头，说：“对，生命就如亿万原子聚合起来的一朵云，星星也是。它们就像万花筒里的彩色纸屑，每聚散一次，就有了一种新的形态，绵绵不绝。只有在时间中才能看清这一切。”

爸爸指着下面的山峦和海滩，继续说道：“时间可以把最坚硬的捏碎，将最柔弱的聚合成庞然大物。时间让凝固的流动起来，让巍然矗立的崩塌瓦解。但无论是坚硬的山石还是柔软的沙子，一切都不曾消失，它们只是在时间的容器中换了一种形态而已。”

“那如果宇宙里没有时间，世界会怎么样？”哥哥问。

“那我们的宇宙就会永远缩在一个比灰尘还小的空间里。因为宇宙在爆炸之初比一个原子还要小得多，如果时间停止在那时，宇宙还不如一粒灰尘那么大。正是随着时间的流逝，宇宙才膨胀到了现在这么广大。”爸爸说。

“如果时间就停在现在呢？”

“那所有的变化也就都停止了：飞鸟悬停在空中，瀑布凝固，地球不再转动，大脑停止了思考，所有的生命都停止生长，所有的星球将不再转动。我无法想象那会是一个什么样的世界。也许，只有在时间之外才能看清楚。”爸爸说。

在山顶盘桓了一阵子之后，他们下山回到营地，拆下帐篷，打包行李，捡拾垃圾，踏上了回程的路。

WHAT IS TIME
知识盒子

宇宙随时间而变化

根据宇宙大爆炸理论和宇宙暴胀理论，138亿年前，整个宇宙被紧密地压缩在一个比原子还小的极小的点里。大爆炸发生后不到十亿亿亿亿分之一秒，宇宙突然暴胀了 10^{40} 倍（1 后面有 40 个 0），从没有一个原子大变成网球那么大。这一过程非常迅速，被称为“暴胀”。之后，宇宙进入了缓慢的膨胀期，从 70 亿年前到现在，宇宙只增大了 10 倍左右。

科学家曾预计，星系会彼此吸引，导致宇宙膨胀的速度放缓。但是 1998 年科学家发现，宇宙膨胀速度正在加快，换句话说，宇宙在加速膨胀。科学家们推测，宇宙加速膨胀的幕后推手是一种看不见的暗能量，它将星系彼此推开并使其互相远离。2011 年，这项关于宇宙加速膨胀的研究获得了诺贝尔物理学奖。

科学总是在不断打破我们的认知，推翻曾经被认为恒定不变的理论。例如，北极星在不断变动中。3 000 年前的北极星是天龙座阿尔法星，那时地球的北极轴刚好指向这颗星；由于地轴的轻微摆动，如今北极轴指向了小熊座阿尔法星，中文叫“勾陈一”，由此这颗星成了新的北极星；而 12 000 年后，天琴座阿尔法星（即织女星）将成为新的北极星。

由于地球自转周期的变化，地球上一天的时长也在逐渐变化。6 亿年前，地球一天只有 21 小时。由于月球引力对地球上海水的拉扯，地球自转周期逐渐延长到了现在的 24 小时。

在星系尺度上，更大的变化也在发生（见图 1-8）。目前，银河系和仙女座星系在逐渐靠近。37 亿年后，这两个星系将合并成为一个大星系。50 亿年后，太阳进入生命的晚期，届时它将膨胀成一颗红巨星，体积扩大为现在的几百倍，它将吞噬水星、金星，并很有可能把地球烤焦。在那之前，如果人类还存在的话，相信人们能够找到新的栖居之地。

图 1-8 星系演变的时间线

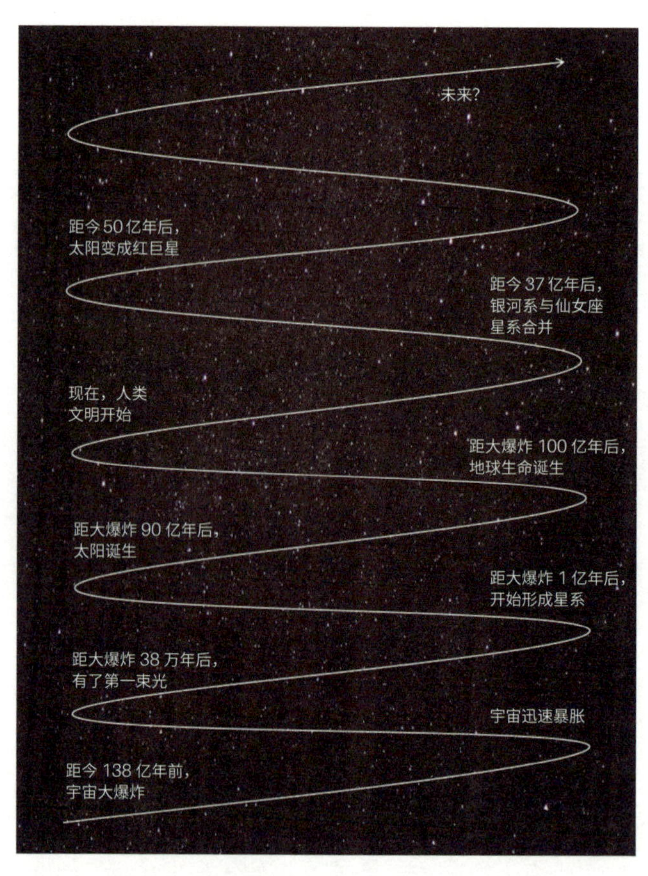

阅读书目

关于时区的起源，请参考［1］。

关于生命的起源，请参考［2］。

关于时间在不同学科中的联系，请参考［3］。

关于宇宙大爆炸，请参考［2］。

［1］［美］亚当·弗兰克：《关于时间》，谢懿译，科学出版社，2014。

［2］［法］于贝尔·雷弗、若埃尔·德·罗斯内、伊夫·科佩恩、多米尼克·西莫内：《最动人的世界史》，吴岳添译，复旦大学出版社，2006。

［3］汪波：《时间之问》，清华大学出版社，2019。

第 2 章

诞生：138 亿年前的一场大爆炸

星星的约会：距离意味着时间

过了一周，又到了期待已久的周五傍晚，一家人准备再次出游。临行前他们把后备厢塞得满满的。全家人上车，爸爸启动汽车，妈妈回过头来叮嘱哥哥和妹妹，两个孩子掩饰不住满眼的兴奋。他们在朦胧夜色中上路，渐渐远离了城市的灯火，朝着山间露营地进发。

透过车顶的玻璃天窗，可以看见头顶的星星越来越多。山路渐渐变得崎岖，在车子的颠簸中妹妹眯着眼睡过去了。最后一家人终于来到了山间的露营地，车门打开时，吹进来一股凉爽的风。妹妹闻到了泥土和花草的味道清醒过来，她睁开眼，从车上跳了下来。

经过一番忙活，帐篷支好了，露营灯也吊在了帐篷外面。

“呜——呜”，猫头鹰的叫声让山谷显得更空旷了。近处的小夜曲来自蟋蟀时断时续的奏鸣，远处的音乐会则是青蛙在一展歌喉。

妹妹想要妈妈先讲一个睡前故事。她们躺在帐篷里，妈妈透过纱窗指着天上的银河，给妹妹讲起了牛郎织女的故事。

“哪两颗是牛郎星和织女星？”妹妹问。

爸爸指着天空中最明显的夏季大三角[①]，把其中两颗明亮的星星指给妹妹看。过了一会儿，妹妹就在妈妈怀里安静地睡着了，只留下均匀的呼吸声。

妈妈轻轻放下妹妹，走出帐篷：“我们算是追星族吗？跑到这么远的地方来看星星！”

“不是我们在追星，而是星星在这里等我们。”爸爸把帐篷的门拉上。

“为什么呢？”哥哥望着头顶漫天的星斗，感觉苍穹就像一个发光的巨大的罩子。

“在城市里，灯火把星星的光芒遮盖了，”爸爸一边说，一边在帐篷前厅铺了一张防潮垫，“所以星星只好在旷野中等我们了。就像一场约会，一场我们失约已久的约会。”

“不过我们还是来了。”哥哥躺在垫子上，望着眼前无尽的星空，“为了这场约会，我们一路颠簸，2 小时前就出发了。”

“没错。不过星星出发的时间更早哟，而且早得不是一星半点。”爸爸说。

“可是星星一直都在那里呀！白天也在，虽然我们看

① “夏季大三角”是在天球上想象出来的三角形，由天琴座的织女星、天鹰座的牛郎星以及天鹅座的天津四组成。其中，织女星位于这个三角形的直角顶点。

不见它们。”哥哥说。

“对，不过我不是这个意思。”爸爸说，“我想说的是，为了这一刻的到达，星星在几十年前甚至几百万年前就开始发光了。星星离我们如此之远，星光要在广袤的天空中飞行很久才能到达我们这儿，而时间就是它们的翅膀。”

“看来，我们和这些星星缘分不浅。”妈妈躺在垫子上，找了个最舒服的姿势望着夜空，“这些星星发光的时候，甚至不知道它们的约会对象是谁，但还是义无反顾地出发了。”

“嗯，这段路途异常遥远。对人类来说，它们是恒星，恒久的星；但对于宇宙来说，它们只是一支蜡烛，只能燃烧一小段时间。就在现在，在我们眼前，这些发光的星星中有一些很可能已经熄灭了。”爸爸坐在垫子上，双肘向后撑，仰着脖子说。

“真可惜……”妈妈叹了口气，“如果有人收到从遥远的地方寄来的一张明信片，收信人阅读时却发现寄信人已经离开人世了，他一定很难过。”

“不过，我还是很高兴能读到过去的信息。这星光讲述了宇宙某个角落曾经发生的故事。”哥哥说。

“那很好啊！”妈妈侧过头对哥哥说，“以前是爸爸妈妈给你讲睡前故事，现在你可以听星星给你讲述过去的故事了。”

“是啊，无论我们朝哪个方向的天空看去，都会读到来自过去的故事，因为我们看到的都是过去。”爸爸说。

“哦，你上周说过，织女星发出的光是 25 年前的。”

“对。”爸爸说，“除此之外，还有一些星星寄来的明信片，我们无法用眼睛阅读，只能用最灵敏的仪器去探测。”

“那会是什么样的明信片呢？”哥哥好奇地问。

“比如，两颗星星相互吸引、碰撞，然后合并。这种星星个头不大，但质量不小，它非常致密，被称为‘中子星’。两颗质量很大的中子星碰撞会导致空间弯曲，就像把石头丢进池塘里形成一圈圈涟漪，叫作引力波（见图 2-1）。[①] 巨大的引力波能以光速传播到宇宙的各个角落。”

图 2-1　引力波想象图

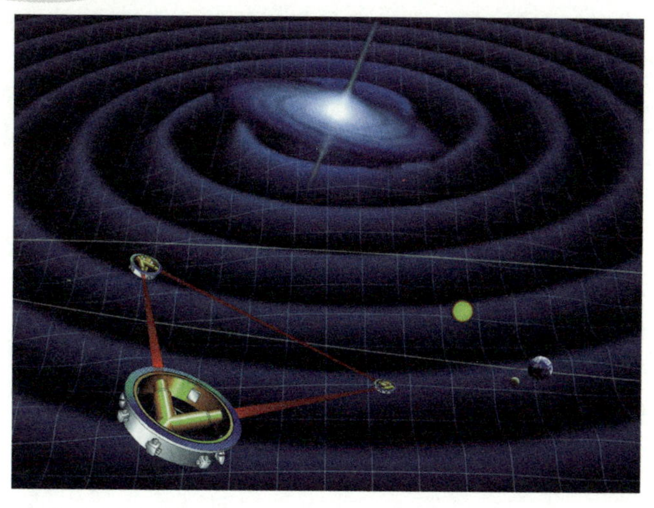

① 2016 年 2 月 11 日，科学家宣布美国的激光干涉引力波天文台（LIGO）首次直接探测到了引力波，它由两个黑洞（36 倍于太阳质量和 29 倍于太阳质量）碰撞并合成的一个 62 倍于太阳质量的黑洞引发。

“它们距离我们很远吗？”

“嗯，”爸爸说，“人类曾检测到一个引力波走了 13 亿年才到达地球。这些星光和引力波在宇宙中流浪，穿越深邃的宇宙，经过漫长的岁月终于到达地球。而我们逆着星光的方向朝宇宙深处看去，我们看到的宇宙越深，所看到的过去就越久远。”

“既然光要经过一段时间才能到达，那么我们看到的一切都已经是过去的了。”哥哥说。

“对。”爸爸指着帐篷门外周围飞舞着一圈蚊虫的露营灯说，“你看，就拿那个与我们近在咫尺的露营灯为例，我们感受到的光并不是它现在发出的，而是几纳秒之前发出的。1 纳秒就是把 1 秒切分成 10 亿份后其中的 1 份。所以，严格地说，我们看到的并不是‘现在’。”

“这么说，所谓的‘现在’还存在吗？”妈妈插进来问，“比如耳朵听到的声波和眼睛看到的光波都是波，都以有限的速度传播，那么我们听到的、看到的就都是过去了，‘现在’还存在吗？”

“我倒希望‘现在’并不存在。”哥哥似乎并不在意这个问题。

“为什么呢？”妈妈好奇地打量着他。

“因为这样的话，我说英语时就不需要纠结用现在时还是过去时了。反正一切看到的、听到的都已经发生了，都用过去时就行，这岂不是更简单？”哥哥干脆地说。

“你觉得呢？”妈妈看着爸爸问。

“如果我们把‘现在’当成一个同步感受事件的时刻，那么‘现在’并不存在。”爸爸说，“但如果我们换一个角度，‘现在’还是存在的。”

“换成什么角度呢？”

“如果‘现在’不是一个时刻，而是一个非常短的时间片段，是使一件事有意义所需的最短时间，那么在这个角度上，‘现在’还是存在的。”爸爸打开一个易拉罐，汽水夹带着气泡溢了出来，浮到罐子表面。

“喏，就像这些大大小小的气泡，”爸爸把易拉罐递给哥哥，“每个气泡就是一个‘现在’，在每个气泡内，时间才有意义。因为意义不同，所以每个‘现在’也长短不一。”

“为什么这么说呢？”哥哥接过易拉罐，看着上面大小不一的气泡，把溢出的汽水吸进了嘴里。

爸爸又开了一罐，继续说：“对于一道闪电来说，它的‘现在’比 0.1 秒还短暂，就像这个很小的气泡。”爸爸指着自己罐子上的一个小气泡说，“而对于一条咬钩的鱼来说，它的‘现在’大约等于 1 秒，是一个中等的气泡。对于缓慢爬行的蜗牛来说，它的‘现在’则可以用分钟来衡量了，是一个大泡泡。”

爸爸和哥哥喝完汽水，站起来活动了一下身子。

“现在时间不早了，我们该睡觉了。”妈妈提醒道。

一家人躺进帐篷里休息了。

漫天星斗依偎在深色夜空的臂弯里，四周的山谷拥着他们一起入眠，轻柔的风——也许称为“山谷的气息”更合适——在他们耳际轻轻拂过。哥哥和妹妹的脸庞在星光下显得更加安宁，一家人睡得如此沉静，仿佛时间根本不存在。

WHAT IS TIME
知识盒子

“现在”意味着什么

我们通常所说的“现在”，并不是时间轴上的一个精确点，而是一段时间间隔。尽管这个间隔很短，但不是零。下面是一些有趣的例子，它们揭示了“现在”并非我们感知中的那个瞬间：

- 交流电的电流随时间变化，每秒变化 50 次，所以荧光灯管每 1/50 秒就会完成一次从微光到强光再到微光的闪烁。由于人眼无法感知到这么短时间的变化，所以察觉不到灯光的明暗变化，以为灯光一直都是同一个亮度。
- 电影画面是由一帧一帧静态画面组成的，通常情况下每帧持续 1/24 秒。但是由于人眼的延迟效应，间隔的画面会让人产生连续的错觉，这就是电影放映的原理。

- 人类能感知到的两次声音的最短间隔为 1/500 秒，能感知到的视觉间隔是 1/5 000 秒。
- 人眼看到绿灯变黄到准备踩刹车的反应时间为 0.2 ～ 0.3 秒。信号从眼睛传送到大脑的时间，由“闪光融合频率”的数值来衡量，如人类是 60 赫兹，而苍蝇是 250 赫兹，大约是人类的 5 倍。对于苍蝇来说，人类挥动苍蝇拍的过程就像是慢动作，所以苍蝇很容易从苍蝇拍下逃脱。
- 我们打电话时，信号略有延迟，所以说出的声音和听到的声音并不是同时的。由于延迟很短，我们基本上感觉不到这个时间差。但如果我们跟登月宇航员通电话，电信号要延迟 1 秒多才能到达地球，我们就能明显感到信号的时间延迟。

- 爱因斯坦的狭义相对论认为，并不存在统一的“现在”，不同的人观测到的时间不同，因而不存在同一个“现在”。尤其是，高速运动的物体的时间流逝得要比低速运动的物体更慢。

溯溪：时间是永恒的河流吗

第二天清晨，帐篷里光线渐亮，哥哥慢慢睁开了眼，听着外面起起落落的虫鸣，意识到这不是在家里的床上，而是在野外。他又躺了一会儿，享受这难得的清静。当他钻出帐篷时，妈妈正在倒果汁，冲着他微微一笑。

“睡得好吗？”妈妈问他。

哥哥点点头。此时，妹妹也醒了，爬起来要喝果汁。

太阳已经升起来了，越过山头，斜射出一道橙红色的光芒。

“上午我们去哪里玩？”哥哥问。

“我记得附近有一条小溪，不如我们去溯溪吧！”爸爸提议。

吃完早饭，他们背上包，握着登山杖，一起出发了。

溪水齐腰深，水底的圆石子清晰可见。流动的溪水让笔直射入的阳光摇曳起来，在水中跳起了光影之舞。小溪两边是被人踩出的小径和高高密密的树林。刚走进密林时，裸露的胳膊被凉气一激，顿时起了一身的鸡皮疙瘩。

“还记得上次来这儿的时候你还很小，”妈妈转头对哥哥说，“一转眼好几年过去了。”

“嗯，那时妹妹还没出生呢。”

“时间过得可真快，你都长这么高了，可以照顾妹妹了。”妈妈说。

“这条小溪还和以前一样清澈透亮，”爸爸停下脚步，用登山杖指着小溪说，“只是我们面前的溪水已经不是当时的溪水了。”

“它一定是想妈妈了，”妹妹笑着说，“钻到大海妈妈的肚子里去了。”爸爸和妈妈听了都笑了。

妈妈也停了下来，望着奔流的溪水，心中默想：逝者如斯夫，不舍昼夜！时间多么像溪水啊，永远向前，永不回头。

继续往前走，小溪在一处变窄了，溪边有一块平整的大石头。妹妹蹲在石头上，用手撩水来玩，又用手截住了一段水流，可是水流绕过她的小手继续向前流走了。

“哈哈，别费力气了，水是截不断的。”哥哥蹲到妹妹身边。

“对了，那句话怎么说的来着？抽刀断水水更流。”爸爸站在旁边看着兄妹俩。

妹妹不甘心地抬起手臂，甩了甩水，站起来。一家人继续沿着小溪向上走。

走了一会儿，他们有点累了，停下来休息，妈妈拿出桃子分给大家。看到桃子，妹妹想起了《西游记》里孙悟空在蟠桃园的故事，她让妈妈讲讲这个故事。

妈妈开始讲了起来："孙悟空奉玉帝之命看守蟠桃园。一天，他从七仙女口中得知玉帝要举行蟠桃宴，却独独没有邀请他，于是大怒，使出定身法，定住了七仙女，径自去赴蟠桃宴……"

妹妹听到这儿，又想起了以前玩的"木头人"，于是要和大家一起玩这个游戏。她一边咯咯咯笑，一边喊着口号："我们都是木头人，拿起枪来打敌人，一不许说，二不许动，三不许露出大门牙！"

说完，她检查每一个人，看谁先动。过了一会儿，大家都玩累了，坐下来休息。

妹妹意犹未尽，仍想知道孙悟空到底有多大本事，就问妈妈："孙悟空能把所有人都定住吗？"

妈妈放下水杯，反问她："你觉得呢？"

"当然可以！"妹妹回答得很干脆，"孙悟空什么都能定住。不仅能定住人，还能定住这河水！"

"孙悟空怎么能定住河水呢？"妈妈睁大了眼睛。

"这么简单的事，你们大人难道猜不出来吗？"妹妹撇了撇嘴。

"让我想想……"妈妈说。过了一会儿，妈妈又说："我们还是猜不出来。"

“把河水放进冰箱里不就行了吗？”妹妹做了一个鬼脸。

爸爸妈妈都笑了。

哥哥却有点不服气地说：“就算孙悟空本领超强，可有一样东西他定不住！”

“那是什么？”妹妹扭过头来，斜眼看着哥哥。

“是时间！”哥哥解释道，“如果孙悟空真的把时间定住了，那他也在时间里，不就把自己也定住了，不是吗？”

妈妈点点头：“你说得对，寒冷会让河水冻住，可是时间依旧会流逝。”

“是啊，如果冬天把时间也给冻住了，我们就不会迎来春天了。”爸爸补充道。

过了一会儿，大家继续前行。他们远远听到一阵水花溅落的声音，抬头望去，一条白带子在空中轻轻舞动，它的下端轻抚着一潭碧绿的清池。

走到近前，妹妹和妈妈望着高处瀑布飘落的水花和水雾，感受着它的清凉。哥哥低头注视着水潭里的水漫过堤岸，流向河道，缓缓地朝着下游流去。他突然想起了一个问题，转头问旁边的爸爸：“每条小溪都应该有一个源头，不是吗？”

爸爸朝哥哥点了点头，示意他继续说下去。

“那么，时间也有一个源头吗？”哥哥说出了心中疑问。

爸爸听后笑了："你的脑袋里怎么有这么多奇怪的问题？让我想想……如果时间不是无穷无尽的，那么它的确应该有一个源头。你看，今天我们逆着溪水追寻小溪的源头，而许多人同样在逆着时间寻找时间的源头。"

"他们是谁？"哥哥问。

"天文学家、古生物学家和考古学家。你还记得吗？昨天晚上我们说过，从地球上朝宇宙深处望去，看得越深，我们所看到的宇宙历史就越久远。而天文学家就是要尽可能地追溯宇宙遥远的过去，探索宇宙和时间的起源。"

"噢，我明白了。那古生物学家和考古学家呢，他们是怎么追寻时间的源头的？"

"古生物学家朝地层深处挖掘，挖得越深，地质年代越久远，就能发现越古老的化石，从而弄清楚远古生命起源于何时，又是如何演化到今天的。考古学家则是在古老的遗迹中发现人类文明的起源，探索古老的文明从哪里开始、起源于何时，又是如何发展到现代的。"

"原来如此……那人类能找到时间的源头吗？"

"现在还没有，不过人们正在逐渐接近它。根据宇宙大爆炸理论，我们的宇宙起源于 138 亿年前的一场大爆炸，从那以后才有了宇宙，有了时间。但这就带来一个问题：时间既然有个开始，是在宇宙大爆炸之后才出现的，那它就不是永远存在的。"

“这么说，时间并不是永恒的？”妈妈插了一句。

“是的。不仅如此，时间甚至都不会匀速流逝。”爸爸说。

“还有这么奇怪的说法？就像这河流，有时遇到转弯会流得慢些吗？”哥哥疑惑地看着爸爸。

“对，这个惊人的见解是爱因斯坦在 100 多年前提出的。在他之前，人们认为宇宙里存在一座时间殿堂，无论在宇宙的哪个角落，都回响着这个标准时钟的嘀嗒声。可是爱因斯坦发现，要把这个标准时间的信息从时间殿堂传送到宇宙的每个角落，最快的方法就是用光，但光并不能瞬时到达宇宙各处，所以不同地方接收时间殿堂信息的时刻也会有先有后。”

“这会有什么问题吗？”

“宇宙各地的时间不同步，也就没有所谓的‘同一时刻’，这个地方的时间不再等于另一个地方的时间。”

“那能想办法让光变快一点儿吗？”

“不能。科学家们发现，即使让火箭携带着一支激光笔在宇宙里快速飞行，激光笔射出的光的速度也不会因此变得更快。不论对谁而言，光速都是恒定的、有限的。因此也不存在标准和绝对唯一的时间。”

“真奇怪，这么一来，会不会产生什么意想不到的结果？”妈妈问。

“你猜得没错。时间不再是绝对的、普适的，而只能根据所处的位置和相对移动的速度来确定本地时间。时间在有些情况下会变慢，而这会造成严重的影响。”

“会有什么严重后果？”哥哥关切地问。

“比如，我们的卫星导航定位系统会变得不准确而无法使用。在导航卫星上有一台非常精准的原子钟，因为卫星相对于地面在高速运动，所以原子钟比地面上的原子钟走得更慢。此外，卫星导航通过时间来测算距离，所以这种时间上的偏差会导致卫星定位的距离出现很大的误差，甚至几天之后误差就会达到几千米。”爸爸说。

“真是难以置信！可是时间为什么会变慢呢？”哥哥又问。

“说来话长，以后有机会再慢慢跟你解释吧。”

WHAT IS TIME
知识盒子

恒定的光速

光速最神奇的地方在于，它的传播速度是宇宙中最快的，是所有物体运动速度的极限，没有任何物体的移动速度能超过光速。这个特性决定了时间变慢的程度。不过我们还是先了解为什么光速是最快的。

根据狭义相对论，物体质量越大，加速所需的能量也越大。当速度接近光速时，所需的能量接近无穷大，因而物体无法达到光速。而光子的静质量为零，因而移动的速度最大。

光的另一个神奇之处是，任何人观察到的光速都是一样的，不论这个观察者是静止的还是运动着的。相反，我们在日常生活中看到的其他物体的移动速度并非如此。如图 2–2 所示，火车以 60 千米 / 时的速度行进，车厢内有个叫小辉的人以 5 千米 / 时的速度朝着列车行进的方向行走，坐在火车上的人看到小辉的行进速度是 5 千米 / 时；而在地面上的人看来，小辉的速度是火车速度与他行走速度的叠加，即 65 千米 / 时。而如果小辉逆着火车行进的方向行走，地面上的人会觉得他行走的速度变慢了，变成了 55 千米 / 时。这意味着处于不同位置的观察者看到的小辉行进速度不同。

图 2-2　相对速度差异

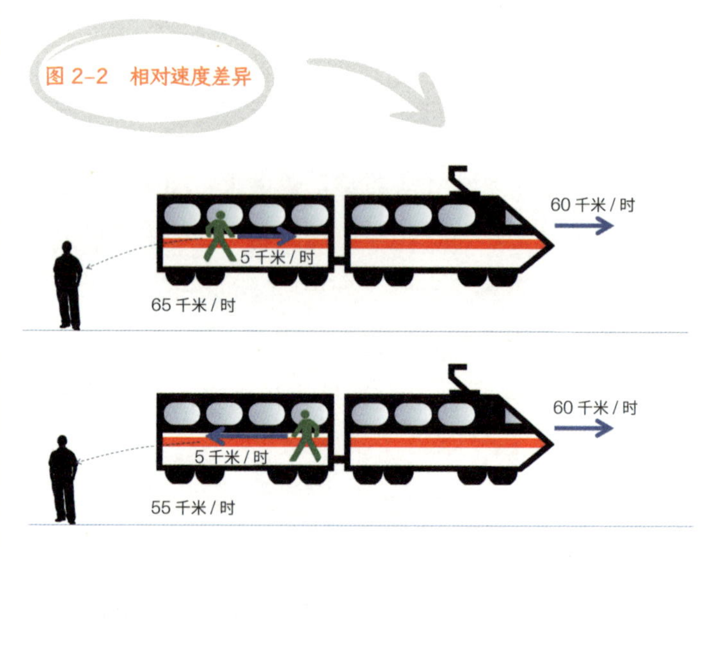

但如果把小辉换成光，情况就不一样了。在火车上打开手电筒朝着列车行进的方向照射，光线以光速射出。这时让火车上的人和地面上的人同时测量光速，他们测定的光速都一样，都是 30 万千米 / 秒，完全不受火车运行速度的影响。即便假想中的火车的速度达到了 10 万千米 / 秒，在地面上的人看来光速也依然是 30 万千米 / 秒。

爱因斯坦在 14 岁时想到一个问题：如果一个人站在一束光上行走，那将会怎样？他的速度会超越光速吗？ 26 岁时，爱因斯坦终于想明白了，不论从任何角度看，那个人的速度不会超过光速，光速是物质能达到的最大速度。

那么，光速为什么恰好是 30 万千米 / 秒呢？19 世纪 60 年代，英国物理学家麦克斯韦在研究电磁波时发现，有个电磁常数恰好等于光速，二者的差别小于 1%。这不可能是一个巧合，只能说明光就是一种电磁波，光是由变化的电场和变化的磁场交替形成的。后来，德国物理学家赫兹通过实验证明了电磁波的存在，而且它的速度等于光速。光速由电磁常数决定，而电磁常数是宇宙的基本常数。

漂流：时间怎么变慢了

日头渐渐移到了头顶，一家人准备顺着原路回营地。妹妹突然不愿意走了，她钉在原地不动，说脚疼。无论爸爸妈妈怎么劝，她就是不愿意挪动一步。

妈妈凑到妹妹跟前，对着她的耳朵咕哝了几句。妹妹听了点点头，露出笑颜，迈步跟在妈妈后面。只见她们走向一处漂流站，那里有皮筏艇可以把她们送到下游。爸爸和哥哥也跟了过来。

穿好救生衣和雨衣，妹妹和哥哥还租了两把水枪，他们开心地和爸爸妈妈登上一只皮筏艇。水流不急，爸爸妈妈撑着桨，一家人一路向下漂流。

妹妹第一次漂流，非常兴奋。她拿着水枪，神气十足，把枪吸满水，朝着坐在皮筏艇对面的哥哥喷了一枪。哥哥也朝妹妹喷了起来，两人互相滋水，玩得不亦乐乎。可是哥哥毕竟手快，妹妹总是被喷，委屈地哭了起来。

妈妈赶紧从中调停，她对哥哥说："你能让着点妹妹吗？要不你们一人喷一枪，交替着来。”

两个小朋友同意了，一人喷一下，玩得很默契。

这时，爸爸好像想起了什么，对哥哥说：“对了，你不是想知道为什么运动的钟表会变慢吗？我想到了一个好主意。”

“什么主意？”哥哥立刻放下水枪问。

爸爸用船桨抵住河底，皮筏艇顺势停了下来。“你看，我们这只船现在静止不动，你和妹妹分别坐在船舷两侧，交替着朝对方喷水。你朝妹妹喷水花了半秒，妹妹被你喷到后立刻回喷你，也花了半秒，这一个来回刚好是 1 秒。如此往复，在岸上的人看来，水柱每秒来回一次，这就是一个标准的时钟。”

“噢，我明白了，这是一个静止的水枪钟！”哥哥说。妹妹也点点头表示听懂了。

爸爸提起船桨：“现在，让船匀速漂起来，这个水枪钟也跟着运动起来。你和妹妹同样互相交替喷水。在你看来，水柱从你喷到妹妹的距离没有变，就是一个船宽，”爸爸伸出大拇指比画着，“所以这个水枪钟仍然是 1 秒一个来回，钟走得和静止时一样快（见图 2–3）。”

“但要注意，船在这段时间内漂移了一段距离。”爸爸接着伸出了食指，代表船移动的距离，“而在岸边的人看来，水柱移动的距离是从大拇指尖到食指尖的距离（斜边），它比船静止时水柱移动的距离更长一些。所以在岸上的人看来，水柱一来一往，它的路径变成了锯齿形（见图 2–4）。”

图 2-3　水柱每秒来回一次，形成时间单位

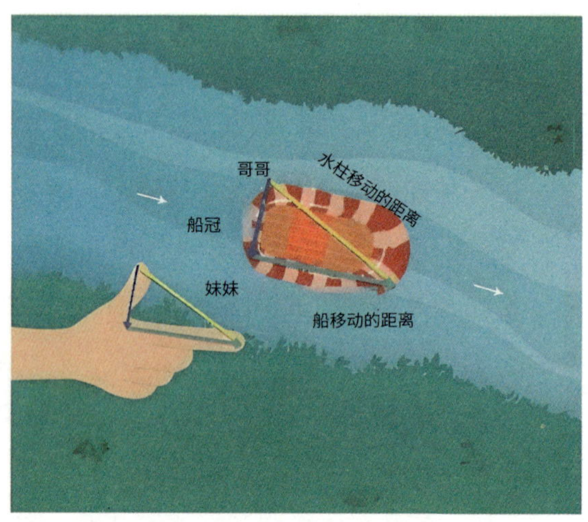

图 2-4　从岸上看，船的移动导致水柱路径变成了锯齿形，往返耗时比 1 秒更长

哥哥也伸出手比画了一下。

爸爸继续说："现在，假设你们手里的水枪升级成了激光枪，依然是每秒来回一次。岸上的人看到激光的移动路径是较长的斜边，而船上的人看到激光的移动路径是较短的直边。但别忘了，光速对所有人都一样，在岸上的人看来，激光柱来回一次的时间比 1 秒更长。所以岸上的人觉得船上的钟变慢了。"

"噢……"哥哥突然明白了。

"同样的道理，在地面上的人看来，天上的卫星或者宇宙飞船上的时钟也更慢一些。"爸爸说。

哥哥点点头。

"啊哈，这么说，经常在太空旅行会让人年轻？"妈妈说。

"可以这么说，不过，要乘坐速度非常快的飞船才能看出效果。如果一个人乘坐的飞船速度达到了光速的 60%，他的时间流逝速度就是地球人的 80%，他会比地球人年轻 20%。"

这时距离营地不远了，妈妈对大家说："你们想活得更年轻一点儿吗？那就加油划船吧！"

过了一会儿，他们沿着溪流漂回到出发的地方。

WHAT IS TIME
知识盒子

光速决定了时间

既然光速是恒定的，那么从这个结果出发，我们可以得出什么结论呢？

爱因斯坦通过计算发现，一旦确认了光速是恒定的，那么时间这个物理量就变得不再恒定。换句话说，运动物体的时间必须变慢。

这是一个奇怪的结论，因为自从牛顿提出绝对时间观以来，人们一直认为时间是绝对的，在宇宙中任何一处时间的流逝速度都是相同的。但爱因斯坦却说，不同地方的时间流逝速度不同，这大大挑战了人类的认知。

然而，科学家们通过实验验证了爱因斯坦的说法。他们找来两台一模一样的原子钟，将它们调校到同一时间。其中一台安装在飞机上，做环球飞行，另一台原子钟放置在地面。当飞机飞回来后，将飞机上的原子钟跟地面上的原子钟做对比，发现飞机上原子钟的时间慢了一点点。去除测量误差的影响，这种变慢的程度符合爱因斯坦狭义相对论的预期。

后来，科学家们又做了一个实验。他们把一台原子钟放到导航卫星上，由于卫星的移动速度更快，所以卫星上的原子钟变慢的程度更大，同样符合狭义相对论的计算结果。原子钟变慢的程度远超测量误差，因此不可能是由于原子钟本身的误差引起的。

那么卫星上的原子钟慢了多少呢？狭义相对论指出，这跟卫星速度与光速的比值有关。卫星速度越接近光速，原子钟的时间就变得越慢。相反，如果把原子钟放在一辆行驶的火车上，由于火车的速度远小于光速，那么这台原子钟的时间就几乎没有变慢。

此外，我们可以在头脑中设想一下，如果光速变得很慢，只比火车的速度快一点，那么火车上原子钟的时间将大幅度变慢。所以我们可以得出结论，光速的快慢决定了时间变慢的程度。

困在帐篷里的时间之神：时间的初始

午后天气有些热，几声闷雷之后，乌云覆盖了天空。一家人刚刚吃过简单的午餐，绵绵细雨紧随而至，大家只好钻进帐篷里。

帐篷周围，高大的凤凰木向四周伸展出层层叠叠的枝叶。轻柔的雨滴无声地落在树叶和草地上，所有草木都在默默地迎接、承受这天赐的甘露。钟形的松树肃穆地矗立着，笼罩在烟雨中，似乎在参加一个神圣的仪式。

妹妹和哥哥看着外面的雨天，怔怔地想着什么。雨似乎没有停的意思，看来下午只能待在帐篷里了。

大家静静地坐了一会儿，妹妹觉得这样有点无聊，就请妈妈讲一个故事。妈妈想了想，说："既然下雨了，那就讲一个森林雨夜的故事吧。"妹妹点点头，爸爸和哥哥也静静地听着。

在一座偏远森林的深处，猎人搭建了一间简

陋的小木屋，仅能容下一人。一天夜里，狂风骤起，下起了暴雨。突然，猎人听到有人敲门，一个老太太请求进来躲雨，猎人便让老太太进了小屋。没一会儿，又有两个小女孩敲门，猎人同样让她们进来。又过了一会儿，车马喧嚣，一位将军带着一队士兵迷路了，也想进来避雨，猎人也把他们让进了小屋。再后来，一位公主带着众多随从，猎人也让他们进来了……雨下了一夜，小屋里一直欢歌笑语不断。

妹妹听了，困惑地问："一个小屋怎么能容下那么多人？"

"我没听错吧？这真是一个奇怪的故事。"哥哥也感到很费解。

妈妈笑了笑，没说什么。

妹妹觉得这个故事不过瘾，央求爸爸再讲一个。

爸爸说："那我讲一个希腊神话故事吧。"

从前，世界上最早的神叫卡俄斯，意思是混沌。之后有了大地女神盖娅和天神乌兰诺斯。大地女神和天神生下了六位男神和六位女神，最小的孩子叫克罗诺斯，意思是时间之神。克罗诺斯长大后结婚，有人向他预言，他将来会被自己的孩子推翻。克罗诺斯很担心，于是等到孩子们一生下来，就把他们吞进肚子里。孩子的母亲很难过，想方设法保住了其中一个孩子——宙斯。宙斯长大后，在众神的帮助下打败了父亲克罗诺斯，并且把自己的兄弟姐妹解救出来。宙斯把时间之神关了起来，并在门口设置了猛兽把守。

“呀，这个时间之神这么可怕……”妹妹低声嘟哝道。

“是啊！”爸爸停了一下继续说，“可是如果换个角度想一想，有谁能够逃脱时间老人的镰刀呢？又有谁能不被时间吞噬？”

“是吗？”哥哥愣了一下。

“哦，我想起来了！”妈妈说，“在许多西方名画里，时间老人手里总是攥着一把镰刀，这镰刀就来自时间之神克罗诺斯。”妈妈又感慨道：“时间可以创造一切伟大，也可以毁灭我们所创造出来的一切。”

“而且在这个故事里，时间之神自己也是被创造出来的，不是凭空就有的。”爸爸说。

哥哥仔细回想了一下刚才的故事，疑惑道：“时间之神是谁创造的？”

“不记得了吗？最早的神不是克罗诺斯，而是混沌之神。后来，天神和大地女神结合才生下了时间之神。也就是说，在古希腊人看来，时间是被创造出来的，而不是宇宙洪荒之时就有的。”

“哦，这里面好像隐含着什么秘密。”哥哥好奇地说。

“如果时间是被创造出来的，它一定有一个开端。既然时间有开端，那它就不是无始无终的。”爸爸对哥哥说。

“那时间是怎么起源的呢？”一直在认真倾听的妹妹突然问道。

“时间存在于一切当中，所以要弄清楚时间的起源，就意味着要同时搞清楚宇宙的起源。就像早期的基督徒那样，他们询问上帝在创造世界之前在做些什么，而一个恶作剧式的回答是：‘上帝在为问这个问题的人准备地狱。’”爸爸说。

“哈哈！”妈妈笑道，“肯定有人不同意这个玩笑吧？”

“对，例如罗马帝国著名思想家奥古斯丁就不同意。他曾经苦苦思考，并且写道：‘时间究竟是什么？没有人问我，我倒清楚，有人问我，我想给他解释，却茫然不解了。’后来他终于意识到了时间不可能存在于创世之前，所以他提出一个解决办法：创世的同时也创造了时间。”爸爸说。

“是吗？也就是说，时间是和空间一起被创造出来的？”妈妈继续问。

“对。奥古斯丁认为时间也是一个受造物，在时间起源之前谈论所谓的‘之前’是没有意义的，而这和现代的宇宙大爆炸理论不谋而合。”爸爸回答。

“为什么会这么巧呢？”哥哥在帐篷里坐久了，换了个姿势后问。

“从前人们认为，空间是空间，时间是时间。自从相对论被提出后，人们才发现原来空间和时间是密不可分的。仅仅把宇宙定义为一个广袤的空间以及其中的物质是不够的，宇宙不可能离开时间而单独存在。”

爸爸说着就坐在了气垫床的中间，气垫床深深陷了下去，形成一个圆坑。本来安静地坐在床边的妹妹，由于气垫床下陷，立刻朝中间的位置滚落下去，倒在了爸爸怀里。她挣扎着爬了起来，干脆骑到爸爸的肩膀上，得意地望着下面仰头沉思的哥哥。

“为什么在宇宙里，时间和空间缺一不可呢？”哥哥问。

爸爸费力地撑着妹妹，指着中间深陷的床垫说：“这就是爱因斯坦的广义相对论告诉我们的道理：我们的宇宙空间并不像一个硬邦邦的床架，而更像柔软可变形的气垫床。只要有物质，就会让周围的空间弯曲形变，就像我坐在气垫床上陷下一个坑，床边的物体会朝中心滑落，从而运动起来（见图 2–5）。这样，空间就和运动关联起来了。还记得漂流时我们发现的那个原理吗？运动得越快，时间就越慢。所以，宇宙里的时间、空间、物质其实是不可分的。宇宙诞生，时间和空间也就同时诞生了。”

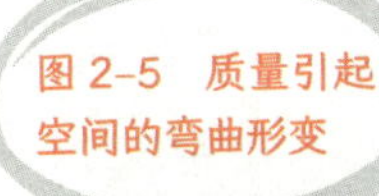
图 2-5　质量引起空间的弯曲形变

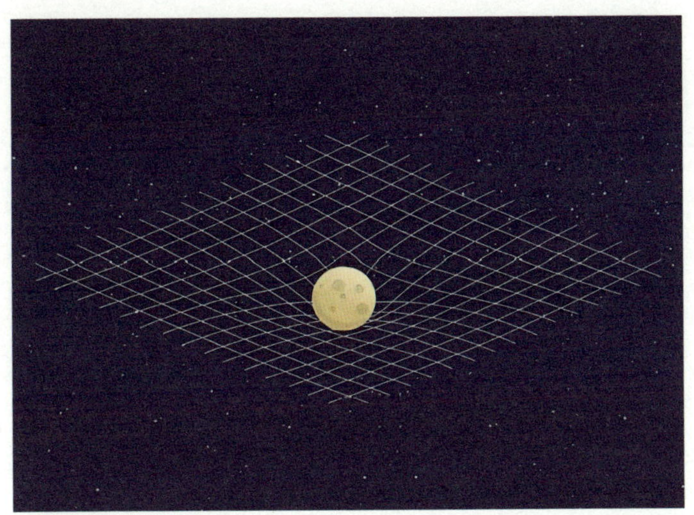

“哦，我想起来了！”妈妈插了一句，“中文里对‘宇宙’一词的解释是：‘往古来今谓之宙，四方上下谓之宇。’‘宇宙’这个词里既有空间，也有时间。”

“那宇宙诞生后一直在变动吗？它就不能安安静静地待一会儿吗？”哥哥说这话的时候，朝爸爸肩上动来动去的妹妹瞅了一眼。

“不能，真的不能。”爸爸接着说，“广义相对论认为，宇宙不会静止，而是一直处于运动变化之中。所以，其中的时间也不会停滞，除非宇宙不存在了。”

WHAT IS TIME
知识盒子

空间弯曲与时间

除了运动会让时间变慢，还有一种效应也会让时间变慢，那就是空间弯曲。

空间会弯曲？这个想法跟人们的生活常识格格不入。以牛顿为代表的经典物理学家认为，宇宙空间就像一个能容纳万物的框架。就像有着高高穹顶的火车站能容纳许多乘客，宏大的博物馆能容纳许多展品，宇宙空间能容纳所有星辰，而自身不会弯曲。

但爱因斯坦认为，空间不是与万物相对的框架，空间本身就是一种物质。空间就像一朵棉花糖，放在它上面的苹果会让棉花糖凹陷。类似地，一颗星球也会让周围的空间凹陷和弯曲，而空间的弯曲会让时间变慢。爱因期坦的这一观点再次颠覆了人类对空间的认知。

为什么爱因斯坦会认为空间会弯曲？因为这可以解释星球之间的相互吸引作用。牛顿曾将这种吸引归结为万有引力，但引力是怎么产生的，他没有给出解释。而且人们发现，牛顿万有引力定律无法解释水星绕太阳公转时在近日点发生的反常进动现象。

爱因斯坦对万有引力定律并不满足。他认为太阳之所以会吸引行星绕着它旋转，是因为太阳周围的空间发生了弯曲，形成凹陷，使行星沿着凹陷的边缘旋转。这不仅解释了太阳对行星的吸引，并且计算结果符合水星近日点的进动现象。

由此，爱因斯坦创建了广义相对论。根据这一理论，地球周围的时空弯曲成了碗的形状，而月亮、人造卫星就绕着“碗”的内壁旋转。星体越大，它周围的空间弯曲得越厉害。用广义相对论来解释，那里的时间就流逝得慢一些。

同样，在星体表面上，越靠近地心，空间弯曲得越厉害，时间也会变得越慢，所以平原地区的时间比山顶的时间慢一点。有科学家在一栋楼的楼顶和楼底各放置一台精确的原子钟，结果发现它们的时间不同，楼底的原子钟由于更接近地心而走得更慢（见图 2-6）。

图 2-6　同理，在山脚，引力造成的空间弯曲更大，那里的钟比山顶的钟走得慢一点

2010 年，有科学家将两台非常精密的光原子钟分别放在高度仅仅相差 33 厘米的两个地方，结果发现位置较低的时钟走得更慢。

广义相对论成立，这意味着空间会影响时间。空间和时间不可分割，它们融合在一起形成一个新的概念——“时空”。

意大利字母面：时间的起源

绵绵不绝的雨考验着人的耐心，直到傍晚雨才渐渐停了，天边的星星开始露出踪迹。大家从帐篷里钻出来，舒展一下僵硬的筋骨。

要做晚饭了，妈妈拿出意大利面和番茄肉酱。妹妹和哥哥想吃字母面，每个字母有指甲盖儿那么大，从 A 到 Z 各种样式。

煮开水后，爸爸抓了几把字母面撒进锅里，只见一个个字母在锅里上下翻腾，混合又分开。妹妹很想看看面是怎么煮熟的，就凑过去观看。哥哥问她在看什么，妹妹说："我想看看这些字母能组成什么样的单词。"

"哈哈，你想找哪个单词？"哥哥问。

"我想找'HI'。"妹妹回应道。

锅里的水渐渐煮成了面汤。两个小脑袋凑在锅前，盯着上下滚动的字母，看到了一个 H，但附近没有 I，或者看到了一个 I，可是 H 离得很远。

过了一会儿，他们仍一无所获，妹妹就问爸爸，怎么才能找到一个“HI”。

“你们知道吗？”爸爸对妹妹说，“宇宙诞生时就像一大碗浓汤，浓汤里有很多字母。这些字母不是 A、B、C，而是一些非常微小的粒子，它们杂乱地混合在一起。”

“是吗？那时的宇宙汤肯定很热吧！”妹妹问。

“是啊，比这锅面汤热得多。面汤的温度只有 100℃，而大爆炸后的瞬间，也就是 1 皮秒（万亿分之一秒）到 1 微秒（百万分之一秒），宇宙温度有 10^{12}℃。在这么高的温度下，所有的微粒都在不停地躁动，根本无法形成有规则的物质。就像我们这锅面汤，由于字母上下翻滚，你们很难找到一个有意义的单词。随着时间的推移，宇宙的温度逐渐下降，才有可能产生有意义的物质结构。”爸爸说。

水再次开了，爸爸调小火，各种字母缓缓地舞动着。

爸爸接着说：“宇宙诞生后约 10 秒，宇宙的温度降到 10^{9}℃，而宇宙里的小微粒组合形成了第一个氢原子核与氦原子核。又经过几十万年，宇宙温度逐渐降低到 3 000℃，原子核和电子结合形成了第一个原子。”

“这么久才出现第一个原子！”哥哥道，“然后呢？”

“宇宙到了 1 亿岁的时候，继续冷却，氢原子渐渐凝聚成恒星。恒星内部是一个巨大的元素加工厂，较小的原子合成较大的原子，其中有生命所必不可少的碳、氧、氮等元素。它们在恒星爆发时被抛射到太空中，为行星的诞生准备好了肥沃的土壤……"

"地球上的元素都来自遥远的恒星吗？"哥哥问。

"对，地球上的动物、植物、高山和大海的构成元素都来自恒星爆发后发射到太空中的残骸。说起来难以置信，我们其实都是散落在宇宙中的星骸。这些残骸并没有消失，而是以一种新的方式凝聚起来。"龙虾星云的演变过程便是如此（见图 2-7）。

图 2-7　龙虾星云
（编号：NGC 6357）

哥哥和妹妹瞪大了眼睛，不敢相信。

爸爸说完这些，关了火，锅里的字母都渐渐平息下来。妹妹突然发现，在锅底有一个H和一个I并列在一起，她开心地叫了起来：“HI！”大家都看到了那个“HI”。

爸爸把所有的字母都捞出来，一边盛到碗里一边说：“我们只用了十几分钟就找到了一个‘HI’。宇宙诞生后，经过138亿年，才等到智慧生命人类的诞生。有一天，这个智慧生命终于和宇宙说了一声期待已久的‘HI！’”

爸爸给每人盛了一碗意大利字母面，拌上番茄肉酱。一家人开始吃晚饭。

WHAT IS TIME
知识盒子

原子，世界的基本构成单元

宇宙是由原子构成的。

如果把宇宙比作一幢砖房，原子就是最基本的砖块。砖块是在高温窑炉里烧制出来的，而为了制造原子，也需要极高的温度。砖块经过烧制才会变得坚固耐用。在宇宙早期，第一个原子形成之时，宇宙温度高达数千摄氏度。原子的结构稳固保证了宇宙的稳定。

早在 2 000 多年前，古希腊哲学家德谟克利特提出，世界是由原子构成的。原子的意思是不可再分。直到 19 世纪末，现代科学才证明原子可以拆分成更小的粒子。1897 年，英国物理学家约瑟夫·约翰·汤姆逊第一次“拆开”了原子，发现了原子内部更小的粒子——电子。

过去的人们之所以没能拆开原子，是因为原子核和它周围的电子之间强大的电场吸引力。原子核的质子带正电，电子带负电。由于二者距离很近，且电场力本身很强大，所以原子很难被拆开。

最简单的原子是氢原子，它由一个很小的原子核和一个电子构成。它的原子核里包含一个带正电的质子，与外围的单个电子达到了正负电荷平衡，所以整个原子对外显示为电中性。电场力非常强大，如果你身体里的正负电荷有 0.1% 的电荷不平衡，对外的电场力能够轻松把一座大厦举起来。

其他原子都是在氢原子的基础上“锻造”出来的。原子的加工车间就位于恒星内部。在那里，每 4 个氢原子能合并成一个氦原子，其合并过程叫作“核聚变反应”，它会通过光线和射线释放出大量的能量。当恒星老去，发生超新星爆炸时，产生的高温会将更多的原子融合起来，生成更复杂的碳、氧、硅、铁等元素，由此有了自然界所需的几十种元素。

20 世纪初，科学家曾认为，电子绕原子核旋转，就像行星沿着固定的轨道绕太阳旋转一样。但后来的量子力学和实验发现，电子绕原子核旋转的轨道并不固定，从显微镜下只能看到原子核外围的一圈“电子云”（见图 2-8）。

图 2-8　氢原子的电子形成的“电子云”

图 2-9a 是碳原子示意图，核心是质子（红色）和中子（蓝色），两者紧密结合在一起形成原子核，外围是电子。图 2-9a 中，原子核被故意画得很大，但实际上，原子核的体积只占原子的很小一部分。如图 2-9b 中的氮原子，中心的红色和蓝色部分分别为质子和中子。

图 2-9 原子结构示意图

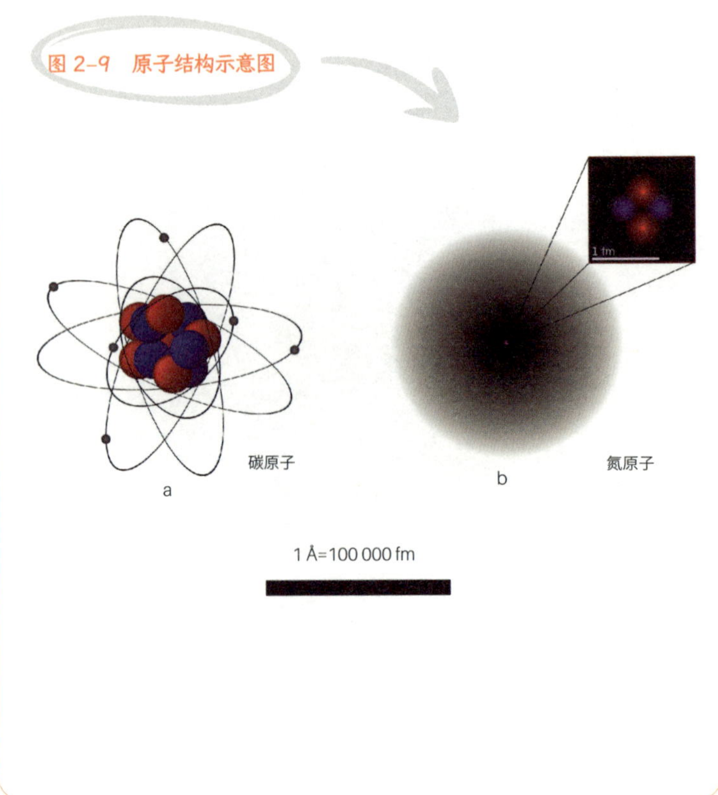

夜空是黑色的：时间之旅

晚饭后，哥哥和妹妹在帐篷外面铺了防潮垫，躺在上面看星星。

雨后的星空像擦干净的玻璃一样熠熠生辉，星星仿佛近在咫尺。

“这里的星空好美啊！”妹妹感叹道。

“是啊，要是没有点点星光，我们的夜空将会多么单调。”妈妈说。

“妈妈，为什么晚上的天空是黑色的？”妹妹问。

“是因为晚上没有太阳的缘故吧？”妈妈犹豫道。

“天上的星星不就是太阳吗？”哥哥插嘴道。

“可那些星星距离我们太远了……”妈妈说。

哥哥拿出爸爸的数码相机，想拍一幅星空的照片。相机启动，显示屏点亮的一瞬间，哥哥突然想起了什么：“宇宙这么广阔，天上有这么多星星，就像显示屏的像素点一样密密麻麻。如果全部点亮它们，整个天空一定都亮了，可夜空为什么还是黑的呢？”

“你说得有道理，”妈妈说，“让我们问问爸爸知不知道。”

“爸爸，”哥哥转向爸爸，“天上那么多星星，为什么没有把夜晚的天空全部照亮呢？”

“你想知道为什么夜空是黑色的，是吗？让我想想。”爸爸说，“如果把夜空比作球幕影院，打开放映机后银幕立刻会被照亮。但是如果我们坐在一个超大型的球幕影院里，放映机离银幕非常非常远，以至于光要走亿万年才能照到银幕上，那么在光到达之前，我们眼中的银幕就仍然是黑色的。”

“哦，对啊，”哥哥说，“昨天晚上我们说到星星的光是一路飞过来的，但它们不是同时到达的。”

“对，还有很多星光在路上，所以夜空并没有完全被照亮。”爸爸赞同道。

哥哥点点头。他把相机支在三脚架上，拍摄了一张星空的照片。

哥哥看着照片上的点点星光，又有了一个疑问：“可是如果时间足够长的话，我觉得星星发出的光还是能够照亮整个夜空的。”

“你的意思是说，如果时间是永恒的，那么无限长的时间足以让光线照亮天空，是吗？”爸爸说。

哥哥点点头。

“但你还记得早上我们说的吗？”爸爸说，“宇宙的时间其实是有限的。”

“我想起来了，宇宙从诞生到现在也就 100 多亿年。”哥哥说。

“对，在有限的时间里，从非常遥远的星星发出的光线仍来不及到达地球。所以在我们看来，天空中仍有许多地方是大片没有任何光线的黑色空间。”

哥哥点了点头：“嗯，这个理由我服。”

“幸亏宇宙不是永恒的，”妈妈说，“否则我们就无法欣赏到美丽的星空了，甚至在露天睡个好觉也不可能了。”

“那黑色的夜空还有什么好处呢？”哥哥继续问妈妈。

“你发现没有，在黑夜里人们更容易敞开心扉。”妈妈说，“远古时还没有文字，晚上人们围坐在篝火旁讲述着古老的传说，度过了一个又一个安静的夜晚，也把美丽的想象一代又一代流传下来。”

夜渐渐深了，一家人钻进了帐篷。哥哥突然有点饿，他翻出一块面包打算啃，忽然又想起了什么，便问爸爸：“妈妈讲的那个雨夜森林小屋的故事，你听懂了吗？”

“小屋里装了越来越多人的故事吗？”爸爸问。

“嗯。那个小屋怎么装得下那么多人呢？”

“是啊，”爸爸说，“除非它在不断地膨胀。”

“怎么膨胀？”

“就像你手里的葡萄干面包啊！”爸爸说，“和好面时，它只是一小团，放到烤箱里之后就慢慢地膨胀变大。”

“哦。”哥哥低头看了一眼手里的面包。

“其实你发现没有？”爸爸接着说，“烤面包之前，里面的葡萄干紧密地堆在一起，而面包膨胀后，葡萄干之间的距离也越来越大。

同样，科学家朝宇宙的任何一个方向看去，都会发现其他星系在远离银河系。这说明我们的宇宙空间也在膨胀，最终它盛得下数以亿万计的星系。面包在膨胀的过程中，它的体积越来越大，而宇宙在膨胀的过程中，空间也越来越大。”

哥哥扭头对妈妈说：“妈妈，你讲的那个雨夜中森林小屋的故事，说的是这个意思吗？”

“我听你们讲得很有趣啊！”妈妈说，“不过，我讲那个故事的时候可没有想那么多呢！”

“那你那时想的是什么？”哥哥问。

“人的胸怀也可以从很小变得很大，不是吗？”妈妈说。

“怎么变大呢？”哥哥又问。

“在一个人小的时候，他的心里只装得下快乐，装不下痛苦；等到大一些，他渐渐能容纳自己的快乐和痛苦了；再后来，他的内心可以接纳别人的快乐和痛苦，甚至能够容纳别人的愤怒和嫉妒。就像舜对待他同父异母的兄弟象那样，象曾经嫉妒舜，几次想害舜，但舜不为所动，仍然包容象，想要激发他内心仍存留的那一点儿善良的人性，最终兄弟和解。人的胸怀是不是也会变得越来越大呢？”

哥哥点点头，好像被什么触动了。

一家人很快睡下，帐篷里的灯熄灭了。哥哥慢慢闭上眼睛，夜空里的群星却似乎仍然在他眼前闪烁。

WHAT IS TIME
知识盒子

夜空是黑色的另一种解释

爱伦·坡是一位著名的美国作家、诗人和文学评论家，他创作过侦探推理小说、惊悚小说等。但在他的科学哲学散文《我发现了》（*Eureka*）中，爱伦·坡对夜空为什么是黑色的给出了一个科学而合理的解释。下面我们将通过一个例子来看看他对这一问题是如何解释的。

假设宇宙是一颗无比巨大的球形巧克力。这颗巧克力是夹心的或者说是空心的，它的核心是一粒花生，代表我们居住的地球。

为了让这颗夹心巧克力吃起来很酥脆，外层的巧克力被做成一层又一层的薄层，形成一个同心球。为了让这颗巧克力更美味，每层薄层上还均匀分布着一些碾碎的坚果颗粒，每一个颗粒代表一颗恒星。

因为外层的表面积更大，所以外层的巧克力薄层上的坚果颗粒更多。这意味着从地球看出去，外层星空上的恒星数量更多，因而越有可能把天空照亮。

但是，这里有一个新问题：越靠近外层，恒星离地球越远，发出的星光照到地球上就越暗淡，就越不可能把天空照亮（见图 2–10）。

图 2–10　恒星距离地球越远，它发出的光照到地球上就越暗

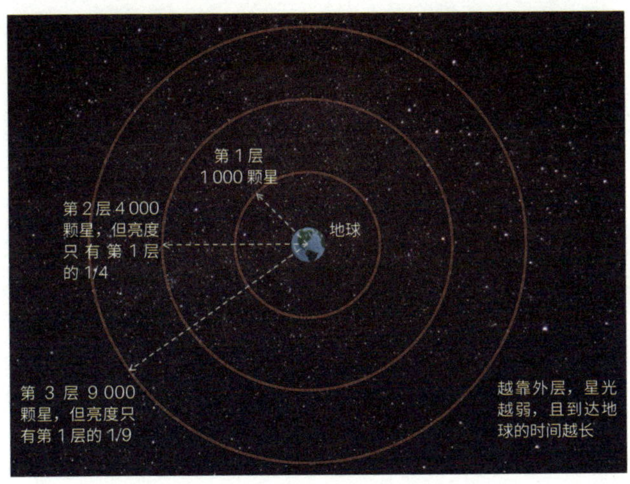

目前的设想中出现了两种刚好相反的效应，一种是外层的恒星更多，发出的光更亮；另一种是外层的恒星距离地球更远，传到地球上的星光更暗。如果前者的效应更强，那么就可能照亮整个夜空，否则就不会照亮整个夜空。

经过计算，前者的效应刚好被后者抵消。因为外层恒星的数量与到地球的距离的平方成正比，而发出的光与到地球的距离的平方成反比，二者相乘后结果等于一，既没有增大也没有减小。这样一来，尽管外层的恒星有数量优势，但传到地球的光却更弱，二者的效应相互抵消。因而在地球上看来，外层恒星的光并不比内层恒星的光更强，不能把夜空完全照亮，所以夜空看起来仍然是黑色的（见图 2-11）。

图 2-11 左：有限的时间内，星光无法把夜空全部照亮
右：无限的时间里，星星会把夜空全部照亮

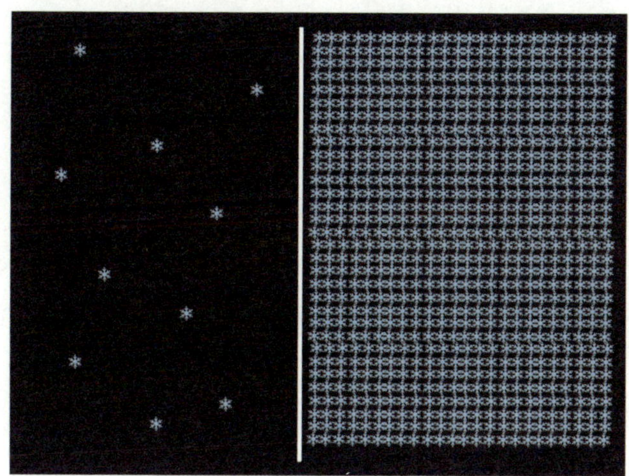

分不完的饼干：最短的时间

星期天早上，大家还在睡梦中，突然听到妈妈的尖叫声："老鼠！"

"在哪里？"爸爸喊道，顺手抄起了雨伞。

妈妈拿着一个包装袋，开口朝下抖了抖，却什么也没有倒出来。"老鼠把我们的饼干都偷走了，我们的早餐没了……"她失望地说。

"我还有一块！"妹妹得意地拿出一块饼干，这是她昨晚放在枕头边的，成了唯一幸存的饼干。

"我也想吃！"哥哥喊道。

"就不给你。"妹妹说。

"哥哥没有东西吃，你们分一下吧！"妈妈从中调解。

妹妹噘着嘴想了想，同意了。她拆开包装袋，拿出饼干，掰成两半，分了一半给哥哥。哥哥接过饼干，立刻放进嘴里大嚼起来。妹妹却把自己那半块饼干又掰成两半，吃掉其中一块，剩下的一块拿在手里，接着继续掰成两半，然后又只吃了其中一块。妹妹手上的饼干越来越小，但始终留有一小块。

哥哥看着妹妹发明的这个新吃法，很好奇："你准备分到什么时候呀？"

"我可以一直分下去。"渐渐地，妹妹手上的饼干从一小块变成了米粒大小的颗粒，可是她仍在努力地把饼干分成更小的颗粒。

爸爸倒了杯牛奶递给哥哥。

"妹妹想把这么一小块饼干一直分下去。"哥哥说。

"是吗？我们一起来看看妹妹可以分到多小。"爸爸说，"对了，你有没有听过一种说法：'一尺之棰，日取其半，万世不竭。'"

"那要分到什么时候啊！我可等不了万世。"哥哥说。

"不过那些星星可以啊！"爸爸提醒他。

"对了，"哥哥又想起了什么，"昨天躺下以后我没有马上睡着，你们知道我在想什么吗？"

"想我的饼干！"妹妹笑着插嘴道。

"别打岔。"哥哥停了一下继续说，"我在想，所谓的'万世'大概就是宇宙里最长久的时间吧。它有 138 亿年。那么反过来，宇宙中最短暂的时间到底有多短呢？刹那、顷刻、弹指、霎时，它们究竟有多短？比这些时间更短的时间又有多短呢？"哥哥问爸爸。

"你想知道把时间无限分割下去，会得到什么，是吗？”爸爸问。

“对。”

“这不就是妹妹正在做的吗？”爸爸说，“她把饼干分下去，得到 1 厘米、1/2 厘米、1/4 厘米的饼干，这样分下去你觉得有极限吗？”

哥哥挠了挠头。爸爸笑着从草丛里捡起一粒橡子，对兄妹俩说：“让我们试一试。这里有一颗橡子，如果想把它分成更小的部分，你们会怎么做呢？”

“用石头砸！”妹妹抢先说道。

“对，这是个好办法。”爸爸把橡子放在一块平整的石头上，用另一块石头用力砸。橡子的壳碎了，露出了里面的果实。“同样，对于像原子这种微小的粒子我们也可以这么做。古希腊人曾认为原子是一种不可再细分的粒子，100 多年前的科学家也证实了原子的确存在。那么，怎么知道原子是不是最小的粒子呢？科学家们想到用高速飞行的粒子去撞击原子，看能不能撞出更小的东西来。”爸爸说。

“那他们从原子里撞出了什么呢？”哥哥问。

“一种更小的带负电荷的粒子，就是昨天我们所说的电子。但是电子很轻，所以原子的绝大部分质量分布在其中心的原子核里。”爸爸说。

“那原子核还能被分成更小的微粒吗？”哥哥继续问。

“继续撞击原子核，科学家又发现了质子和中子。这两种粒子是由更小的夸克组成的（见图 2–12）。科学家虽然还没有发现夸克是由什么构成的，但是他们不能肯定夸克就一定是最小的微粒。”爸爸说。

图 2–12　用高速粒子撞击，产生更小的新粒子

哥哥有些失望，看来找到最小的粒子并不那么容易。“那时间呢？一直分割下去的话，会有尽头吗？”

“从数学上讲，时间可以无限分割下去。但是当时间的精度低于 1 阿秒，也就是把 1 秒的十亿分之一再分割 10 亿次，目前人类的仪器就无法捕捉到了。不过，人们

的想象力并没有受仪器的局限而止步，德国物理学家普朗克计算出了这样做下去的极限。”

“这个极限是多少？”哥哥似乎看到了一线希望。

“普朗克计算出一个不能再短的时间，它相当于把 1 秒分成 10^{43} 份，叫作‘1 个普朗克时间’。任何时间都只能是它的整数倍。”爸爸说。

“这就是时间分割的极限？”妈妈问。

“对，这个时间的极限乘以速度最快的光速，就是宇宙最小尺度的极限，也就是妹妹手里的饼干能够被分割成的最小尺寸的极限。这个尺度大约为 $1/10^{35}$ 米。”爸爸说。

“这到底有多小？”妹妹好奇地问。

“科学家用现在最先进的显微镜可以勉强观测到一个最小的氢原子的图像。但是如果把氢原子比作整个银河系，那么最小尺度就像是地球上的一粒芝麻。”爸爸说。

妹妹的饼干已经小得几乎看不到了，粘在她小小嫩嫩的手指尖上。她把眼睛凑近手指尖，几乎看不到那个很小的饼干渣了。最后，她干脆把指头放进嘴里，吮吸掉最后的饼干渣，然后嘴角上扬，眼睛眯成了一条缝。

简单的早饭吃完了。半晌午，他们开始拆帐篷，收拾行李，装车后返程了。

WHAT IS TIME
知识盒子

时间的分割

时间可以一直分割下去吗？让我们试一试。

- **毫秒**：千分之一秒。普通相机曝光的最短时间。光每毫秒可以传播 300 千米。旋转最快的脉冲星转一周需要 1～2 毫秒。苍蝇振动一次翅膀需要 3 毫秒，而蜜蜂需要 5 毫秒（见图 2-13）。在中国和欧洲，交流电每 20 毫秒变化一次。如果一个信号 1 毫秒变化一次，那么它的频率是 1 000 赫兹，或者叫千赫兹。钢琴中央区的 A 音是 440 赫兹，比它高八度的音是高音 A，其频率为 880 赫兹，高音 B 的频率是 987 赫兹，接近 1 000 赫兹。

- **微秒**：百万分之一秒，或千分之一毫秒。光在这段时间内可以传播 300 米。石英表里的振动元件每振动一次大约需要 32 微秒。如果一个无线电信号 1 微秒变化一次，那么它对应的频率是 100 万赫兹，即 1 兆赫兹（MHz）。调幅（AM）广播里的中频频段位于 1 MHz 附近，而调频（FM）广播一般位于 100 MHz 附近，对应的信号周期约为 0.01 微秒。
- **纳秒**：十亿分之一秒，或千分之一微秒。在这段时间里光线只能传播 30 厘米。开灯后的 1 纳秒内，光线刚刚离开灯泡，还没有照亮房间。如果一个无线电信号 1 纳秒变化一次，那么它对应的频率是 10 亿赫兹，即 1 吉赫兹（GHz）。蓝牙设备的频率大约是 2.4 GHz，在 1 纳秒内能发出 2 ~ 5 个脉冲信号。Wi-Fi 信号的频率大约是 2.4 GHz 或 5.2 GHz，汽车倒车雷达的信号频率是 77 GHz。
- **皮秒**：万亿分之一秒，或千分之一纳秒。在这段时间里，光线只能传播 0.3 毫米。

如果一个无线电信号 1 皮秒变化一次，那么它对应的频率是 1 万亿赫兹，即 1 太赫兹（THz）。频率达到太赫兹的电磁波能穿透塑料、织物、纸张和纸板等材料，因而能用于以非接触的方式检测隐藏的爆炸物和毒品等，还能检测气泡，以确定物体的内部缺陷等。

- **飞秒**：千万亿分之一秒，或千分之一皮秒，对应于中波紫外线（UVB）的周期。一束光在 1 飞秒内只能传播 0.3 微米，相当于细菌的大小。当激光的脉冲宽度在飞秒量级时，就叫飞秒激光。飞秒激光可用于医学成像和外科手术，如治疗近视、制作角膜和辅助白内障手术。此外，飞秒激光在科学研究中也有用武之地，如光学频率梳、粒子加速、飞秒拍照等。
- **阿秒**：百亿亿分之一秒，或千分之一飞秒。阿秒是如此之短，如果我们能把时间等比例地拉长，让 1 阿秒拉长到 1 秒，那么按此比例 1 秒就变成了 317 亿年。

在 1 阿秒内，光只能飞跃相当于 3 个氢原子宽度的距离。2023 年的诺贝尔物理学奖颁发给了阿秒光脉冲的相关研究。利用阿秒光脉冲，科学家有望定格原子中电子的运动，这有助于揭开微观粒子的更多规律。

图 2-13 时间的分割

阅读书目

关于时间变慢以及相对论，请参考［1］［3］。

关于时间以及宇宙的起源、大爆炸、恒星产生等，请参考［2］。

关于时间是无穷无尽的还是有个源头的讨论，请参考［4］。

关于“现在”是否存在，请参考［5］。

关于夜空是黑色的解释，请参考［6］。

［1］［英］雅克布·布洛诺夫斯基：《人类的攀升》，王笛、邝惠、任远译，百花文艺出版社，2015。

［2］［法］于贝尔·雷弗、若埃尔·德·罗斯内、伊夫·科佩恩、多米尼克·西莫内：《最动人的世界史》，吴岳添译，复旦大学出版社，2006。

[3][意]卡洛·罗韦利:《七堂极简物理课》,文铮、陶慧慧译,湖南文艺出版社,2016。

[4][英]亚当·哈特-戴维斯:《时间是什么》,王文浩译,湖南科学技术出版社,2017。

[5]汪波:《时间之问》,清华大学出版社,2019。

[6][美]埃德加·爱伦·坡:《我发现了》,曹明伦译,湖南文艺出版社,2019。

未来，属于终身学习者

我们正在亲历前所未有的变革——互联网改变了信息传递的方式，指数级技术快速发展并颠覆商业世界，人工智能正在侵占越来越多的人类领地。

面对这些变化，我们需要问自己：未来需要什么样的人才？

答案是，成为终身学习者。终身学习意味着永不停歇地追求全面的知识结构、强大的逻辑思考能力和敏锐的感知力。这是一种能够在不断变化中随时重建、更新认知体系的能力。阅读，无疑是帮助我们提高这种能力的最佳途径。

在充满不确定性的时代，答案并不总是简单地出现在书本之中。“读万卷书”不仅要亲自阅读、广泛阅读，也需要我们深入探索好书的内部世界，让知识不再局限于书本之中。

湛庐阅读 App：与最聪明的人共同进化

我们现在推出全新的湛庐阅读 App，它将成为您在书本之外，践行终身学习的场所。

- 不用考虑“读什么”。这里汇集了湛庐所有纸质书、电子书、有声书和各种阅读服务。
- 可以学习“怎么读”。我们提供包括课程、精读班和讲书在内的全方位阅读解决方案。
- 谁来领读？您能最先了解到作者、译者、专家等大咖的前沿洞见，他们是高质量思想的源泉。
- 与谁共读？您将加入优秀的读者和终身学习者的行列，他们对阅读和学习具有持久的热情和源源不断的动力。

在湛庐阅读 App 首页，编辑为您精选了经典书目和优质音视频内容，每天早、中、晚更新，满足您不间断的阅读需求。

【特别专题】【主题书单】【人物特写】等原创专栏，提供专业、深度的解读和选书参考，回应社会议题，是您了解湛庐近千位重要作者思想的独家渠道。

在每本图书的详情页，您将通过深度导读栏目【专家视点】【深度访谈】和【书评】读懂、读透一本好书。

通过这个不设限的学习平台，您在任何时间、任何地点都能获得有价值的思想，并通过阅读实现终身学习。我们邀您共建一个与最聪明的人共同进化的社区，使其成为先进思想交汇的聚集地，这正是我们的使命和价值所在。

CHEERS
湛庐

汪波 著

What Is Time

② 一朵花也曾是一颗超新星

浙江科学技术出版社 · 杭州

你对时间的流逝了解多少?

扫码加入书架
领取阅读激励

扫码获取全部
测试题及答案,
一起感受时空变幻的奇迹

- 时间的箭头是由什么决定的?(单选题)

  A. 热力学第二定律

  B. 牛顿第二运动定律

  C. 相对论

  D. 量子力学

- 宇宙膨胀的证据是什么?(单选题)

  A. 星星之间的距离在缩小

  B. 星星的光谱向红色端偏移

  C. 星星闪烁的次数增加了

  D. 星星的数量减少了

- 多重宇宙理论认为我们的宇宙是什么?(单选题)

  A. 唯一的宇宙

  B. 永远不变的宇宙

  C. 多个宇宙中的一个

  D. 逐渐消失的宇宙

扫描左侧二维码查看本书更多测试题

亲爱的小读者：

你是否觉得时间无处不在却难以捉摸？其实，在时间里隐藏着大自然所有的秘密。读懂了时间，就读懂了一切。

在这套书中，你会遇到爱因斯坦的时间、二十四节气中的时间、《红楼梦》中的时间、夜来香中的时间……

你最好坐下来读这套书，因为这比站着读的时间过得更慢一点。你也可以在火车上读，这同样会让你的时间变慢一点。

想知道为什么吗？答案就在书中。

汪波

目　录

第4章 绽放：宇宙膨胀时会被卡住吗 055

第 3 章
箭头：
时光如倒流，
牛奶凉转热

变凉的牛奶：时间的箭头

又是一个周五的傍晚，一家人正在收拾东西准备装到车上。这次他们带的东西可不少，有烤肉架、折叠桌椅、冷藏箱和吊床，还有很多锅啊，碗啊……原本拥挤的后备厢放不下这么多东西，爸爸和妈妈只好先把所有物品都拿下来，琢磨一下具体怎么摆放。

爸爸仔细查看了汽车的后备厢，然后尝试按照物品的大小和形状，这里摆摆，那里塞塞，充分利用了后备厢的每一个角落。终于，他找到了一种最佳的摆放顺序，能把所有装备刚好都塞进去。随着“砰”的一声响，后盖合上了，所有人都松了一口气——他们可以上车了。

一路上很顺利。到了山里的露营地，天气有点阴冷，妹妹提议喝些热牛奶再睡觉。

妈妈从冷藏箱里拿出一大盒冰鲜牛奶，把牛奶倒进小锅里，放在炉子上点着火，接着去收拾行李。过了一会儿，她回来时发现牛奶已经热了，就把它倒进几个杯子里，分给大家。妹妹急不可待地要端起杯子，但马上她的手又缩了回来——杯子有点烫。

趁着牛奶还没凉下来，妈妈和爸爸一起去支帐篷，哥哥和妹妹也来帮忙。帐篷支好了，一切就绪，他们回来重新端起杯子准备喝牛奶，却发现此时牛奶又彻底变凉了。

“唉，刚才白热了。”妹妹叹了口气，“要是牛奶能自动变热就好了。”

“那倒是很好，省得我重新加热了。”妈妈把牛奶倒回锅里，打开火，蓝色的火苗舔舐着锅底。

“爸爸，牛奶为什么会自动变凉？”妹妹问。

听到这么简单的问题，爸爸却一时不知该如何回答，他想了想说：“因为杯子里的热量会散发掉，却不会自动聚集起来。”

爸爸守着锅里的牛奶，等牛奶变热后关掉了火。他把冒着热气的牛奶重新倒进杯子里。

“既然热量能自动散发掉，为什么不会自动聚集起来呢？”哥哥拿起杯子，里面的热气不断向外冒。

“除非时间能倒流，牛奶才会自动变热。如果你明白了这一点，你就知道时间为什么不能倒流了。”爸爸神秘地笑了笑，然后去洗锅。

哥哥慢慢地品着牛奶，心里琢磨着爸爸这句没有说完的话。

妹妹喝完牛奶，一蹦一跳地去找妈妈，她让妈妈把带来的吊床支起来。妈妈从汽车后备厢里取出吊床，把它支好，妹妹兴奋地躺了上去。妈妈轻轻地推了一下吊床，妹妹很享受地在里面晃来晃去，还让妈妈给她拍视频。

哥哥把最后一口牛奶喝完了，仍旧没有想明白爸爸刚才说的那句话。“爸爸，热量散发和时间有什么关系呢？”

“跟我来。”爸爸放下洗好的锅，来到妈妈和妹妹的吊床前。他拿过妈妈的手机，把妹妹在吊床里摇来摇去的影像拿给哥哥看，然后把视频又倒着播放了一遍：“你看，你能分清哪个是正着播放，哪个是倒着播放的吗？”

“这两个太像了，根本分不出来。”哥哥说。

“对，问题就出在这儿。”爸爸说，“牛顿第二运动定律的公式可以计算出吊床的运动方向和速度，但即使给所有时间变量同时添加一个负号，也就是让时间倒流，公式照样成立。换句话说，时间是可逆的，物体的运动方向也是可逆的。”

“真是奇怪。”哥哥嘟哝着，“可是日常生活中，时间无论如何都不会倒流。”

“你知道吗？有一个物理量是不可逆的，它就是热量的流动方向。热量总是从高温处流到低温处，而不能反过来。这就是热力学第二定律，它解释了为什么热牛奶会变凉，而不是凉牛奶自动变热。由于热的流动是单向的，而热运动又是原子的振动，且每个原子都在振动，所以每个由原子构成的物体的时间也是单向的。这就决定了时间只能单向流动，也就是从过去到未来，而不是反过来。”

哥哥挠挠头：“这么说我还是不明白。”

“好吧，跟我去汽车那边。”爸爸说着走过去，打开了后备厢。后备厢里的帐篷、吊床等东西都被取出来了，现在里面空多了，剩下的东西被堆在角落里。

“你看，如果我们这样开车出去，经过颠簸，后备厢里剩下的东西来回摇晃，会自动变整齐呢，还是会变得更乱呢？”爸爸问。

“显然会变得更乱。”

“是的。”爸爸停了一下说，“但是我们并不能完全排除一种情况，也就是经过一番颠簸，后备厢里的东西变得更整齐了。不过出现这种情况的概率太低了，远远小于后备厢变乱的概率。”

哥哥点了点头，继续听爸爸讲。

“既然后备厢变乱的概率远远大于变整齐的概率，而事物总是朝着最大可能的方向发展的，那么事物就会越来越混乱。这种混乱的程度叫作‘熵’（shāng）。熵越大表示越混乱。事物变得越来越混乱，也就是从低熵到高熵，而不是反过来。这样，时间就有了方向。”

“原来如此。不过这和牛奶变凉有什么关系呢？”哥哥不解地问。

“我们可以比较一下牛奶杯和后备厢。当牛奶的热量都限制在杯子里时，就像后备厢里所有的东西都整齐地堆在一个角落。牛奶杯里的热量有可能会散发，也有可能散发后又重新回到杯子里，但回到杯子里的概率远远小于散发出去的概率。最终，杯子里的热量散发了，牛奶变凉了，熵也增加了，这就是时间流动的方向。”

哥哥明白一些了。爸爸从后备厢里拿出一个折叠好的气垫床，重新盖上后备厢，和哥哥回到帐篷里。此时妹妹还在吊床上晃来晃去。

“今晚有点凉，我们睡气垫床吧。你帮我用这个气筒打一下气。”

爸爸说着，递给哥哥一个袖珍打气筒。

哥哥一边打气，一边对爸爸说：“原来时间流动的方向和热量有这么大的关系。不过你刚才说的热力学第二定律是怎么回事？”

“这个有点不好解释。”爸爸说，这时他瞥到哥哥手里的打气筒，“你手里的打气筒是不是有点发热？”

哥哥摸了一下，确实如此。

“这就对了。”爸爸说，“你给充气床垫打气，把运动的能量转换为床垫的压力。但打气时活塞摩擦气筒壁生热，一部分热量散失到空气里，不可挽回地消耗掉了，再也没法回来。所以，我们也无法回到过去的状态了。”

“这就是热力学第二定律？”哥哥问。

“对，它告诉我们，能量从一种形式转换为另一种形式时，总是不可避免地要损耗一些，这个过程是不可逆的。所以，过去的就永远过去了，时间不能倒流。”爸爸说。

哥哥打了一会儿气，坐下来歇息。

这时妈妈走过来，她不再摇妹妹的吊床了：“可是有些东西还是可逆的呀。比如在网上买了一件衣服，不满意还可以 7 天无理由退货，就像什么都没有发生过一样。”

“是的，前提是买卖双方有一方愿意付运费才行，”爸爸说，“这是他们必须付出的代价。但在自然界里，并没有什么东西愿意白白付出代价。”

“这么说，任何事情，无论是美好的还是悲伤的，都只发生一次，是唯一的。”妈妈说。

“我的妈妈也是世界上唯一的。”妹妹骄傲地说。妈妈惊讶地看着妹妹，眼睛缓缓眨了两下，目光里充满了喜悦。妹妹接着说：“因为谁也没法替代妈妈再生我、疼我一次了。”

“宝贝，你的话真贴心，”妈妈温柔地说，“你也是我在世上唯一的女儿。”妈妈轻吻妹妹的额头。

过了一会儿，露营灯熄灭了，月光洒在他们的帐篷上。一阵轻声的“晚安”之后，帐篷里安静了下来。

WHAT IS TIME
知识盒子

时间有方向吗

“君不见，黄河之水天上来，奔流到海不复回。君不见，高堂明镜悲白发，朝如青丝暮成雪。”李白的诗句所描写的是，时间从过去流向未来，一去不复返。这看起来时间是有方向的，也符合我们的直觉（见图 3-1）。

但是，如果从牛顿运动定律来看，时间又似乎是没有方向的。19 世纪末，奥地利物理学家玻尔兹曼指出，时间本身并没有内置的箭头，不论时间向哪个方向流动，力学定律都是成立的。例如，一个小球在平地上随着时间的前进在向前滚动，也可以看作这个小球随着时间的后退在向后滚动，而描述这种运动的牛顿第一运动定律（惯性定律）在两种情况下都成立。这就像是把小球滚动的录像倒过来播放，我们并不会觉得有什么不妥。

图 3-1　时间是不可逆的，
绝大部分物理定律则是可逆的

人会经历生老病死，事物则会留下痕迹

运动钟摆的影像：按时间顺序播放和
逆时间顺序播放完全一样，无法分清时间的方向

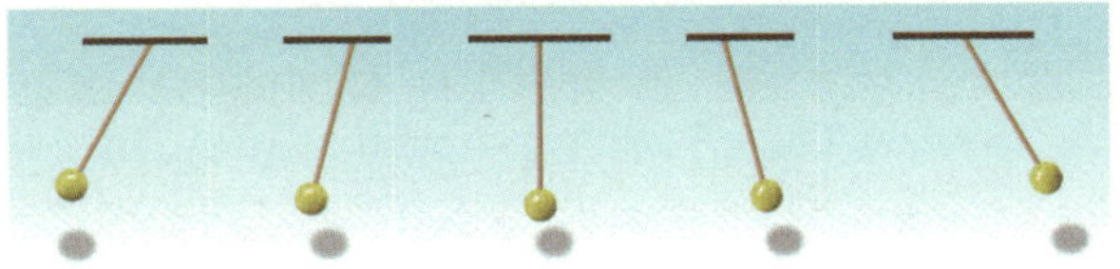

而且在微观粒子世界里，把过去和未来颠倒，量子力学的相关定律依然有效。那么，时间真的没有方向吗？

唯一证明时间有方向的物理学定律是“热力学第二定律”。这个定律告诉我们，“热量可以自发地从温度高的物体传递到温度低的物体，但不可能自发地从温度低的物体传递到温度高的物体”。这有点像河水无法自发地从低处倒流到高处。

例如，夏天日出之后，气温逐渐升高，热量从温度较高的室外自发地传递到温度较低的室内。我们不可能期待室内自动凉下来，因为热量不可能自发地从温度较低的室内传递到温度较高的室外。如果想让室内凉下来，就要打开空调，这意味着要额外通过电力做功才行，即通过空调压缩机做功将室内的热量排放到室外。换句话说，在自发的状态下，热量没法从低温处“流”到高温处，因为热量是单向传递的，而这种单向传递区分了过去和未来。

最后还有一个问题，热力学第二定律仅仅是一条热学方面的定律，能适用于所有领域吗？实际上，由于热的本质是分子和原子的振动，而世界是由原子和分子构成的，它们每时每刻都在振动。所以无论是人类走路、消化食物、思考问题，还是电脑播放视频，都会产生热量。因此，热力学第二定律是一条普遍适用的定律，由它推导出的时间有方向的结论是普遍成立的。

更进一步说，上面这些热活动在时间箭头上留下了一连串痕迹——脚印、废物、记忆、硬盘磨损等，我们不可能完全抹除这些痕迹，它们都是时间流逝的证据。所以在时间轴上，过去和未来不再对称，而是有了特定的方向。

化石与酸奶：时间的流逝

第二天早上，薄云像一层被子遮住了太阳，空气凉爽，吹一点儿小风。

“这样的天气适合到山间徒步。”爸爸说道，妈妈听了点点头。

“好啊，我正好想采集一些动、植物标本呢。”哥哥说。妹妹一听，很开心，也想跟着去。

于是一家人上路了。一开始，山势陡峭，可是攀登了一会儿后，就渐渐平缓了。这里的地貌变化明显，山脚和山腰被绿色覆盖，山顶则是成堆裸露着的巨石，看起来十分壮观。

哥哥和妹妹花了些时间在半山腰采集植物标本。哥哥用一把小铲子挖土，突然他碰到了一个硬硬的东西，从土里小心摸出来一看，是块椭圆形的石头。他很少见到形状这么规则的石头，于是好奇地打量起来。石头表面的泥土被细细抹去后，露出了一条条弧形的纹理。

“我发现一个贝壳！”哥哥大声喊道。妹妹也凑过来看，拿在手里端详。

“是一个石头做的贝壳。”妹妹说。

“应该叫‘贝壳化石’！”

“什么是贝壳化石？”妹妹好奇地问。

“就是很久很久以前的贝壳，埋在土里渐渐变成了石头一样的东西。”哥哥一边说，一边兴奋地拿着这个贝壳化石给爸爸妈妈看。

“可是贝壳不是应该在大海里吗，”妹妹问爸爸妈妈，“它怎么会跑到这么高的山上来呢？”

“你可以和妹妹解释一下吗？”妈妈跟哥哥说。

“当然，非常乐意。”哥哥骄傲地说，“我们脚下的这个地方很久以前也许是大海或者是湖泊。现在我们脚下的大地并不是永远固定的，而是像水面上并排的竹筏。”

妹妹点点头。

哥哥继续说：“起浪时，这只竹筏会碰到另外一只，它们互相推挤，甚至有的竹筏会俯冲到旁边的竹筏下面，把它抬高。我们脚下的大陆也是类似的，有的大陆会冲到其他大陆底下，顶起一座新的山脉。而那些贝壳也跟着山脉一起升起，经过长时间的演变终于变成了化石。这下你明白了吧？”

“那这些化石有多少年了？”妹妹仍然不解地问。

“我也不知道。我觉得至少有几百万年了。爸爸，我们怎么才能知道化石的年代？”哥哥说。

“你看到一个人白发苍苍，脸上布满皱纹，就知道他年纪不小了。化石的年龄虽然不能像这样一眼看出来，但是它包含的放射性元素会告诉我们答案。”

“它的原理是怎样的？”哥哥问。

“当初化石形成时，它包含的某种元素在石头中占一定的比例。随着时间的推移，这种元素会逐渐衰变，分解成更小的新元素。所以拿到一块化石，如果能测量出化石里新旧元素的比例，就知道有多少元素衰变了。”爸爸说。

“那怎么推算化石的年龄呢？”哥哥又问。

“元素的衰变非常有规律，它们总是按照特定的速度衰变。所以，知道了衰变前后元素的比例，又知道了衰变速度，就能算出衰变所花费的时间，也就是化石从形成到现在所经历的时间。”爸爸说。

妹妹望着妈妈，问她听懂了没有。

妈妈从背包里拿出一瓶自制的酸奶，说：“也许这瓶酸奶可以帮助我解释。”

“这是前天我们做的酸奶！”妹妹认了出来。

“对，还记得我们怎么做的吧？”妈妈说，“一开始鲜奶是没有酸味的，我们加入乳酸菌，它们在牛奶里不断繁殖，鲜奶开始变酸。按照说明书的要求放置 4 小时，一碗牛奶才能刚好变成酸奶，味道也正好。”

“没错，时间长了或短了都不行。”妹妹说。

“反过来，如果我们没有钟表，不知道过了多久，该怎么办呢？”妈妈问。“是不是在牛奶变酸的过程中不停地品尝呢？”妈妈提示妹妹。

“如果味道不对，就没到 4 小时，是这样吗？”妹妹问。

“对，”妈妈说，“当我们感觉到酸度正好时，就知道过去了 4 小时。这是因为乳酸菌生长繁殖的速度是固定的，就像化石里放射性元素衰变的速度是固定的一样。”

“我明白了。”妹妹满意地说，然后接过酸奶，津津有味地吃了起来。

“其实，”爸爸补充道，“除了化石里的同位素和酸奶里的乳酸菌，我们银行里活期存款的余额、一窝兔子繁殖的后代的数量总和，都是按照这种‘自然’的指数变化的。”

吃完后，他们坐在一块大石头上稍作休息，以恢复体力。

哥哥平躺在大石头上，伸展开手脚比画着：“这块石头比我还大。”

“是啊，你有没有想过，其实每一块石头都是时间留给我们的痕迹。”爸爸说，“它就像一本无声的书，讲述着过去发生的故事。而我们脚下的大地就是书架，承载着这些无声的书。不过，这可不是一个普通的书架，而是会升降的书架。”

“是吗，这个书架还会升降？”哥哥问。

“对，就像你说过的，我们脚下的大地并不是永恒不变的，而是有起有伏，就像一个会升降的书架。它让最近印刷出来的书浮现出来，而年代久远的书则被堆放在书架底部，要靠我们去挖掘。”爸爸指了指哥哥的铲子。

“那如果我一直向下挖，会挖到什么呢？”哥哥问。

“会挖到更久远的过去，发现更古老的书籍。埋藏在地下越深，距离我们的地质年代就越久远。”爸爸说。

“这么说，我会发现更古老的贝壳？”哥哥问。

“是的，也许是贝壳化石，也许是别的化石，甚至是现在已经消失了的地球早期生命留下的遗迹。通过这些遗迹，我们能拼接出生命随时间演变的历史。”爸爸说。

一家人继续朝着山顶攀登。中午前，他们终于站在了山顶的大石头上。

WHAT IS TIME
知识盒子

年代的确定

将一块化石拿在手中，仅仅凭借它的颜色、形状和材质很难确定它的年代，除非这块石头里有一个单独的“时钟”。这不是异想天开，这里说的不是普通的时钟，而是由一种随时间变化的化学元素构成的“时钟”。当我们知道这种元素随时间变化的比例时，就有可能反过来推算出它经历的时长，就像通过一块面包的霉变程度推算出它放置了多久。

那么，什么化学元素能随时间变化呢？答案是一些不太稳定的元素。如果我们把元素的原子比作一座房子，那么房子的砖块就相当于构成原子的质子和中子。通常，越是结构复杂的房子越容易在地震中倒塌，而结构越是简单小巧的房子越稳固。同样，质子和中子越多的原子就越容易发生衰变。如果一个原子的质子数超过 83 个，它的结构就会很不稳定，在一定的时间里就容易发生衰变并分裂成更小的新元素。

幸运的是，元素衰变的速度非常恒定，发生衰变的原子数量达到衰变前数量的一半，所花费的时间是固定的。例如，铀 235 元素会在约 7 亿年中衰变完其中的一半，再经过约 7 亿年，剩下的一半又会衰变完其中的一半，只剩下 1/4，以此类推（见图 3-2）。元素每衰变完一半所花费的时间叫作“半衰期”。这就相当于时钟走动的节奏。尽管它不像普通时钟那样是匀速走动的，但这个衰变周期的数据对科学家推算年代非常有用。

图 3-2　元素的半衰期

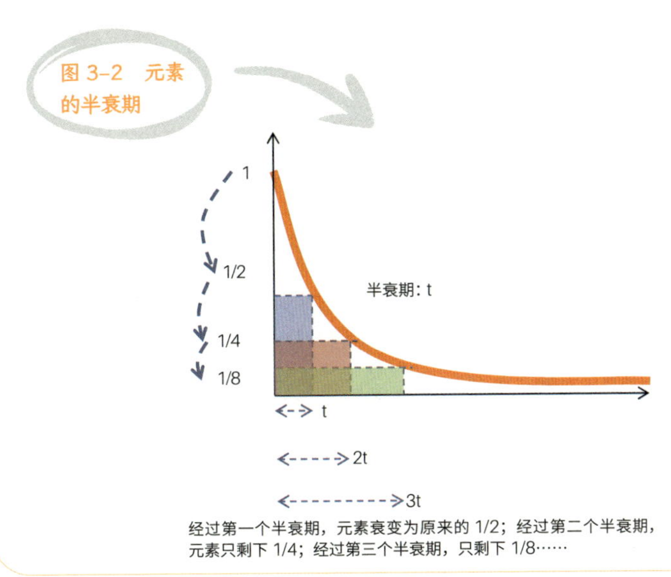

经过第一个半衰期，元素衰变为原来的 1/2；经过第二个半衰期，元素只剩下 1/4；经过第三个半衰期，只剩下 1/8……

我们只需将没有衰变的原子数量画成一条随时间变化的曲线，就会发现它的数量是随时间下降的。如果我们知道了已经衰变的原子的数量，就可以反过来推算出衰变经历的时间，也就是化石存在的年代。这就是检测化石年代最常用的方法。

不同的元素有不同的半衰期，这就为人们提供了不同长短的时间之尺去测量它们存在的时长。例如，铀 238 元素的半衰期长达 44.6 亿年，可以用来测量地球的年龄。碳 14 的半衰期则短得多，只有 5 700 年左右。这么短的半衰期可以用来推算距离现在较近物品的年代，例如人类文物及古建筑里木材的年代。

元素衰变通常伴随着放射出中子、电子、质子等粒子，因此这些元素又叫作放射性元素（见图 3-3）。1896 年，法国科学家贝克勒尔首先发现了元素的放射性。居里夫妇通过沥青中放射出来的粒子发现了两种新元素：钋和镭。卢瑟福则发现了放射性元素每过一段时间衰变一半的规律。

图 3-3　放射性元素的衰变

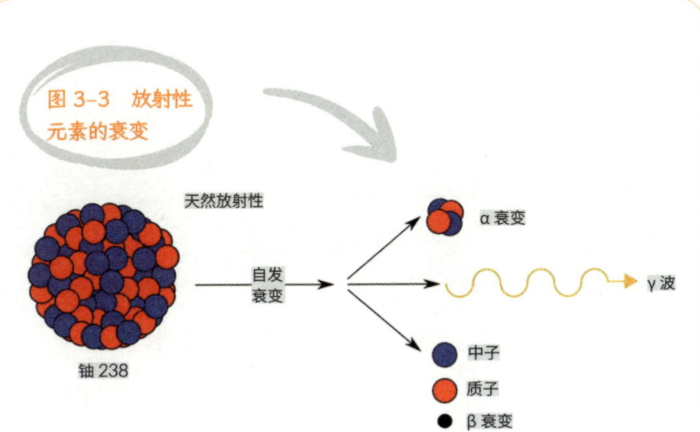

较大的粒子不稳定，释放出中子（蓝）和质子（红），从而变成较小的元素。

烤肉时下雨：难以预计的未来

下山后，一家人回到营地。哥哥和妹妹都很饿了，非常想吃烤肉，这下他们带来的烤肉架该发挥作用了。

哥哥和妹妹眼巴巴地看着爸爸切肉、点炉子，妈妈给肉片涂上调料，然后放到炉子上开始烤。一阵阵香味飘了出来，鲜红的肉慢慢变成了暗红色的。可是，滴答滴答的雨滴却不请自来，滴在烧烤架上发出“呲呲”的声音。妹妹和哥哥皱起眉头望着天空。

“怎么偏偏这时候下雨？”妹妹噘起了嘴。

爸爸摇了摇头说：“你们听过一句俗语吗？‘要是你怎么求雨都不成功，可以试试去烤肉。’看来这句话还挺灵验的。”

妈妈拿出一把很大的黑伞撑了起来。爸爸勉强在伞下烤肉，两个孩子钻进帐篷里等着。

过了一会儿，雨渐渐小了，慢慢停了，肉也烤好了。两个孩子跑了出来，围坐在烤炉旁边，每个人都分到了肉，大家有滋有味地吃起来。

“天气预报没有说今天下雨啊！”哥哥感叹道，“难道现在的天气预报连一场雨也没法预测准确吗？”

“这个还真不一定能做到。”爸爸说。

“为什么？”

“一言难尽啊！也许对一块较大的地区，我们能够预测到会不会下雨，但是具体到一小块地方下不下雨、几点下，就很难说了。”爸爸说。

“可是我们现在不是有很先进的气象卫星吗？还有那么多气象站和强大的计算机。”哥哥继续问道。

爸爸没有直接回答他，转而问了一个别的问题：“你今天上午采集到蝴蝶标本了吗？”

“采集到了。”哥哥放下叉子，伸手去拿玻璃罐。

“让我看看。”爸爸一边看着罐子里的蝴蝶一边说，“你说，蝴蝶的翅膀扇动时，远在千里之外的地方会刮起一场飓风吗？”

哥哥听到这驴唇不对马嘴的话，瞪大了眼睛。

“你的眼睛告诉我不会，但实际上，这是有可能的。这也是天气预报很难预测准确的原因。”爸爸又把话题拉了回来，“这就是所谓的‘蝴蝶效应’。一个微小的变化可能会引起难以想象的巨大后果，而这后果即使是最先进的计算机也很难计算出来。”

“这是为什么呢？”哥哥发出疑问。

“因为天气预测系统是一种非常复杂和敏感的系统。人们用计算机来计算和预测天气，需要提前知道初始时刻的温度、湿度等数值。但是预测天气的计算方程对这些数值大小非常敏感，稍有偏差，预测的结果就大不相同。怎么说呢，有点像挠痒痒。”爸爸说。

哥哥突然大笑起来，手舞足蹈，手里的肉飞了出去，掉到妈妈碗里，溅起了调料。

原来是妹妹用手在哥哥的胳肢窝下面挠了一下。

“妹妹，你别闹了！”哥哥喊道，他迅速放下筷子，身体扭曲起来。

“对，这就是一个异常敏感的例子。妹妹轻轻挠一下哥哥的胳肢窝，哥哥立刻痒得手舞足蹈。但挠有些部位，哥哥就不会觉得痒痒。你没法预测一个被你挠痒痒的人会做出什么样的反应，天气预测系统也是如此。”爸爸说。

妹妹对哥哥和妈妈说了一声“对不起”。

“天气预测系统怎么这么敏感呢？”哥哥问爸爸。

“我举个台球桌的例子你就懂了。普通系统就像一张平整的台球桌，职业台球选手可以精准地预测出台球的运动轨迹。而混沌系统也是一张台球桌，只是桌面有那么一点儿微小的凹凸。现在，在这两张台球桌的相同位置摆上台球，用同样的力度和角度击球。你会发现，一开始两张桌上台球的轨迹基本一致，但随着时间的推移，台球桌面上这一点儿微小的凹凸会导致两个台球运动轨迹的极大不同。”

“这么说，我们就没法预测天气了吗？”哥哥问。

“也不是那么绝对，只是没法准确地预测。未来距现在越远，预测的误差就越大。”爸爸说。

“噢，我明白了。有时候天气预报说三天后要下雨，可到了前一天又说不下了。”哥哥说。

“对，随着时间的临近，天气预测也会变得越来越准确。”爸爸说。

吃完烤肉，又下起了雨。他们有点困了，躲进帐篷里睡午觉。

WHAT IS TIME
知识盒子

混沌与蝴蝶效应

天气系统非常多变，难以预测，美国气象学家爱德华·诺顿·洛伦兹对此深有体会。洛伦兹发现，手工计算天气变化状况所需的计算量太大，所以他尝试用计算机预测未来天气。为此他写下了复杂的方程，并将方程和当前温度、气压等数值输入计算机求解。

计算所需的时间很长，经常让计算机死机，所以有时洛伦兹会把中间结果保存下来，然后手工输入进行下一步计算。但是他发现，这样分步计算的结果和直接一步计算的结果有很大差别。后来他又发现，在保存中间结果时，为了省事，他少写了后面几位小数，虽然省略掉的数值很小，本来不会引起什么差别，但是在天气系统中，这种微小的差别却导致天气预报的结果截然不同。

洛伦兹意识到，天气系统对初始条件非常敏感，即使只发生了非常微小的变动，最后的结果也大相径庭，这使得准确地预报天气变得非常困难。而且随着时间的推移，这种差别变得越来越夸张。无论采用多么先进的计算机，都无法准确地预测出更加久远的未来的天气情况。

有一次，洛伦兹受邀做报告，主办方在海报中起了一个吸引眼球的标题："一只蝴蝶在巴西轻拍翅膀，会不会在一个月后引起得克萨斯州的一场飓风？"从此，这个现象就有了一个名字——蝴蝶效应。

天气这种复杂系统对初始值非常敏感，由此导致的结果模糊不清的现象被称为"混沌"（见图 3-4）。

《庄子·应帝王》中讲述了另外一个关于浑沌[①]的故事：

南海之帝为倏，北海之帝为忽，中央之帝为浑沌。倏与忽时相与遇于浑沌

①《庄子》中的"浑沌"指浑然未开的原初状态，具有更强的哲学意味。这里取两个词共有的天地未开的状态。——编者注。

之地，浑沌待之甚善。倏与忽谋报浑沌之德，曰：“人皆有七窍，以视听食息，此独无有，尝试凿之。”日凿一窍，七日而浑沌死。

图 3-4 混沌系统的特点在于，微乎其微的差异会导致终点状态的极大不同

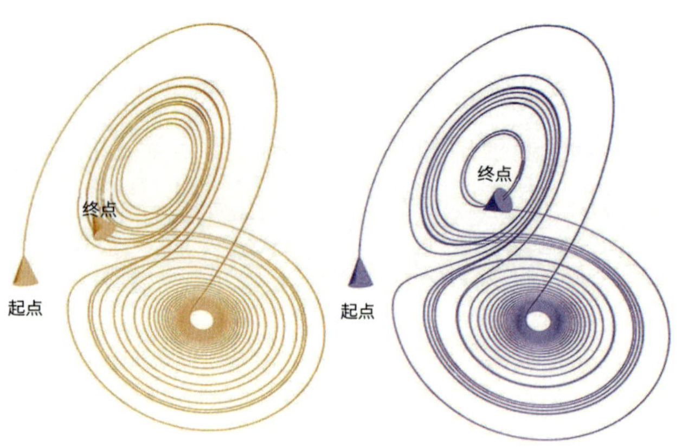

女娲补天：并非杞人忧天

两个孩子上午爬山累了，一觉睡到下午。一家人醒来时雨已经停了，空气清新，他们起来出去散步。顺着山腰走了一段，来到一处开阔之地，远远看到了高涨的河水。

回营地的路上，哥哥给妹妹讲了共工和祝融大战的故事。共工失败后大怒，头撞不周山，把撑天的柱子撞倒，天破了一个大口子，塌陷下来。天河里的水奔涌着流到大地上，地面一片汪洋，洪水泛滥。幸好女娲炼了五彩石，补上了天上的缺口，她还砍下大龟的脚做柱子，支撑四边的天极。

妹妹听得很入神。回到营地，她忧心地问妈妈："将来的某一天天空会不会再塌下来？"

妈妈说："你知道吗？在很久以前，春秋战国时期，杞国有个人也担心天塌下来，整天忧心忡忡的。"

"那天上的星星呢，它们会不会掉下来呢？"妹妹继续问道，"有时它们看起来摇摇晃晃的，像是要掉下来一样。”妹妹似乎很担心那些星星。

爸爸说：“你的担心不是没有道理。两颗星星只要离得足够近，就会相互吸引，最终碰撞在一起。”

“天上哪些星星最有可能掉下来？”哥哥问。

“在太阳系中，位于火星外侧、临近木星的区域，叫作‘小行星带’（见图 3-5）。这里的小行星彼此靠近，经常相互干扰对方的轨道，而且容易受到临近的大行星引力的影响，从而脱离轨道，闯入其他行星的轨道。”爸爸说。

图 3-5 太阳系小行星带位于火星与木星之间

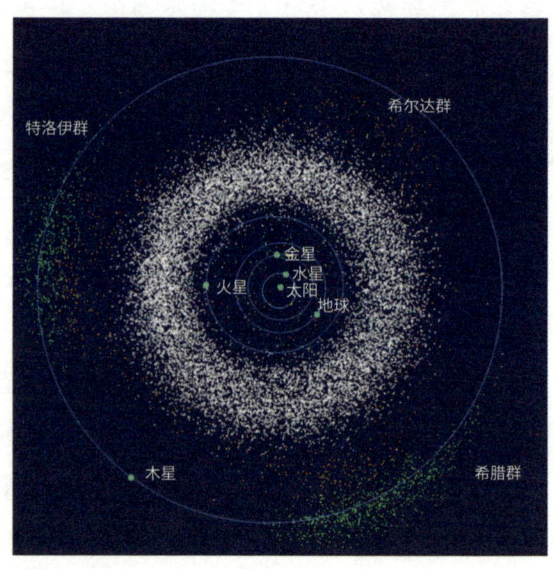

“那它们会不会撞到地球呢？”妹妹问。

“这已经发生过许多次了。”爸爸说，“如果一颗小行星距离地球的最小距离小于 20 个地月距离，且它的直径大于 140 米，就被认为对地球构成潜在威胁。”

“如果小行星撞到地球，会怎么样？”哥哥问。

“大部分小行星在地球的大气层里就烧毁了，而一些较大的小行星则会带来灾难。比如 6 500 万年前，直径 14 千米的希克苏鲁伯小行星撞上了地球，落在今天的墨西哥湾，撞出了一个深 1 500 米的陨石坑，撞击点附近掀起的海啸高达 1 000 多米。这次撞击还抛起了大量滚烫的岩浆，引发了森林大火。而飘荡在空中的厚厚尘埃遮蔽了阳光，让地球在接下来的几年之内笼罩在黑暗之中。许多物种因此灭绝，这对已经没落的恐龙族群也造成了致命一击。”爸爸答道。

“将来某一天，说不定还会有一颗小行星朝地球迎面撞来。”哥哥说。

“不是没有这种可能。但我们不知道到底是哪一颗小行星，以及什么时候它会撞向地球，这个我们根本没有办法预测出来。”爸爸说。

“为什么呢？”哥哥又问。

“前面讲过，小行星受到相互间及邻近行星引力的影响，经常改变甚至脱离它们的轨道，飘向茫茫太空。人类只能大概推测出小行星出轨的概率，而无法预测其未来很长一段时间的轨道。”

“我们连太阳系里的小行星的轨迹都预测不出来，那宇宙的未来就更难预测了！”哥哥说。

“对，当年牛顿三大运动定律刚推出时，人们曾非常乐观，一度认为宇宙就像一架精密的机器，所有星星未来的轨迹都可以预测。但后来人们发现，在任意一个不少于三个星体的星系中，这些预测都失败了。”爸爸说。

“这是怎么回事？”哥哥问

“这就是所谓的‘三体’问题。法国科学家亨利·庞加莱在 100 多年前发现，如果有三颗相互吸引的星球，那么这三颗星球的轨道都不会稳定，而是飘来飘去——即使把这个问题再简化一下，其中两颗是恒星，一颗是行星，仍然很难预测行星的轨道。这颗行星有时绕着一颗恒星旋转，有时又会被另一颗恒星吸引过去绕它公转，因此无法精确计算出这颗行星未来的轨迹（见图 3-6）。这和天气预测系统类似，也是一个混沌系统。只要行星轨道有一点点偏差，结果就会变得很不同，所以很难预测出来。”爸爸说。

“看来科学也不是万能的呀。”哥哥有些失望。他想了一会儿，似乎又想通了，转而说道：“不过，要是有谁来告诉我，今后几十年每一天我将遇到什么事情，这样的生活也有点无聊。”

妈妈和爸爸松了一口气，相视一笑。

图 3-6　围绕两颗恒星旋转的行星的轨迹

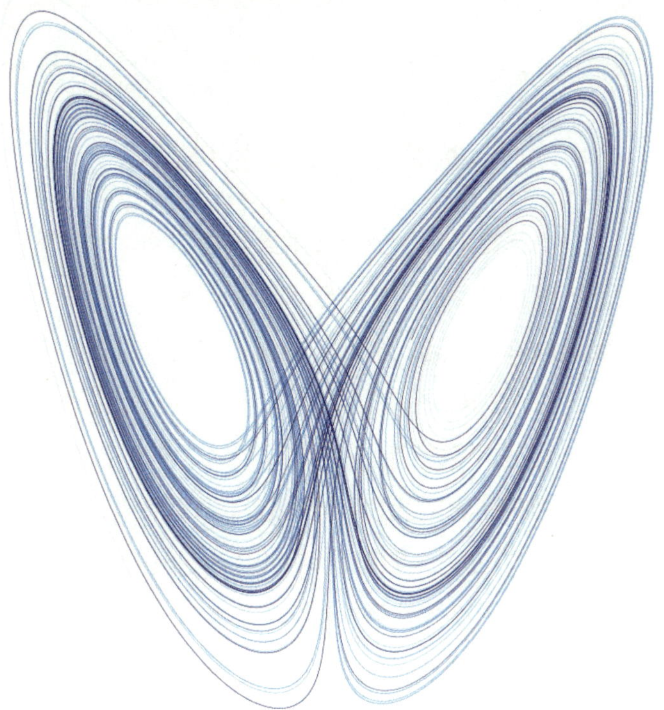

资料来源：维基百科。

WHAT IS TIME
知识盒子

防范小行星撞击地球

小行星带位于火星和木星轨道之间，科学家估计太阳系有 25 000 个较大的小行星。小行星带距离地球并不遥远，随时可能对人类造成威胁。

2013 年，一颗直径约 16 米的小行星毫无征兆地坠落在俄罗斯车里雅宾斯克，释放出相当于十几颗原子弹的能量，造成上千人受伤。2015 年 10 月 31 日，一颗直径约 650 米的小行星与地球擦肩而过，而人类只提前了 10 多天才发现它。

为了避免小行星的威胁，科学家想到一种方法，即主动发射航天器去撞击有可能威胁地球的小行星。为此，美国航空航天局在 2015 年设立了一个项目来测试这个想法是否有效。

2021 年 11 月 24 日，经过多年筹备，美国航空航天局发射了一架名为双小行星重定向测试

（DART）的探测器，飞向距离地球 1 100 万千米外的一颗小行星“双子星”（Didymos），并打算撞向它的卫星——直径为 160 米的“双卫一”（Dimorphos）。探测器质量约为 610 千克，安装有太阳能电池、CMOS 图像传感器、离子推进器和 X 波段天线，以便为探测器提供能源、拍照以及与地球通信。

DART 在英文中是“飞镖”的意思，但这只飞镖将有去无回。2022 年 9 月 26 日，探测器在太空飞行了 10 个月后，终于来到了距离地球 1 100 万千米的目标区域。由于距离地球太远，直到撞击前 1 小时探测器上的相机才捕捉到了双卫一的清晰外形影像，看起来就像一颗椭球形的、表面沾满了坚果颗粒的巧克力豆。

最后时刻，DART 探测器以 6.6 千米 / 秒的速度一边拍摄一边撞向了双卫一（见图 3–7）。随着越来越逼近目标，人们看到探测器发回的行星表面图像越来越大，卫星上的岩石变得越来越清晰。撞击后，目标的尾部被一分为二，溅起的锥状碎片长尾延伸到太空中，长达 1 万千米。哈勃太空望远镜和韦伯太空望远镜拍下了撞击时刻的闪光。

这次撞击将双卫一 12 小时的轨道周期缩短了约 32 分钟。这是人类第一次为了破除小行星的威胁而采取的防御测试。

在 2023 年之后的 15 年内，中国也将实施近地小行星防御任务。

图 3-7 DART 探测器正在撞击目标

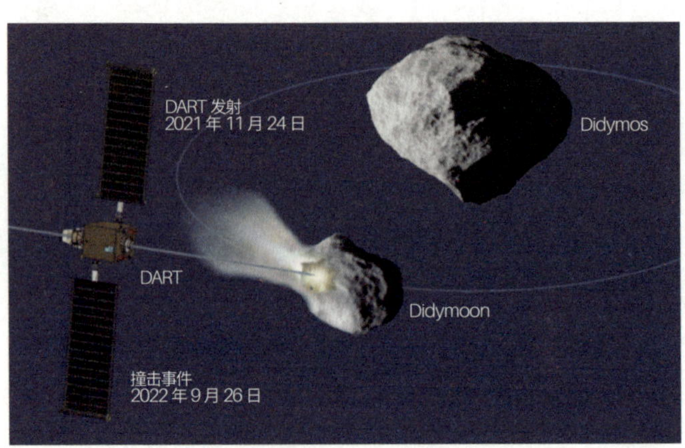

爱丽丝梦游：时间的穿越

晚饭后，深色的天幕徐徐合上。蟋蟀带来了夜曲的前奏，微风中树叶沙沙作响。

帐篷里，妈妈正在给妹妹讲电影《爱丽丝梦游仙境——镜中奇遇记》中的故事。

“时间魔球位于一个极其隐秘的地方，戒备森严。爱丽丝游过护城河，爬上城墙，躲过暗箭……终于拿到了时间魔球。”

“时间魔球是什么？”妹妹不等妈妈讲完就问。

“它是时间帝国的基石和命脉，可以把乘坐它的人带到他任何想去的年代。一天，时间大帝发觉整个时间帝国摇摇欲坠，这才意识到时间魔球被偷走了，于是前去追赶爱丽丝。”妈妈说。

“为什么爱丽丝要偷时间魔球呢？”妹妹问。

“因为时间魔球可以把爱丽丝带回过去，这样她就能从红桃皇后的手中拯救疯帽子的父母了。”妈妈说。

“为什么红桃皇后要抢走疯帽子的父母？”妹妹接着问。

妈妈继续讲：“爱丽丝发现，红桃皇后自从小时候撞上一口大钟，头上起了一个大包之后，脾气就变得特别固执，所以才抓走疯帽子的父母。爱丽丝是疯帽子的好朋友，她想，如果能回到红桃皇后的童年时代，阻止她撞上大钟，也许就能改变之后的一切。于是爱丽丝乘坐着偷来的时间魔球回到了过去。”

“她成功了吗？”妹妹急迫地问。

“只成功了一半。爱丽丝回到红桃皇后小时候，看到她气呼呼地冲到街上，爱丽丝情急之中设法让红桃皇后避开了大钟。但红桃皇后刹不住脚步，一头撞上了广场正中的雕像，头上还是起了一个大包。爱丽丝改变过去的计划还是失败了。”妈妈用遗憾的口气说。

“那还有什么办法能拯救疯帽子的父母呢？”妹妹关切地问。

妈妈接着讲道：“后来爱丽丝从时间魔球中得知，在女王决战日那天，喷火龙抢走了疯帽子的父母。于是，她决定继续乘坐时间魔球回到过去，打算直接从喷火龙手里救出疯帽子的父母。爱丽丝回到了过去的那一天，与喷火龙大战，眼看就要取胜了，疯帽子的父母还是被喷火龙在最后一刻给掳走了。”

“那，过去了的事情再也没法追回了吗？”妹妹问。

“不，它会留下痕迹。”爸爸突然出现在她们的背后。

“过去会留下什么痕迹？”妹妹转头问爸爸。

“就像爱丽丝的故事里那只柴郡猫，它飞到半空突然消失，笑容却悬浮在空中。”爸爸说，“过去就像消失的柴郡猫，即使消失了，也会留下痕迹。只是……”

“只是什么？”哥哥也凑过来问。

“只是在大多数情况下，那笑容并不容易被捕捉到。”爸爸说，“就像你挖到的贝壳化石，并不是每个人都有这个运气。”

哥哥想起上午挖到的贝壳化石，他从包里拿出来反复摩挲着。

“帐篷里有点闷，外面空气清新，我们出去走一走吧。”爸爸向哥哥提议。妹妹则继续听妈妈讲故事。

爸爸和哥哥走到附近的一个池塘边，下午的雨水让池水满溢。空气很清新，有股青草和泥土的潮湿味道。月光下，池水平静，偶尔有鱼露出水面，留下一圈浅浅的涟漪。

“爸爸，如果过去无法返回，那未来呢？”哥哥问，“未来是什么？”

爸爸指着池塘里泛起的涟漪：“如果时间是池塘中翻起的浪花，那未来就是那尚未泛起的涟漪。”

“我们有没有可能去未来逛一圈？”哥哥突发奇想。

“如果可能的话，你最想看到什么？”爸爸问。

哥哥望着池水想了一会儿："我想知道人类会不会有末日。"

爸爸看了哥哥一眼说："我也想知道。不过，时间的涟漪会扩散到哪里，又在哪里遇到障碍、堤岸，我们很难预见，只能靠想象。"

"可是，怎么去想象未来呢？"哥哥问。

爸爸从地上捡起一片树叶拿在手里，月光照在树叶上显示出它的细微脉络："就像这片树叶，我们能看到它的形状、脉络，就像能看清时间的现在。但是未来，就像树枝顶端黑暗中的叶子。我们仰头，知道它们会在哪里，但是它们什么形状、什么颜色，我们看不清楚。我们只能在明亮中去想象黑暗。"

"那如果有一台飞行器把我带到空中呢？"哥哥说。

"你是说时间机器吗？"爸爸问，"100 多年前，英国作家威尔斯写了一本科幻小说叫《时间机器》，书中主人公乘坐时间机器去到了 80 万年后的未来。"

"是吗，他在未来看到了什么？"

"他看到那时的人们生活条件非常优越，几乎不用工作就能享受到非常舒适的生活。"

"好令人羡慕。他们要考试吗？"哥哥关切地问。

"书中可没说这个。不过主人公在这样一个优越的社会里总觉得哪里不太对劲，后来他偶然发现，在地层下面还生活着另外一部分人，他们终日劳作，来供养地面上那些无所事事的人。”爸爸说。

“原来如此，”哥哥说，“这真是一个悲观的未来。”

“地球和人类的未来究竟怎么样，没有人知道。我们的科学一定会变得非常发达，也许未来文明会日益昌盛，也许会毁于一旦。”爸爸说。

“这取决于什么呢？”哥哥问。

爸爸望着高高的树梢，没有说话。

父子俩默默地一路走回营地。

WHAT IS TIME
知识盒子

宇宙旅行与时间穿越

根据狭义相对论，运动的物体的时间会变慢。而且运动速度越快，时间流逝的速度会变得越慢。

如果一个宇航员乘坐飞船以 0.8 倍光速做太空旅行，在访问一颗 4 光年之外的恒星后返回地球。对于地球人来说，宇航员抵达这颗恒星需要 5 年，返回地球也需要 5 年，因此当宇航员回来时已过了 10 年。但对于高速运动的宇航员来说，他的时间流逝速度变慢，只过去了 6 年，仅仅为地球时间的 0.6 倍。

旅行的宇航员时间变慢的比例可以通过图 3-8 查询：先从横坐标中找到宇航员相对光的速度的比值（0.8），再根据这个数值，在曲线上找出对应纵坐标的数值，即是宇航员的时间与地球时间的比值（0.6）。

图 3-8　旅行的宇航员时间变慢的比例

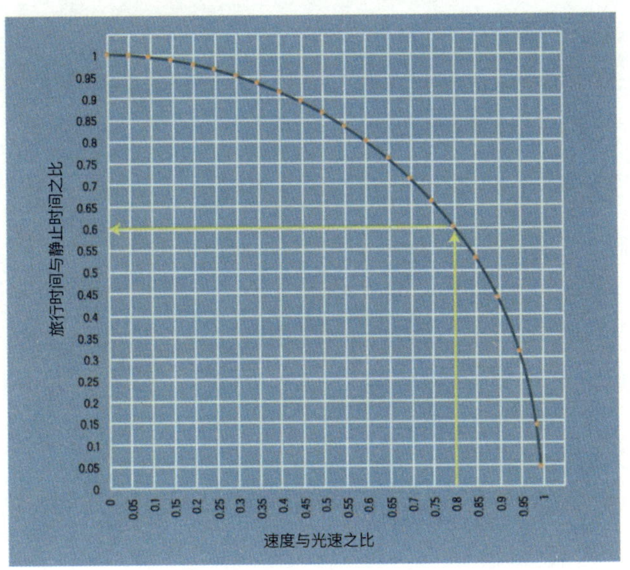

用同样的方法，我们可以计算出宇航员的速度若降低为 0.5 倍光速，那么他的时间只是地球时间的 0.86 倍。地球上的时间过去了 10 年，而宇航员只过了 8.6 年，他的时间变慢了 1.4 年。继续降低宇航员的速度为 0.1 倍光速，那么他的时间只是地球时间的 0.995 倍。地球上的 10 年对应于宇航员的 9.95 年，他的时间仅仅变慢了 0.05 年或 18.25 天。可以看出，宇航员的运动速度降低后，时间变慢的程度也缩小了。

更进一步看，让我们用运动速度更慢的空间站宇航员来验证一下。天宫号空间站的运动速度为 7.68 千米 / 秒，仅仅为光速的 0.000 025 6 倍。10 年后，那里的时间只比地球时间慢 0.1 秒。

图 3-8 中有几个有趣的地方。一是物体运动速度等于 0 时，时间没有变慢。二是物体运动速度达到光速时，时间变为 0，意味着时间停止了。绝大部分物体的运动速度都介于 0 和光速之间，而且远小于光速，所以集中在曲线的左上角，那里的曲线几乎是水平的。这意味着通常情况下时间几乎没有变化。

即便是飞行速度超过音速 20 倍的空间站，10 年间累计的变慢时长也只有 0.1 秒。至于飞机和高铁，时间变慢的程度就更是微乎其微了。假如有个人一生都在乘坐飞机（1 000 千米 / 时），且他活到了 100 岁，那么直到去世，他的时间也只比地球上的人慢了 0.001 秒。

清晨的奏鸣：过去的记忆与未来的期待

一大早，爸爸妈妈就被一阵叮叮当当的敲击声吵醒了。妈妈看表还不到 7 点，再伸手一摸，两个孩子都不在身边，帐篷还开着一道缝。爸爸探出头去，发现兄妹俩正用勺子敲击着汤锅、碗和杯子。

“这是一首毛利人的音乐。”哥哥一边敲，一边投入地左右晃头。

“要是有鼓就更好了。”妹妹补充道。

爸爸缩进帐篷，看来一个美妙的周日早晨到此结束了。妈妈伸出头来，看到哥哥和妹妹一边敲，一边嘴里唱着毛利族民谣（见图 3-9）。

每当唱到 epo 时，哥哥就敲锅；唱到 tai tai 时，妹妹就敲碗；唱到最后的 e 时，两人一起敲杯子。两个孩子一高一低，配合得很默契。

图 3-9　毛利族民歌 *Epo I Tai Tai E*，歌词大意：强壮的人，强壮的人，这个强壮的人战斗起来像公牛

Epo I Tai Tai E

（毛利族民歌）

妈妈心想，等他们敲累了，就会回来继续睡，她躺了下来。可是过了好一会儿，两个孩子没有一点儿停下的意思。于是爸爸妈妈也起来了。兄妹俩看见爸爸妈妈从帐篷里出来，兴致大发。妹妹“咯咯咯”地笑着，拉着爸爸妈妈加入。她拿出一个捏起来会叫的塑胶小鸭子，让爸爸听到 tuki 的时候就捏一下。哥哥找到一根树枝，自己当指挥，把锅交给妈妈，让她听到 *epo* 的时候就敲一下。静悄悄的清晨，草地上回响着“叮叮当当”和“嘎嘎嘎”的声音。

一开始，爸爸没有掌握好节奏，总是在错误的节奏上让小鸭子发出“嘎嘎”的叫声，大家哈哈大笑。后来，哥哥手里的树枝挥舞得越来越快，大家的节奏也越来越乱，

最后笑成了一团。

现在，每个人都不困了。他们把锅翻过来，把碗和杯子摆好，吃起了早餐。

“妈妈的锅敲得不错。”哥哥点评道。

“因为我以前在哪里听过这个曲子，”妈妈如实交代，“好像是妹妹幼儿园的老师教过。”

“爸爸嘛，节奏就差一点儿。”哥哥说。

“这不公平，我以前从来没有听过这个曲子。”爸爸申辩道，“而且妈妈的 epo 出现得很有规律，总是在每一句的开头，而那个 tuki tuki 我不知道什么时候来，所以只能乱猜一气。”

“你们的爸爸说得有道理。那你是怎么掌握节奏的？”妈妈问哥哥。

“只要一边仔细听着现在的音节，一边预计下一个音节到来的时刻就可以了。”哥哥说，“不过，要是不熟悉乐曲的话就不好说了。”

爸爸说：“我的难度可是最高的，既要回忆刚刚敲的声音，又要听着现在的音节，还要预计将来可能出现的音节，不手忙脚乱才怪。”

“可是，”妈妈对爸爸说，“生活本来不就是这样的嘛，谁又能把过去、现在和未来分得那么清楚呢！我们同时生活在对过去的记忆和对未来的预期当中。”

“哦，”爸爸停顿了一下，若有所思地说，“是啊！既被过去的记忆所填充，又注视着现在，还要想象着未来，这可不是一件容易的事。”

大家吃完了早餐，还沉浸在刚才的兴奋之中。

“你们想玩点什么？”爸爸问。

“‘大富翁’吧！”妹妹刚刚学会这个游戏，很想再玩一次。

他们收拾好简易桌子，铺上地图，开始玩“大富翁”游戏。每个人扔一次骰子，按点数决定自己的小人走几步。

爸爸拿起一个红色的骰子，随手往桌上一丢，骰子一阵翻滚，停下来后却变成了绿色。妹妹和哥哥看呆了，他们抓住爸爸的手，打开手掌，可是什么也没发现。

“这是不可能的！”哥哥言之凿凿地说，“一定有什么机关。”

“爸爸，爸爸，你会变魔术吗？快教教我！”妹妹兴奋地叫道。

这时，爸爸弯腰从脚下捡起了红色的骰子，重新放在桌上。

“原来在这里！”哥哥喊道，“爸爸，你是怎么变的？”

“很简单，一分钟你们就可以学会。”爸爸说着，把绿色骰子夹在蜷缩的无名指和小指之间。

哥哥和妹妹专注地看着，眼睛一眨不眨。爸爸先像平常一样伸手用大拇指和食指捏起桌上红色的骰子朝向自己的胸口，再把它悄悄地从桌子和身体间的空当丢下去，接着把手指间的绿色骰子向外丢在桌子上。

妹妹和哥哥看懂了，也练习起来，并且立刻表演给妈妈看。

“我刚才分明看到红色的骰子变成了绿色，为什么魔术能欺骗眼睛呢？”妹妹好奇地问。

“那是因为你们对未来有期待。”爸爸说。

“我们对未来有期待？”哥哥反问道。

“对。你看到我拿起了红色的骰子，准备丢到桌上，你记住了骰子的颜色，于是自然而然地‘期待’我丢出的是红色的骰子。这种期待是如此自然，让你忽略了我手头的微小动作。就这样，我在你们眼皮底下替换了骰子。虽然我的手法并不那么干净利落，但你们还是选择性地忽略了。所以你们很惊讶地看到我甩出来的竟然是绿色的骰子。”

“这么说，不是魔术师欺骗了我们，而是‘期待’欺骗了我们的眼睛。”哥哥说。

“对，”爸爸说，“一个优秀的魔术师可以很好地调动观众的情感，继而引导观众的期待朝着他预期的方向发展。如果人们完全没有对过去的记忆，也没有对未来的预期，那所有的魔术师就都要失业了。”

“反过来，对未来抱有太多的期待也不好。”妈妈说，“当你抱有过多期待时，你会变得焦虑，总是担心失败，结果越是担心，反而越容易失败。”

“那总是留恋过去呢？”哥哥问。

“如果总是惦念过去的美好，那就容易忽略现在的精彩。反之，如果总是懊恼过去的失败，同样也会错失未来的机会。有一句诗说‘东隅已逝，桑榆非晚’，所以我们应该活在当下。”

“活在当下是什么意思？”妹妹问。

“聚焦当下，才不会被太多的焦虑和懊恼所牵引，才会让心回归本初的位置。”妈妈说，“就像今天一早你们俩沉浸在自己的音乐之中，忘记了过去和未来，你们找到了真正的快乐。”

哥哥和妹妹对视笑了一下。

• • •

回家的时间到了，他们收拾好装备，一件件放到车上。

回程经过一条长长的隧道，车在隧道里行驶了很久也没有见到尽头。车外的路灯成了一个个闪亮的光点，急速向后退去。爸爸凝视着这些飞一般逝去的光点，它们一个接着一个，闪现，退去，再闪现，再退去。他眯着眼望去，它们在视线中连成一条光亮的线条。突然，一个问题出现在他脑海里：“过去、现在、未来是三个独立的光点，还是连成了一条线？”

就在这时，前面的车纷纷减速，车流一下子变得非常缓慢。原来有一辆车发生了事故，它停在原地打着黄色双闪，闪光映照在爸爸的脸上。前方一长串的红色汽车尾灯渐渐拉开了距离，从后视镜映入眼帘的是一长串依旧缓慢移动的汽车前灯发出的白光。黄、红、白三种颜色的光线同时进入爸爸的视线，一瞬间他感到有些恍惚：自己经历的到底是现在、未来，还是过去……

WHAT IS TIME
知识盒子

一场关于时间的虚拟学园辩论

一天，柏拉图邀请了一众名人参加在他学园里举办的聚会，来者有亚里士多德、芝诺、牛顿、莱布尼茨、庄子、爱因斯坦和释迦牟尼等。

众人坐定后，柏拉图端起酒杯致辞："今日诸位远道而来，务必尽兴而归。时间仿佛这酒杯，是个无比巨大的容器，一切都在其中，而时间却不依赖于别的因素而存在。"说完一饮而尽。

但是，他的学生亚里士多德立刻站起来反驳说："如果没有运动和变化，怎么能感觉到时间？所以时间不能单独存在，而是要依赖于运动和变化才能存在。"

哲学家芝诺整理了一下他宽大的衣袖，撇撇嘴说："醒醒吧，梦中人！你们以为时间在流逝，其实弄错了。你们认为射出的箭在飞，其实它并没有动。在每个时刻箭都停留在它专属的位置，都是静止的，时间也是如此。时间的流逝只不过是你们的幻觉。”

一直沉默的牛顿坐不住了：“芝诺先生，我佩服您的想象力，但光有想象力是不够的。喏，这是我刚发明的三大运动定律和微积分，我称后者为‘流数术’。万物的运动都要符合这些定律，其中时间永远匀速流动，亦无始无终。”

一听到“微积分”，莱布尼茨像弹簧一样跳了起来：“且慢，牛顿爵士，是我先发明了微积分！还有，一切事物都要有个起因，时间也不例外，它一定有个开始，并不是无始无终的。”

悠闲地打着盹的庄子睁开了眼睛，说：“谁惊扰了我的美梦？时间真的有个开始吗？那么在时间开始之前又是什么呢？如果那也有一个开始，那么这未曾开始的开始之前又是什么呢？在那未曾开始的未曾开始的开始之前又是什么呢……”

牛顿忙摆摆手说道：“我的头被你们吵晕了！时间其实很简单，宇宙只有一个标准的‘嘀嗒’声，大家都听它指挥，跟随它一同老去。”

意气风发的爱因斯坦站起来对牛顿说：“先生

勿忧，我有个办法让您摆脱烦恼、永葆青春。我带您搭载一艘光速飞船在银河系里兜个风，等回来后您会发现，我们依旧年轻，而其他人早已垂垂老矣。”

牛顿欲跟随爱因斯坦，众人也纷纷离席欲追随他们。一直打坐的佛陀却岿然不动，缓缓开口说道:“时间本无自性。过去心不可得，现在心不可得，未来心不可得。心驰逐物，到头来不过是梦幻泡影，如露亦如电。”

大家停下，面面相觑，不知如何是好。

阅读书目

关于时间箭头、熵以及时间为什么是单向的讨论，请参考［1］。

关于混沌现象和蝴蝶效应，请参考［2］［3］。

关于对时间的不同观点，请参考［4］。

［1］［英］彼得·柯文尼、罗杰·海菲尔德：《时间之箭》，江涛、向守平译，湖南科学技术出版社，2018。

［2］汪波：《时间之问》，清华大学出版社，2019。

［3］张天蓉：《蝴蝶效应之谜》，清华大学出版社，2013。

［4］吴国盛：《时间的观念》，北京大学出版社，2006。

第 4 章

绽放：宇宙膨胀时会被卡住吗

弹不出的帐篷：宇宙是怎么膨胀的

令人期待的周五又到了，橘红色的夕阳在天边散发着最后的暑气，车窗外山色如黛。这一次，车厢里多了一位乘客——邻居家的一只白色小狗，邻居出差前委托他们带几天。收到这份意外的惊喜，哥哥很开心。此刻，小狗乖乖地趴在哥哥的腿上，时不时抬头看看车外的山峦，妹妹轻轻地抚摸着它的后背。

到达露营地后，爸爸妈妈从后备厢取出帐篷。哥哥也取出一顶小帐篷，这是邻居借给他的弹出式帐篷，哥哥正好可以和狗狗一起睡在里面。

爸爸妈妈先费力地把大帐篷搭好，然后爸爸和哥哥一起研究这顶小帐篷该怎么打开。这是一顶折成扁圆盘形的帐篷，爸爸看到中间有一道弹力绳捆着，猜想帐篷应该像膨胀的气球那样自动弹出来。他松开绳子，帐篷发出“砰”的一声响，哥哥刚想欢呼，可帐篷只弹到一半就卡住了。

爸爸拿起帐篷翻来覆去地看，弹出来的那部分弹力支架已经完全撑开了，剩下的部分却松垮垮的，看来必须想办法把里面没弹开的支架找出来，然后手动打开。

哥哥拿过手电筒帮爸爸照亮。因为没法打开帐篷，爸爸费力地隔着帐篷帆布摸索着那根垮了的支架，一点儿一点儿地用力。哥哥和妹妹屏住呼吸看着，突然“砰”一声，整顶帐篷都弹了出来。

哥哥和妹妹高兴地跳了起来，一下子钻进了新帐篷，小狗也好奇地钻了进去。

“这顶新帐篷真方便，”妈妈走过来看着新帐篷，“弹一下就开了，不用那么麻烦地一节一节安装支架。”

星星已经出来了，野外的夜空非常澄净。

哥哥半躺在新帐篷里，透过侧面的透气孔望着外面的星空。爸爸在小帐篷外盘腿坐下。

“这顶新帐篷真舒服啊！”哥哥对爸爸说，“爸爸，你是怎么让帐篷弹出来的？”

“我摸到了一根支架，”爸爸说，“感觉它被压弯了，我就向反方向一点儿一点儿地用力。就在支架重新变直的一刹那，它稍微向反方向发生了弯曲，整顶帐篷重新获得了弹力，一下子就弹了出来。”

“哦，原来就差那么一点点。”哥哥感慨道，“爸爸，我觉得我们的宇宙就像一顶大帐篷。你以前不是说过吗？我们的宇宙源自一场巨大的膨胀（见图 4–1），而我们这顶新帐篷也是膨胀出来的。”

图 4-1 我们的宇宙源自一场巨大的膨胀

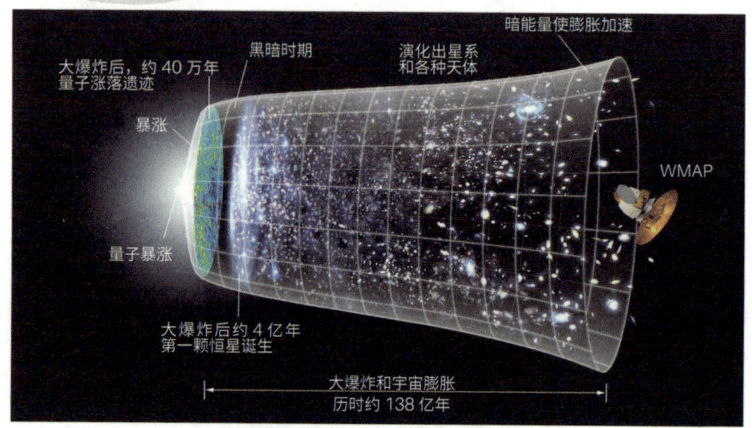

“是吗？你真有想象力！可惜我们的小帐篷刚才被卡住了一下。”妈妈说。

“那我们的宇宙在膨胀的时候会不会也被卡住？”妹妹从帐篷里爬出来，问了一句。

“哦，这个嘛，”爸爸犹豫了一下，“让我想一想。也是有可能的呀。如果刚开始时使宇宙膨胀的能量稍微小了一点儿，宇宙就没法展开，只能坍缩成一团，也就不会形成星系和生命。而如果膨胀能量稍微大了一点儿，就像帐篷支架猛地一下展开，会把帐篷撑破，只剩下散落的支架和凌乱的破布，所有的物质都被猛烈地抛向四面八方，这样就不会凝聚和形成稳定运行的星系。”

“哦，看来这个宇宙比我们的新帐篷复杂多了。”哥哥从帐篷里钻了出来，从外面打量这顶新帐篷，“到底是什么东西支撑着我们的宇宙呢？”

“我们的帐篷有两种相反的力：一种是支架向外的支撑力；另一种是帆布向内的张力。”爸爸说，“而支撑宇宙的也是两种相反的力：一种是宇宙向外扩张的初始膨胀力；另一种是星星之间相互吸引的引力。”

哥哥和妹妹好奇地打量着帐篷，爸爸继续说：“帐篷刚刚打开时，向外的扩张力更大，所以帐篷膨胀。但随后帆布的张力也变大，抵消了大部分膨胀力，二者达到平衡。而宇宙最令人惊奇的是，如果把所有物质吸引在一起所需的物质浓度比现有的数值偏差一百万亿分之一，那么我们的宇宙要么坍缩，要么完全分崩离析。”

“这么小的偏差都不行啊？”哥哥说。

“嗯，就好像你向最远处山顶的一棵树射了一箭，不仅要射中某一片树叶，箭头还要刚好穿过叶子上的某一条脉络才行。”

“哇，不会吧！”哥哥发出一声感叹，觉得宇宙如此神秘。不过他现在困了，没法继续思考这么复杂的问题。于是他重新钻进小帐篷，搂着小狗睡下了。

妹妹和爸爸妈妈钻进大帐篷，伴着星光也睡了。

WHAT IS TIME
知识盒子

如何发现宇宙在膨胀

我们身在宇宙之中，是宇宙的一部分，如何才能知道宇宙在膨胀呢？这个问题不太容易回答。就像身体发福都是不知不觉发生的，宇宙膨胀也是在我们没有察觉的情况下发生的，我们需要通过有意识地观测和计算才能判断它是否在膨胀。

试想一下，在一个没有充气的气球上，用水彩笔画三个点，构成一个三角形。充气后，随着气球膨胀，三个点彼此远离。同理，如果把每个星系比作气球上的一个点，那么当我们发现所有星系都在远离我们时，就能证明宇宙在膨胀。

那么，如何证明其他星系在远离我们呢？这可以用一个声波例子来说明。当一辆鸣笛的消防车驶向我们时，我们会感觉到它的笛声很尖锐。这是因为声源（消防车）在后面追逐它自身发出的声波，并将其压缩，因而频率变高。反之，当消防车远离我们时，我们会觉得笛声更低沉。这是因为声源在远离声波，导致声波被拉长，因而频率降低。通过观测声波的频率升高还是降低，就能判断它在靠近还是远离，这就是所谓的“多普勒效应”（见图 4-2）。

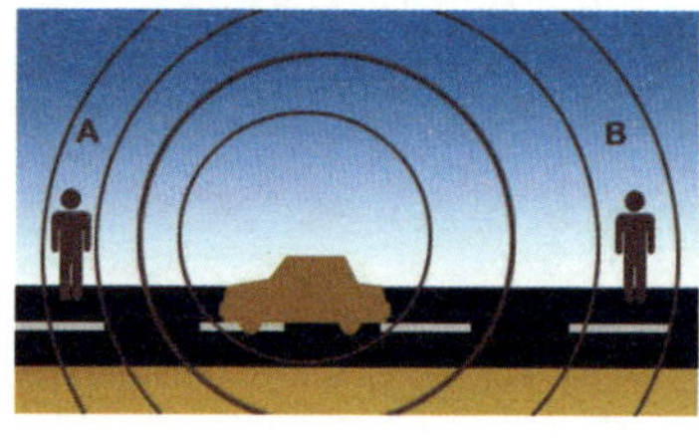

图 4-2　车辆行驶时产生的声音和天鹅在水中行进时掀起的波浪，都是声波的“多普勒效应”

星光的光波也是同理。如果星系趋近我们，其发出的光波会被压缩，频率升高，于是星光的光谱会朝着频率更高的蓝色部分移动，这种现象叫“蓝移”；反之，当星系远离我们时，光波会被拉伸，频率降低，星光的光谱会朝着频率更低的红色部分移动。科学家们发现，几乎所有星系的光都在朝着红色部分移动，这种现象叫“红移”。这说明星系都在远离银河系。

不过，这距离得出宇宙在膨胀的结论还差一步。那就是我们还需要知道，是不是越远的星系远离我们的速度越快？如果真的如此，才能证明宇宙在膨胀。对应到气球的例子上，这相当于要证明气球上相距越远的点，彼此分离的趋势越大。

为此，我们需要估算地球与星系之间的距离，并对照它们红移的程度，因为星系的红移越大，它们远离的速度越快。若把星系比作灯泡，常识告诉我们，灯泡越远，看起来就越暗淡。我们看到的灯泡的亮度与距离的平方成反比。通过对比灯泡本来的亮度和把它拿到远处的亮度，我们就能估算出灯泡的距离。星系的距离也可以如此估算。

我们可以直接观测星系在远处的亮度，那么星系的本来亮度是多少呢？这可以通过星系里的脉冲星来估算，因为闪烁得越慢的星星亮度越高。通过闪烁次数就可以估算出星星的真实亮度，从而进一步推算出星系的距离。

最后，对照星系的距离以及它们光谱的红移程度，科学家发现越远的星系的红移越大，即它们离开我们的速度越快，由此科学家得出结论：宇宙在膨胀！

拼装积木：时间胶囊里的奇迹

第二天早饭后，哥哥在帐篷里拼装积木，他想拼一只机器狗。妹妹表示想和哥哥一起玩。

哥哥说："你应该先拼一些简单的，学会了规则再拼像机器狗这么复杂的东西。"

妹妹想让哥哥教她，可是哥哥玩得正在兴头上，头也不抬一下。妹妹有点生气了，拿起几块积木出了帐篷去找爸爸。

"爸爸，你能教我拼积木吗？"

"好啊，"爸爸坐了下来，"我们先从这个最简单的小方块开始吧。"他拿起一个最小的拼块叠在另一个方块上面，组成一个更大的长方体："诀窍就是，找到两个合适的拼块，如果可以嵌进去，就可以结合成一个更大的物体，明白了吧？"

妹妹点点头。

"你想拼什么？"爸爸问。

“我要超过哥哥，拼一个比机器狗还复杂的玩具。”

“别想超过我。”帐篷里的哥哥头也没抬一下，“除了机器狗，我还能拼出整个动物园呢！里面有老虎、大象，还有高山、湖泊。”

“那我就拼出一个地球！”妹妹不甘示弱。

“我拼出整个太阳系！”哥哥得意地说，“里面有金星、水星、火星、土星、木星……”

“哼，我拼出整个宇宙！”妹妹发出了最后的宣言。

“不可能——”哥哥拖长了音喊道。

听到两个孩子的叫喊声，妈妈走过来，看到妹妹两只手里分别抓了一大把拼块，还把哥哥旁边的拼块都挪到了自己脚边。

哥哥无奈地看着被迫停工的“工地”，说：“唉，妹妹把我的拼块都给拿走了，真是无语。”

“妹妹，”爸爸转过头来，“你分一些拼块给哥哥玩，好吗？”

妹妹坚决地摇了摇头，大家僵持在那里。

过了片刻，妹妹有了一个新想法，她对爸爸说：“除非——你教我怎么拼出宇宙。”

爸爸看了看固执的妹妹：“看来，我只有教你怎么拼出宇宙了。”

“真的吗？”妹妹将信将疑。她推了一堆拼块给哥哥，也留下一些给自己，然后拉着爸爸的衣角说：“我们去商店多买一些拼块吧。”

“不，这些就够了。”爸爸指着脚下的一堆拼块说。妹妹于是认真地观看爸爸怎么拼出宇宙。

“你知道宇宙是由什么构成的吗？”爸爸拿起一块拼块，“就是由一种叫原子的小到肉眼看不到的颗粒拼起来的。”爸爸又拿起一块小小的正方体说：“不过，原子有100 多种，有大有小。最小的是一种叫作‘氢’的原子，其他原子都是以氢原子为基础拼起来的。”

妹妹也拿起一块拼块，好奇地打量起来。

“比如，”爸爸拿起 4 个小方块，“把 4 个氢原子组合在一起，就得到第二简单的原子。这种原子叫氦，最初是在太阳表面被发现的。”

妹妹也拿起 4 个小方块，拼了一个“氦原子”。

“太阳内部的高温把 4 个氢原子紧紧地绑在一起，它们结合成氦原子的时候会损失 0.7% 的质量，这些质量就变成巨大的能量，通过阳光释放出来。就好像这几个方块嵌在一起时相互摩擦会擦掉一点点外皮，而摩擦又会生热一样。”

过了一会儿，他们拼出了一堆“氦”。爸爸把这些“氢”和“氦”围成一个圆形，说：“太阳的主要成分就是氢和氦。现在，我们就有了太阳。”

“哈，这么简单！要是没有太阳，机器狗都要被冻成冰棍了。”妹妹嘀咕道。

哥哥没有理睬妹妹。

这一次，爸爸拿起三个“氦”拼在一起：“这个原子很重要，没有它，我们就不会站在这儿了。”爸爸做好一个递给妹妹：“这是碳，生命的基本元素（见图 4-3）。你的肌肉、血液、皮肤里有亿万个碳原子。”

图 4-3　碳（C-12）的合成过程

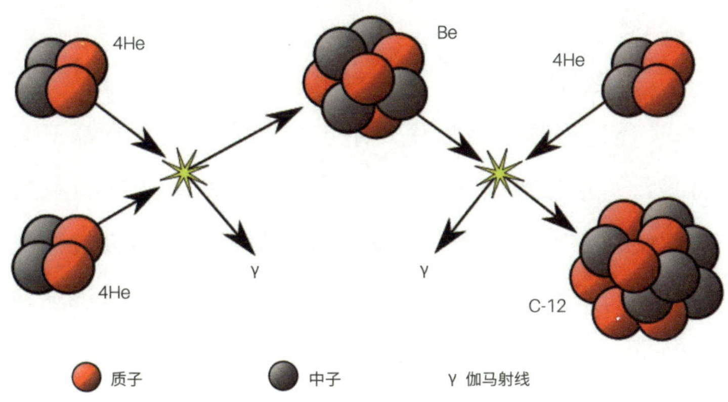

两个氦（He）先合成铍（Be），这个过程中释放出伽马射线（γ），然后和第三个氦合成为一个碳，这个过程中再次释放出伽马射线。

妹妹很快照着做了一个：“宇宙的原子就是这么一级一级地搭起来的吗？”

“是啊，这些基本原子会继续合成更复杂的原子：蛋白质里的氮、空气里的氧、岩石里的硅、食盐里的钠、骨骼里的钙、血液里的铁等。”

“看起来挺简单的嘛！”哥哥不知什么时候也在听，他探过头的时候，妹妹用手护着自己的“太阳”拼板。

“不过，原子的合成过程比起我们拼积木来要复杂多了，”爸爸接着说，“它们不仅需要几千万到几亿摄氏度的温度，而且合成时损失的质量哪怕有一点点偏差都不行。比如，在氢合成氦的过程中损失的质量如果不是0.7%，而是0.6%，那就不会产生氦，也不会有更复杂的碳、氧、硅等所有其他原子，宇宙就不会有地球等行星，就只剩下单调的恒星了。”

“有这么夸张吗？”妹妹问。

“还记得昨天我们说，宇宙的膨胀差一点点都不会成功吗？”爸爸继续说，“只差那么一点儿，所有的星星就只能蜷缩在宇宙的某个角落，像一群冬天里烤火的孤独的孩子，而不是我们看到的漫天星斗。同样，合成地球和生命的每一步都很关键，每个比例只要差那么一点点，就不会有花朵、蝴蝶，连沙漠和戈壁都不会存在，包括我们。”

“可是，这些花朵、蝴蝶都很平常呀！”哥哥说。

爸爸没有直接回答哥哥，而是问道：“你觉得腾云驾雾和在大地上行走，哪个是奇迹呢？”

“当然是腾云驾雾了。”

“那我们一起边走边看。”爸爸站起身来，走到草地上，哥哥和妹妹也跟了过去。

“我们行走在坚实的大地上，土壤下面是坚硬的岩石。如果宇宙在星星内部构造复杂原子的过程中出了一点点偏差，就不会有硅元素，也就不会有岩石，那我们还能安静地行走吗？”

“那我还可以飞呀！”妹妹想起了鸟儿。

爸爸一边走一边说：“好吧，鸟儿飞翔时总要呼吸吧？鸟儿呼吸的每一口空气里都有氧，它来自昨天某一片叶子释放出的氧气。而这个氧原子，几千年前可能经过了孔子或者某个农夫的肺，也可能在几百万年前在波涛汹涌的海面上的海藻边游荡，或者在几十亿年前的某颗星星内部炽热的熔炉里。同样，如果星星在构造氧原子或氮原子时有一点儿偏差，就不会有空气和云雾，那你还能腾云驾雾吗？”

妹妹摇摇头。

“我们只要一迈腿就可以行走在绿色的大地上，”爸爸接着说，“这再平常不过了。但了解了宇宙的演化，你就会明白，孙悟空能腾云驾雾算不上真正的奇迹，行走在大地上才是真正的奇迹呢！我们不是一个人在行走，而是带着我们的祖先一起行走，带着亿万年前的恐龙一起行走，带着几十亿年前的星星一起行走。”

哥哥和妹妹好像听明白了。妹妹回到垫子上，把剩下的拼块都给了哥哥，央求道：“哥哥，请给我拼一只蝴蝶吧！”

哥哥惊讶地看着妹妹，问："怎么，这次你只要一只小小的蝴蝶？"

"一只蝴蝶虽然小，但它身体里有着丰富的碳、氧、铁、氮等元素。如果这些元素不存在，那说明地球、星星也不曾存在过。"爸爸认真地说。

哥哥很快拼好了一只蝴蝶，送给了妹妹。在收拾剩下的拼块时，哥哥拿起最小的一块，问："爸爸，那么这个最小的氢原子又是从哪里来的？"

"宇宙大爆炸 38 万年后，温度降低到了几千摄氏度，原本高速游荡的电子速度变慢了，被氢原子核捕获，生成了氢原子。这时宇宙中第一次出现了光。"

"第一次有了光？"妹妹问。

"对，四处游荡的电子被捕获后，宇宙渐渐从一锅粥似的混沌变得清澈，一种很小的叫作'光子'的微粒可以自由地在宇宙间穿行，于是宇宙第一次有了光。此时宇宙才诞生 38 万年，这是人类能看到的最为久远的过去。它就像一粒古老的胶囊，我们能看到的那个最古老的时刻的遗迹都封存在这个所谓的'时间胶囊'里。"爸爸说。

"时间胶囊？科学家是怎么知道这么久远的过去的？"哥哥问。

"虽然时间非常久远，但这些宇宙初开时游荡的光子到现在仍然没有消失，只不过变得很微弱，随着宇宙膨胀变成了一种无线电波。科学家检测到这些无线电波在宇宙各个方向都存在，且非常均匀，只有微小的涟漪和波动，因此他们能够描绘出一幅完整的宇宙最早的图像。”

“就像给刚出生的宇宙拍了一张婴儿照吗？”妈妈从后面走了过来。

爸爸点点头。

“真难想象，我们居然还能找到宇宙的婴儿照。”妈妈转身对哥哥说，“你知道吗？你小时候长得不怎么像现在的模样，尤其是眼睛和鼻子，反而是妹妹跟小时候差别不大。”

“妹妹还小嘛。”哥哥看了一眼妹妹。妹妹已经在专心地玩拼装积木了。

宇宙中最早的光

在黑暗的房间里划亮一根火柴，整个房间都被照亮了。如果把宇宙比作房间，宇宙的初始也有一片光吗？我们能看到宇宙诞生之初的光吗？

1948 年，美国物理学家伽莫夫提出了宇宙大爆炸的理论。根据这一理论，宇宙诞生后 38 万年，产生的第一束光会随着宇宙的膨胀逐渐变成波长为几厘米的微波。1953 年，伽莫夫预测这些微波的温度只比绝对零度高一点，约为 7 K。

到了 1963 年，普林斯顿大学的迪克和皮布尔斯计算出宇宙微波的温度为 3 K，然后他们开始着手设计望远镜来测量和验证这个结果。

与此同时，在距离普林斯顿大学不远的贝尔实验室，彭齐亚斯和威尔逊搭建的一台巨型射电天文望远镜，总是接收到一些温度为 3.5 K 的微波信号。这些信号来自各个方向，且非常均匀。起初，他们认为这是一种噪声，并试图消除它，但怎么也做不到。后来他们的一位朋友听说此事后，将迪克和皮布尔斯的论文寄了过来。

彭齐亚斯看了论文后，立刻明白自己接收到的微波信号是什么了，正是普林斯顿大学的迪克和皮布尔斯苦苦寻找的宇宙微波背景辐射。彭齐亚斯立刻给迪克打了一个电话，邀请他们来贝尔实验室一起确认。就这样，宇宙微波背景辐射得到了实验验证。一开始，这些辐射以光的形式在宇宙中传播，随着宇宙的膨胀，它们的波长被拉长到几厘米，变成了微波，而且各个方向上都有，非常均匀。为此，彭齐亚斯和威尔逊获得了 1978 年的诺贝尔物理学奖。而迪克和皮布尔斯却什么也没有得到，人们为此感到惋惜。

不过到了 2019 年，皮布尔斯也获得了诺贝尔物理学奖（此时迪克已去世）。获奖的原因是他解释了早期那么均匀的宇宙，后来是如何发展出多样的星系和形态的。根据彭齐亚斯的观测结果，宇宙在各个方向上都一致，但这没法解释为什么星系在有些地方密集，在另外一些地方稀疏。皮布尔斯认为，宇宙微波背景辐射中应该存在非常微小的波动，而且这些波动在随后的 100 多亿年中被不断放大，最终形成今天错落有致的星系。

为了验证皮布尔斯的想法，美国物理学家马瑟和斯穆特提出发射一颗卫星，以便在太空中更准确地观测宇宙微波背景辐射。1989 年，“宇宙背景探测者”（COBE）卫星成功发射，发现宇宙微波背景辐射中确实存在着微小的波动，尽管只有十万分之几，但就是这点差别，在随后的 100 多亿年中被不断放大，最终形成今天千变万化的星系。2003 年发射的“威尔金森微波各向异性探测器”（WMAP）获得了更精细的宇宙微波背景辐射图像，确认了宇宙早期的微小波动（见图 4-4）。2006 年，马瑟和斯穆特也获得了诺贝尔物理学奖。

尽管宇宙最早的光已经变成了微波，无法再用肉眼直接观测到，但是人类用探测器捕捉到了，而且还揭开了宇宙成长的秘密。

如今，人类探测到的宇宙微波背景辐射图像越来越精确，从早期地面上的射电望远镜到太空中的 COBE 卫星和 WMAP 卫星，探测显示早期宇宙的温度并不是均匀的。而当初这种微弱的波动随着宇宙膨胀不断放大，形成了如今错落有致的星系。

图 4-4　宇宙微波背景辐射中的微小波动

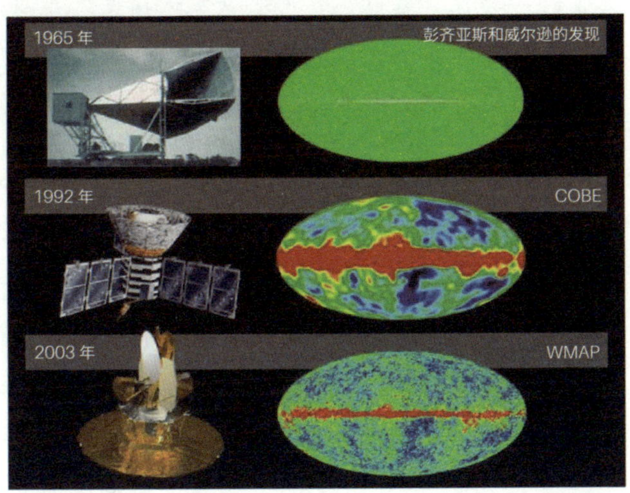

资料来源：NASA。

日晷的指针：时间存在吗

过了好一会儿，妹妹还在专心致志地拼装。哥哥凑过来，看到她拼了一个白色的圆盘就问："这是什么？"

"这是一台钟，还缺指针。"妹妹说，"可是我不知道怎么让指针转起来，你能帮我吗？"

哥哥想了想，又看了看手头的拼板，失望地说："这需要一个轴，但是我们没有。"妹妹做好了指针，看到妈妈在切水果，就去找她帮忙。

"让我看看。"妈妈坐过来，拿起指针比画了一下。当她看到指针的影子落在钟面上的时候，有了主意。

"让我们把这个指针立起来，"说着，妈妈把指针插在表盘的中央，影子落在了钟面边缘，"这样就变成了一个日晷（见图 4-5）。太阳旋转时，指针影子也跟着旋转。不同的时刻影子指向不同的位置，我们只要在表盘上做好标记就行了。"现在是上午 10 点，妈妈找到一个红色的方块，安装在指针影子的末端。

图 4-5　指示时刻的日晷

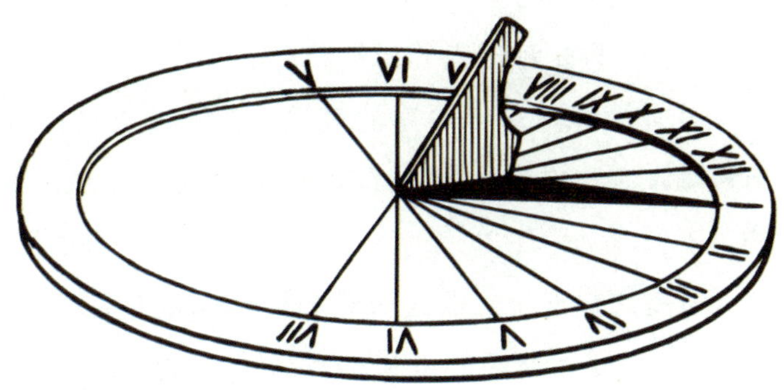

“好了，每过一小时我们就在影子末端装一个红色方块，到了下午太阳落山前，就会形成一条红色的弧线，这样就做好一个太阳时钟了——世界上最简单的时钟。”妈妈说。

“原来这么容易就能做好一台钟。”妹妹惊讶地感叹道。

爸爸走过来，看到妹妹做的钟，说：“你们发现没有，日晷其实是在模拟太阳的圆周运动。”

“是啊，这毕竟是太阳的时钟，也是最天然的时间。”妈妈笑着说。

“而且，人类发明的机械钟其实也是在一个钟面上模拟太阳的运动。”爸爸接着说。

哥哥点了点头，说：“但人类发明的钟表在阴天和晚上也可以用。”

“对，人类发明的钟表越来越精密，现在全世界都有一个统一的时间了。”爸爸说，“不过，话说回来，所谓‘统一的时间’只是地球人的错觉而已。”

哥哥和妹妹露出疑惑的表情。爸爸接着说：“你们还记得吗？有一次我坐在充气床垫上陷下去一个坑，妹妹就陷了下去。”

哥哥想起来了，那是两周之前的那次露营。

“根据爱因斯坦的广义相对论，”爸爸接着说，“空间并不完全平坦，恒星会让附近的空间变得弯曲，那里的时间也会变慢。而在质量极大的黑洞附近，空间极度弯曲，时间会变得非常慢。”

妈妈问：“这么说，宇宙这里流逝的一秒不等于那里流逝的一秒，也就没有统一的时间了？”

“嗯，不只时间是相对的，甚至有些物理学家认为时间本身并不存在。”

“不会吧？时间怎么会不存在？”哥哥惊讶地叫道。

“物理学家尝试着把一些物理公式里的时间变量去掉。比如，他们改写了描述很小的粒子世界的量子力学公式，成功地消去了作为中介的时间变量。”

“你的意思是如果我们都不用钱了，改成用东西换东西也是可能的？”妈妈问，“可是科学家们为什么要和时间过不去呢？”

“你觉得这些物理学家吃饱了没事干吗？”爸爸说，“其实科学家们有一个宏大的愿望，他们非常期望能够找到一座圣杯。一旦找到了它，只需用一个公式就既能描述巨大的宇宙，又能描述比电子还小的粒子的规律。现在科学家们用相对论来描述宇宙，用量子力学来描述很小的粒子。相对论中时间不可或缺，而量子力学中的时间却可以消去。科学家们无法将相对论和量子力学融合起来，因而无法找到最终的圣杯来统一整个物理世界。科学家们就像孙悟空，虽然有浑身武艺，却因为找不到一件趁手的兵器而焦急万分。”

“是吗，科学家也想找一根如意金箍棒？”妹妹问。

“对，妙就妙在这‘如意’二字上。普通的兵器太轻，不趁手；东海龙王那里的定海神针又太大了，没法拿在手里舞动。而物理学家们也遇到了类似的困境：微小的粒子太轻太小，而宇宙又太大。科学家们想找到孙悟空对定海神针说的咒语，‘变小一点儿，再小一点儿’，或者‘变大一点儿，再大一点儿’。有了这个咒语，一根金箍棒既可以变得很小，小到可以藏在耳朵里，又可以变得很大，大到直抵天宫。”

“哦，这很难吗？”哥哥问。

“嗯，在物理世界里，量子力学在很小的粒子尺度上被证明是正确的，但到了宇宙层面就完全不对了。例如，根据量子力学，一个微小的粒子既可以在盒子里，又可以同时在盒子外。但是我们不能说太阳既在银河系里，又在银河系外。”爸爸答道。

“这看起来是多么奇怪的理论啊！”妈妈说。

“是啊，这就是问题所在——没有一个物理定律同时在很大和很小的世界里都成立。”

“哦，为什么大和小这么难兼容呢？”哥哥问。

“也许是因为我们习惯把世界区分成大和小、多和少、远和近这些相互对立又彼此分离的部分吧。”

“那这有什么关系呢？”哥哥又问。

爸爸拿着一大一小两个拼块说：“逻辑思维就是用这些标准把世界分割成不同的小块去单独分析。比如，我们把其中一部分作为基准时钟，如你们做的日晷，去衡量我们露营的日子。又比如，我们把地球公转一圈称作一年，用它去衡量宇宙的年龄。我们骄傲地找到了时间这个概念去把不同的小块关联起来，在这个意义上时间存在。但是——”

爸爸继续说：“也正因为如此，我们把自己困住了。我们把宇宙拆成一块一块去分析，最后我们发现，没办法把所有的拼块都拼回那个整体。”

“那我们该怎么办？”哥哥问。

“我也不知道。”爸爸把拼块放在掌心，“也许我们不应该再让自己游离于宇宙之外，因为我们就是宇宙的一部分。”

“难道你的意思是说，你的手和手里的拼块原本是一体的？”妈妈问。

爸爸拾起地上的一朵落花，说：“这朵花在宇宙里，宇宙也在这朵花里。”

大家意犹未尽，却一时不知该说什么了。

过了一会儿，妈妈站起来说：“对了，我想起了一个小故事，是阿根廷作家博尔赫斯写的，讲给你们听一听。”

有个人花了一辈子来试图把整个世界画在笔下。许多年过去了，他在一张大纸上画满了各种线条和图案：乡村、山峦、海湾、房屋、轮船、星星、马匹、人……在弥留之际，他凝视着自己的画作，突然发现这些迷宫般的线条所描绘的，是他自己的脸。

WHAT IS TIME
知识盒子

时间是否存在

我们已经知道，空间站里的时间比地球上的时间慢，山脚的时间比山顶的时间慢，这是因为它们的运动速度不同、高度不同。万物之间的速度差和高度差天然存在，不可能消失，因而我们无法得到一个统一和标准的时间。不仅如此，“现在”这个概念也不存在。时间的概念遭受到了侵袭，但这还不是全部。

柏拉图认为，时间是绝对的，是独立存在的。但亚里士多德认为，时间要依赖于运动和变化，没有变化就无所谓时间。牛顿支持柏拉图的观点，而现在许多物理学家支持亚里士多德的观点。例如，美国物理学家德维特和惠勒提出了量子引力方程，其中完全没有时间变量，但物理定律依然成立，只是时间消失了。

时间真的不存在吗？直觉上，我们觉得时间在连续地流逝，但古希腊哲学家芝诺认为，时间的流逝只是一种幻觉，并且提出了一个悖论："飞矢不动"，射出去的箭没有运动。芝诺是这样推理的：飞行中的箭在特定时刻有一个专属的位置，那么箭在这一瞬间是不动的。以此类推，箭在其他任何瞬间也有专属的位置，那么箭在任何瞬间都是不动的，所以箭射出来后一直都没有动。既然箭没有动，也就无所谓时间的流逝，所以时间只不过是一种幻觉。

即便我们退一步，承认时间在流逝，但它是连续地流逝的吗？根据量子力学，时间无法分割成无限小的单位，每一段时间都是最小时间单位的整数倍。这个最小时间叫作普朗克时间，大约是 10^{-44} 秒。由此可知，时间不是连续的，而是一份一份的。

英国物理学家朱利安·巴伯走得更远，他提出，我们认为的时间流动并不是真实存在的，每一个独立的瞬间都应当被视为整体的一部分，每一个瞬间本身就是"现在"。就像把一本小说撕成一片一片的书页，随机丢到地上，每一页纸就是一个独立的实体，与时间本身无关。只有按照特定顺序排列这些书页，我们才有了一本小说，从而产生了时间流动的错觉。每一个“现在”都永远且同时存在，所以无所谓过去和未来，它们的排列顺序只由特定的物理定律决定。

调皮的铃铛球：宇宙将终结于冰还是火

午饭后，一家人在帐篷里休息。直到日头渐渐偏西了，哥哥和妹妹才从帐篷里出来玩耍，小狗也欢快地跟了出来。

他们来到一片长满青草的缓坡上。妹妹先爬到坡顶，手里拿着一个铃铛球，空心的硬塑料壳里有个铃铛叮叮作响，球上拴了一根细长的绳子。哥哥和小狗在坡底等着。

妹妹在山坡顶上，一手拿着绳头，一手把铃铛球向坡底下的哥哥和小狗丢下去，球发出一串悦耳的叮当声滚下山坡。哥哥瞅准了猛踢球，球重新滚上坡。小狗撒欢地追着球。就在球在坡上越滚越慢要停下来的时候，妹妹猛地一扯绳子，绳子绷直后带着铃铛球又朝山坡上加速滚去。小狗本来放慢了脚步，没想到球加速离它而去，它委屈地叫了一声，又撒腿朝坡上追去。过了一会儿，小狗追上了球，衔着交给妹妹，妹妹拿到球又把球丢下去。一来一回，他们玩得不亦乐乎。

天色渐暗，哥哥和妹妹回到营地。简单吃完饭后，妹妹围着这次带来的小帐篷上下打量了一番，她想自己尝试把帐篷弹开。她让爸爸把帐篷折叠起来，然后解开弹力绳，将帐篷轻轻向外一抛，压缩的帐篷一下就弹开了。

哥哥坐在帐篷外，对爸爸说："爸爸，你不是说宇宙在膨胀吗？可是我有个问题想不明白。"

"什么问题？"

"宇宙会一直膨胀下去吗？会不会像我们的帐篷一样，膨胀了一下就停下来了？"哥哥问。

"哦，是有这种可能。"爸爸想了想，席地坐下，"但如果宇宙真的停止膨胀，它不会一直保持不变，而是会开始收缩。因为星系之间存在巨大的引力，如果宇宙不膨胀了，引力会把所有的星星都聚集在一起（见图 4-6）。星星聚得越密，引力就越强，而引力会让星系聚得更密集，这样就形成一系列连锁反应。"

"最后会怎么样呢？"哥哥问。

"那样的话，宇宙中的所有星系会坍缩在一起。"爸爸把两只手掌合握在一起，"大团物质挤压在一起，巨大的压力让物质急剧升温，宇宙最终将化作一团火球。"

"这听上去很不可思议啊！"哥哥说。

"不过——"爸爸停了一下说，"这是以前的猜想。从目前的科学研究进展来看，宇宙坍缩在一起的可能性已经大大降低了。"

"那宇宙的未来又会怎么样呢？"

图 4-6　星系相互吸引而碰撞

“20 年前，科学家发现宇宙仍会膨胀下去，而且是加速膨胀下去（见图 4-7）。”

“加速膨胀？为什么呢？”哥哥问。

“因为科学家发现，几乎所有的星系都在加速远离银河系。”爸爸接着说，“他们本来以为星系的引力会让宇宙膨胀变缓，却意外地发现宇宙在加速膨胀。”

“这是怎么回事？”哥哥惊奇地问。

“这多亏了一种特殊的星星。科学家们用望远镜在宇宙深处搜索到它们，惊奇地发现它们一点儿都没有减速的迹象，反而在加速远离我们。所以科学家推断宇宙很可能是在加速膨胀。”

图 4-7 宇宙加速膨胀，星系彼此远离

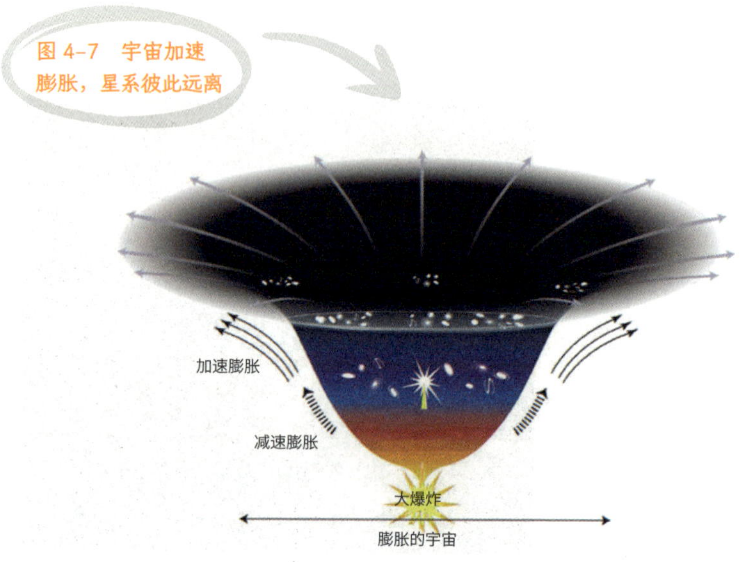

“哦，这些星星有什么特别的地方吗？”

“平时它们只是静静燃烧的普通星星，但同这个世界告别时它们却变得极其高调，仿佛要让全世界都知道。当它们耗尽燃料后就会爆发，亮度堪比一个星系，就像太空中绚丽的烟花。在地球人看来，天空中好像突然出现了一颗颗新的亮星，所以将它们叫作‘超新星’。超新星在加速离我们而去。”

“这很令人意外吗？”

“嗯。你还记得下午你们和小狗玩铃铛球吗？”

“记得啊！”哥哥说。

“铃铛球本来被你踢上了坡，速度越来越慢，小狗马上就要咬住球了，可是妹妹突然一拉绳子，铃铛球反而加速冲上坡，让小狗大吃一惊。20 年前科学家观察到的超新星，就像这只铃铛球，出乎意料地正在加速离我们而去。”

“噢，可是超新星离我们那么远，科学家怎么知道它们正加速离我们远去？”

“这是个好问题。从望远镜中看到的超新星的明暗程度，还不足以推断出它们到我们的距离，我们还需要知道超新星的真实亮度，或者叫‘绝对亮度’。”

“为什么呢？”

“因为星光会随着距离的增加按比例衰减。只有知道了星星的真实亮度，再跟它看起来的亮度比较，才能推断出星星到我们的距离。”

“可是怎么知道星星的真实亮度呢？”

“我们需要找一种特殊的灯泡，”爸爸说，“也就是超新星，因为它是标准烛光。跟我来。”爸爸站起身，朝停车的地方走去。他打开前、后车灯，走到车尾，哥哥和妹妹也跟了过来。

爸爸指着车灯说：“同一个车型汽车尾灯的型号和功率都是一样的，所以发出的光亮度也一样。这就是一个标准烛光，而超新星就是宇宙里的标准烛光。”

哥哥和妹妹打量着这个汽车尾灯，它在黑夜里发出幽幽的红光。

“宇宙中有一种特定类型的 Ia 超新星，它们发出的光亮度始终如一，就像同一个车型的尾灯亮度。有了这个标准的灯泡，只需比较它们的光线传到我们这儿的亮度，就可以推算出距离。”

“噢，我明白了。那科学家是怎么知道超新星在加速远去的呢？”哥哥说。

“我举个例子。比如今天夜里有人偷了这辆汽车，以最大马力疾驰而去。以我对这辆车加速能力的了解，我估计 3 秒后它最多在 50 米外，它的尾灯应该看起来比较亮，结果我发现它的尾灯看起来要暗很多，说明它可能已经跑到了 100 米开外的地方。我很惊讶，只能猜测这辆车前面还有小偷的同伙开着另一辆车牵引着它加速离我们远去。”

“原来如此。”哥哥说。

“那宇宙呢，是什么力量让宇宙加速膨胀的？”妈妈走过来问道。

“人类至今还没有弄清楚。”爸爸有点遗憾地说，“人们只能想象有一种看不见的能量在暗中起作用，把星系彼此强行分开，并将之称为‘暗能量’，就像铃铛球背后那根神秘的绳子和牵绳子的人，科学家至今没有弄清楚。”

“嘿嘿，那就是我……”妹妹双手捂着脸，压低声音，神秘地说。

“那宇宙会一直膨胀下去吗？”哥哥问。

“至少按照目前的节奏来看是这样。”爸爸说，“按照这个趋势，周围的绝大部分星系会离我们远去，宇宙星系会越来越稀薄，而温度也会越来越低，将来宇宙很可能终结于冰而不是火。”

夜深了，一家人钻进帐篷休息，至少他们的帐篷现在还是稳固的。

WHAT IS TIME
知识盒子

暗能量与引力的“掰手腕”较量

宇宙在膨胀，但它膨胀的速度如何呢？是越来越快还是越来越慢？

科学家曾认为，宇宙会膨胀得越来越慢，原因是星系之间的引力会拉扯着星系，从而阻碍宇宙的进一步膨胀，导致宇宙的膨胀逐渐减速。但 1998 年，科学家的新发现颠覆了这一观念——宇宙膨胀不仅没有减速，反而在加速。

我们之前讲过，可以通过脉冲星闪烁的快慢来估计星系与我们的距离。后来，科学家又发现了一种新方法，就是通过超新星的亮度来估计星系与我们的距离。科学家可以精确地测定一种 Ia 型超新星的绝对亮度，然后与超新星照射到地球上的光线的亮度对比，就能测算出超新星与我们的距离。结果发现，这个距离比之前估计的更远，这意味着星系离开我们的速度比之前估计的更快，远处的星系在加速离开我们。2011 年，两个进行这项研究的团队获得了诺贝尔物理学奖。

到底是一种什么样的力量在驱使宇宙加速膨胀呢？科学家推测，宇宙中应当存在一种看不见的能量，现在称为“暗能量”（见图 4-8）。它的力量非常强大，能在宇宙尺度上把星系彼此推开。尽管星系之间存在引力，使得星系彼此吸引靠近，但在宇宙级别的“掰手腕”大赛中，起排斥作用的暗能量更胜一筹，于是几乎所有的星系都在彼此加速远离。

为什么暗能量在跟引力的比赛中可以获胜呢？主要是因为引力会随着星系之间距离的增大而迅速减弱。确切地说，引力跟距离的平方成反比，如果距离增大 100 倍，那么引力就会减小 1/10 000。因此，在宇宙这么大的尺度下，星系之间的引力会急剧衰减到很小，无法把星系牵引在一起。暗能量刚好相反，虽然它在距离较近时不及引力强大，但在很远的距离上也没什么衰减，依然保持着原来的劲头，所以才能在宇宙这个大舞台的“掰手腕”大赛中取胜。

图 4-8 NASA 的暗能量想象图。星系下方的绿色网格线代表引力，而上方的紫色网格线表示暗能量

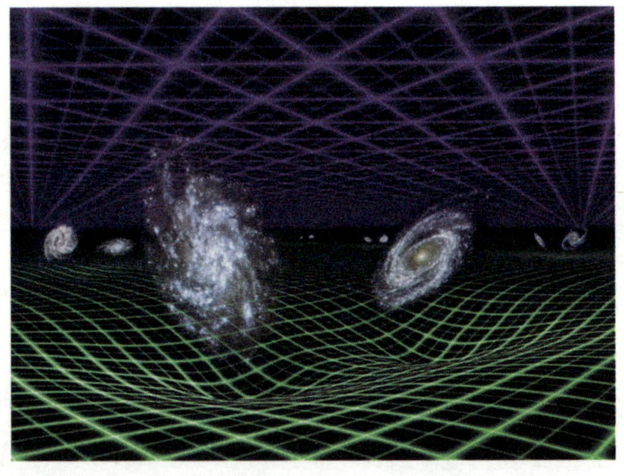

千层蛋糕：超新星爆发

又是新的一天。早上起来，妈妈从冷藏箱里拿出了早餐——千层蛋糕。

“昨晚睡得好吗？”妈妈问哥哥和妹妹。

“睡得很好，我还做了一个梦。”妹妹笑着说，眼神里透露着满足，“我梦到天空出现了很多烟花，仔细一看，原来是很多星星都变成了超新星，像节日礼花一样照亮了夜空。”

“是吗？你真幸运，一下子看到那么多超新星。”爸爸说，“人类可是要等很多年才能用肉眼看到一次超新星的。”

“是吗，人类最早什么时候发现超新星的？”哥哥拿起一块千层蛋糕吃了起来。

“第一次记录到超新星是在中国的东汉，中国人称之为‘客星’。”

“客星的‘客’是什么意思？”妹妹问。

“是客人的‘客’。平时在天空中看不到这颗星，有一天它像客人一样，来了一段时间之后又走了。这颗星本来就存在，只是它爆发前我们看不到，并不是一颗新生的星星，所以我觉得‘客星’这个名字比‘超新星’更加贴切。”爸爸解释道，“1054 年，当时中国宋朝的天文官记录到了一次超新星爆发，它留下的遗迹就是我们今天看到的壮丽的蟹状星云（见图 4-9）。”

图 4-9 1054 年，超新星爆发后形成的蟹状星云

“没想到一颗星星能发出这么亮的光！只可惜这是一颗星星生命的最后时刻。”妈妈说。

“是啊！对了，你们知道金、银等金属都是从哪里来的吗？”爸爸问兄妹俩。

“难道不是从地下挖出来的？”哥哥说。

“我想说的是地球上的这些贵重金属又是从哪里来的呢？别忘了，宇宙一开始可只有氢原子哦。”爸爸说完眨眨眼睛，又继续说道，“其实这些金属就是通过超新星爆炸而来的！这是目前已知的两种产生重金属的方式之一。”

“真的吗？”哥哥和妹妹一时间都惊讶地看着爸爸。

“对，超新星就像一个锻造新元素的加工厂，而行星和生命所需的其他关键元素——碳、氧、硅、铁等，都是在超新星内部产生的。”

“超新星离我们这么远，这些元素是怎么跑到地球上来的？”妹妹问。

“其实不是这些元素跑到地球上来，而是我们地球就是这些超新星爆发后的剩余物重新凝聚起来的。”

看着哥哥和妹妹惊奇的眼神，爸爸说：“我举个例子吧。比如一棵树开花后，花瓣飘落到地面，转变成了肥料，使泥土变得更加肥沃，从而滋养树木的生长。超新星也是这样，它把新生的元素抛射到周围的空中形成星云。星云重新凝聚，产生第二代的恒星系统，其中较重的物质就聚合成了行星，这样才有了生命和你我。”

“哦，我想起一句诗，”妈妈凑过来说，“‘落红不是无情物，化作春泥更护花’。”

“这么说，一朵花也曾经是一颗星星吗？”哥哥说。

爸爸点点头：“是的。而且你也曾是一颗星星。你的心脏之所以能够跳动，血液之所以能流动，都离不开几十亿年前的一颗超新星和它里面的铁原子。”

“铁？我们的心里面还有铁？”妹妹有些惊讶。

“对，还是必不可少的呢！每个血红蛋白里都有一个铁原子，这样它才能输送氧气到身体各个部位。如果没有铁，我们的血液就无法流动，心脏也无法跳动。”

“可是爸爸，超新星为什么会爆炸呢？”哥哥想到了这个关键点。

爸爸拿起一块千层蛋糕，蛋糕露出了细细密密的层状结构：“超新星爆炸前，内部就像这个千层蛋糕。还记得昨天上午我和你一起做‘氦原子’吗？”

妹妹想起来了，点点头。

“在恒星内部的高温下，四个小个头的氢原子结合成一个较大的氦原子，同时损失了一小部分质量。损失的质量转化为热能，就像烧开的热水会掀起水壶盖子，热量会产生向外的力抵抗向内坍缩的引力，这样恒星内部才会维持平衡。我们的太阳就是这样。”

“然后呢？”哥哥问。

“但当恒星里的氢原子渐渐耗尽时，它发出的热量开始减少，向外的压力变得越来越小，再也无法抵挡向内的引力，平衡就被破坏了。于是恒星向内坍缩，只在表面留下一层没有燃尽的氢的薄壳，”爸爸指着千层蛋糕说，“就像这块蛋糕的最外层。”

妹妹和哥哥每人手里拿着一块千层蛋糕，他们一边吃一边听爸爸讲。“由于向内坍缩，恒星内部压力陡增，核心温度升到了 1 亿摄氏度。精彩的好戏就要上演了。”

大家都专注地听着。

爸爸继续讲：“在高温下，三个氦原子聚合成一个碳原子。聚合中损耗的质量转变成热量和向外的压力，以抵御向内坍缩的引力，恒星内部再次平衡了。但同样，当氦也逐渐耗尽时，核心再次坍缩，没有烧完的氦就形成了恒星外壳的第二层薄壳，”爸爸拿起千层蛋糕，指着它说，“就像这块千层蛋糕外皮下面的这一层。”

“哦，又多了一层。那接下来呢，还有更多层吗？”哥哥问。

“会有的。恒星的核心再次坍缩，温度继续上升到了 6 亿摄氏度！之前生成的碳原子开始聚合在一起生成更复杂的元素，而没燃烧完的碳也会在氦的薄层下生成一层碳的薄层。就这样一波接着一波地燃烧、聚合、坍缩、升温，交替进行，恒星就像被放进烤箱的千层蛋糕，从最外层开始烤熟，一层接一层地形成内部氢、氦、碳、氧、氖、硅、铁元素的薄层（见图 4–10）。”

图 4-10　大质量恒星内部形成的壳层结构，由外向内分别是氢、氦、碳、氧、氖、硅、铁

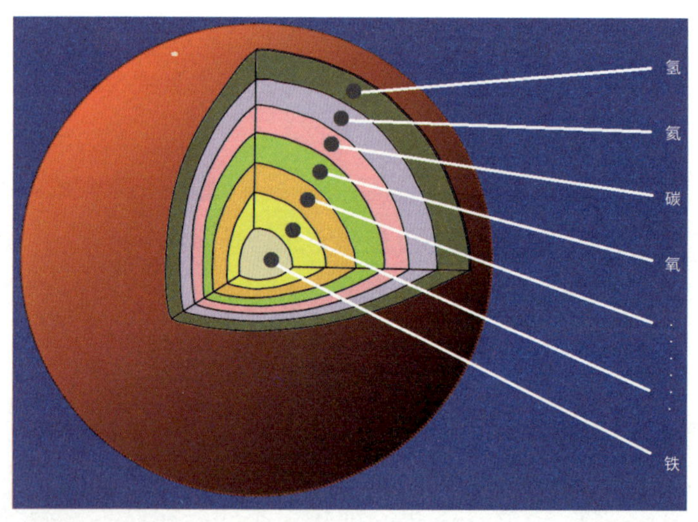

“最后呢？”哥哥提醒道。

“最后，超新星的内核生成了铁原子，而铁原子很稳定，不再释放能量，也就没法抵御恒星的引力。超新星很快就要剧烈坍缩爆发了。”

“没想到恒星也有‘铁了心’的时候。”哥哥调侃道。

“嗯，一旦铁了心，恒星就走上了决绝之路。巨大的引力把恒星的内核挤压成密度极高的中子球，而外围的物

质纷纷向它移，一旦撞到无比致密的核心又会被剧烈反弹回来，就‘砰’的一声爆发了。”

妹妹听到爸爸大声说的“砰”吓了一跳。爸爸继续说：“超新星内的爆发引发了最后一波高温聚变，产生了金、银等重元素。这股冲击波把恒星外围炸成碎片，裹挟着之前形成的一层层元素激荡开来，将它们抛向广袤的空间，而恒星自己只剩下一个非常小的残骸。”

“好震撼，也好惨烈啊！”哥哥说。

“在接下来的亿万年漫长岁月中，超新星播撒下的‘种子和肥料’会孕育出下一代的恒星和它们的行星，我们的太阳和地球就是这样诞生的。”爸爸最后说道。

妈妈也感叹道：“这不是自行断臂式的求生，而是涅槃般的重生。”

WHAT IS TIME
知识盒子

瑰丽的超新星

超新星不仅美丽，而且对于我们理解宇宙很重要。

公元 185 年，东汉时期的《后汉书·天文志》最早记载了超新星爆发："中平二年十月癸亥，客星出南门中，大如半筵，五色喜怒，稍小，至后年六月消。"这里的"客星"就是超新星，意思是像客人一样刚刚来到天空，并且在天空中持续闪耀了 8 个月。

宋朝景德三年（公元 1006 年），豺狼座超新星爆发，据推断其亮度达到了 -9 等，形状如半轮明月。《宋史·天文志》中记载："周伯星见，出氐南，骑官西一度，状如半月，有芒角，煌煌然可以鉴物。"这是世界上有记录的最亮的超新星。

至和元年（公元 1054 年），一颗名为"天关客星"的超新星爆发。《宋会要》中记载："初，至和元年五月，晨出东方，守天关，昼见如太白，芒角四出，色赤白。”1892 年，美国的一位天文学家拍摄到了一张蟹状星云的照片；1921 年，邓肯发现这个星云发生了膨胀。哈勃根据它膨胀的速度推测这个星云起源于约 900 年前的一次超新星爆发，正好跟中国宋朝史料中记载的“天关客星”对应。正是这颗超新星爆发后的遗迹，产生了我们今天看到的瑰丽的蟹状星云。

超新星爆发并非新恒星的诞生，而是恒星最后的告别。恒星也是有生命周期的，当一颗质量较大的恒星到了晚年，就会发生剧烈的坍缩，并朝恒星的中心挤压，然后被坚固的核心层反弹回去，向外爆发。坍缩时的高温会将简单的元素合成为复杂的元素，从而有了氧、碳、硅和铁等，这些都是形成行星和生命所必需的元素，所以没有超新星就不会有地球和生命。坍缩的最后就是爆发，剧烈的高温会促使更复杂元素的形成，如金、银等重金属，并把之前形成的元素喷射到太空中，形成星云。这些星云将成为孕育下一代恒星的“土壤”。

超新星爆发的过程如图 4-11 所示。

图 4-11　超新星爆发的过程

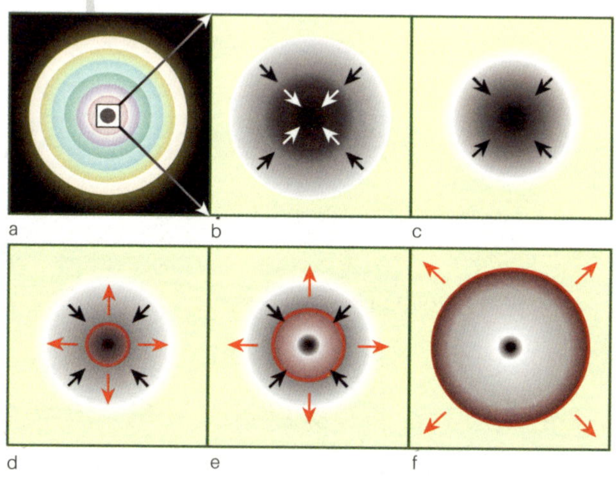

一颗大质量的恒星到了晚年，其内部会形成洋葱状的壳层结构，并且在核心形成铁芯（见图 4-11a）。当氢元素逐渐被消耗殆尽，恒星所发出的热量无法抵抗自身引力，开始坍缩（见图 4-11b）。恒星的核心受到挤压，连原子内部的空间都被挤压形成非常致密的中子（见图 4-11c）。崩落到中心的物质撞到致密的中子核心被反弹，形成向外的冲击波（见图 4–11d）。在冲击波的高温下，各种元素合成比铁更重的元素，并把新产生的元素物质抛向外太空（见图 4–11e）。最后，恒星只剩下一个很小的残骸（见图 4–11f）。

泡泡的世界：时间会倒流吗

吃完早饭，时间还早，一家人去爬附近的一座小山。山顶有一个简易观景台，置身此处，四周风景尽收眼底，微风阵阵，非常凉爽。

妹妹想起了她带的肥皂泡液，就拿出来吹泡泡。在风的助力下，泡泡渐渐膨胀，越吹越大。妹妹轻轻一抖，那个大泡泡便颤巍巍地飘向了天空，在阳光下反射出七彩斑斓的纹路，小狗跟在后面撒着欢追赶。

接着，妹妹又吹出一个奇怪的泡泡——在大泡泡内部又冒出一个小泡泡。妹妹更开心了，连忙让妈妈看，然后继续玩泡泡。

大家看着四周的群山，妈妈却有点出神。“我突然觉得有点孤单。”她自言自语道。

“你怎么了？”爸爸不解地看着妈妈，“这里不是还有我们吗？”

“我不是说你们，而是觉得人类在宇宙里有点孤单。”

妈妈解释着，“站在这山顶，我突然想起一首古诗：‘前不见古人，后不见来者，念天地之悠悠，独怆然而涕下。’这么浩瀚的宇宙，怎么只有地球上有生命，你说这是不是很奇怪？”

“你怎么突然想起这个了？”爸爸好奇地问道。

“因为我刚才看到女儿吹出的泡泡，它把周围世界的影像都吸纳到自己光怪陆离的表面，就像一个微缩宇宙。我在想，我们周围的宇宙说不定就是一个望不到边的大泡泡，我们还远没有看到这个泡泡的边缘呢！”

“嗯，那倒有可能。”爸爸轻轻点点头，“不过你想说的是什么呢？”

“女儿吹出那么多泡泡，说不定世界上不止我们一个宇宙，还有很多其他宇宙，就像很多个泡泡。”

“哦，我想起来了！”爸爸拍了一下脑门，“物理学中有一个理论叫‘多重宇宙’。”

“什么是多重宇宙？”哥哥听到这个生词，转过头来问爸爸。

“这种理论认为，我们所在的宇宙可能不是世上唯一的宇宙。”

“是吗，还有其他宇宙？可是人们为什么会冒出这么奇怪的想法呢？”哥哥问。

“这不是瞎猜，而是有理论的推导。几百年前，人们认为地球是宇宙的中心；哥白尼之后，人们认为太阳是宇宙的中心；后来人们发现，太阳不过是一颗银河系里一根旋臂上的普通恒星，在银河系的边界之外还有遥远的星系，我们的银河系只不过是巨大的星系团中的普通一员，而星系团又是超星系团里的普通一员。”

哥哥叹了一口气：“这么说，科学越来越进步，而人类的地位却一直在下降。”他有点失望。

“这个……”爸爸停了下来，一时不知道该说什么。

妈妈换了一个话题，问哥哥：“你还记得没有生妹妹之前，你说不希望妈妈再生一个孩子吗？”

“哦，是吗，我说过吗？怎么了？”

“你是不是担心，如果再有一个孩子，你就不再是家里的独苗，爸爸妈妈不再围着你一个人转，也不再宠爱你了？”

“嗯，有这种担心吧。”

“后来有了妹妹，一开始虽然你不太适应，但情况也没有想象的那么糟吧。”妈妈缓缓地说，“那是因为你长大了。你逐渐懂得，世界不是像你以前认为的那样只围着你一个人转，而是慢慢接受了自己是我们家庭中普通一员这个事实。而且有了妹妹，你多了一个玩伴，不那么孤单了。”

哥哥默默地看着远处的风景。妈妈继续说道：

“我们人类长久以来一直认为自己是宇宙的独子，世界围绕着我们转，但这只是从这个小小地球上看出去的一种幻觉。人类一次次地发现更加广阔的世界，就像我们刚才登山，每登高一些就会看到更多的风景。虽然觉得自己越来越渺小，但我们的心胸越来越宽广，不是吗？”

哥哥点点头。

“所以，”爸爸接过了妈妈的话，“我们是不是应该更加谦逊，承认我们的宇宙有可能是更大整体中的一员呢？”

“就像寻找失散多年的兄弟吗？”哥哥问，“如果是那样，其他宇宙可能会是什么样子的呢？”

“我知道有两种说法，”爸爸喝了一口水继续说道，“一种是所谓的‘口袋宇宙’（见图 4–12）。”

图 4–12 “口袋宇宙”又被称为“泡泡宇宙”

“科学家推断，在宇宙的某些区域，宇宙会瞬间剧烈膨胀，产生一个新宇宙。不同的宇宙就像我们衣服的口袋，相互分开，而我们的宇宙只是其中一个而已。就像妹妹吹的泡泡，每个泡泡就是一个宇宙。”

“那另一种说法呢？”

“另一种理论叫‘婴儿宇宙’，是在一个宇宙中又诞生一个新宇宙（见图 4–13）。这有点像妹妹刚才吹出的那个奇怪的泡泡，一个大泡泡里又吹出了一个新泡泡。科学家推测，如果在一个宇宙局部有微小的涟漪，某些区域物质密度稍低，就会导致空间收缩，孕育出新的领地，从而驱动新的膨胀，产生一个新的‘婴儿宇宙’。这也是一种多重宇宙。”

图 4–13 一个宇宙中诞生出一个“婴儿宇宙”

“科学家是怎么冒出‘多重宇宙’的想法的？”哥哥问。

“你还记得宇宙大爆炸学说吧？美国科学家阿兰·古斯认为，虽然宇宙可能起源于一次大爆炸，但在宇宙爆炸初始时刻的膨胀要远远比后来的膨胀来得迅猛。这个爆胀的猜想成功地解释了宇宙为什么均匀的问题，但也造成了一个不可避免的结果。”

“什么结果？”哥哥又问。

“如果我们承认宇宙爆胀理论，那么我们就必须承认宇宙要不停地爆胀出新的宇宙。这就像吹出一个泡泡还不够，必须不停地吹出新泡泡，也就是所谓的‘永恒爆胀’。这就产生了多重宇宙（见图 4-14），它是包含了我们的宇宙和其他宇宙的一个整体。”

图 4-14　多重宇宙

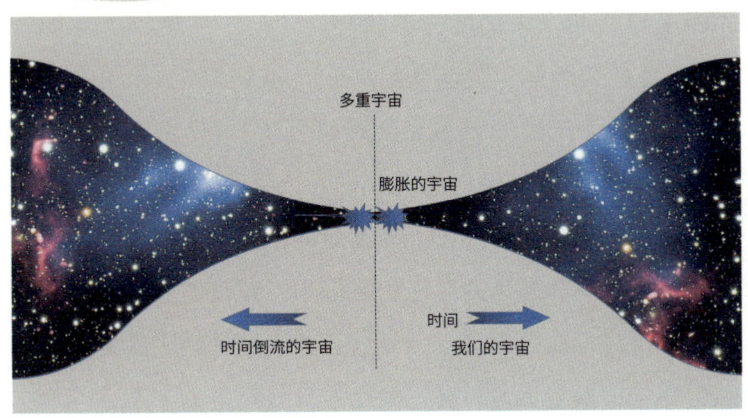

“这么多宇宙！”哥哥感叹道。

“对，而且在每个宇宙里，时间方向不尽相同。在我们的宇宙里，熵从小变大，我们觉得时间就是从过去到未来。但在其他宇宙里，熵有可能从大变小。如果那里有生命的话，他们会觉得很正常，但在我们看来，那里的时间在倒流。”

“哦，如果那样，在他们看来，我们的时间是怎么流动的呢？”

“同样，他们也认为我们的时间在倒流。每一方都认为自己的时间是在正常流动，而对方的时间在倒流。换句话说，宇宙里没有一个统一的时间方向，只有各宇宙内部自己的方向。”

“还有这么新奇的事！”妈妈凑过来说道，“看来时间不是我们想象的那么单调，还会朝相反的方向流动。”

爸爸点点头。

“哦，”妈妈突然想起了什么，“我记得有一幅版画画的就是这种相反方向的分离。”

“是什么版画？”爸爸问。

“是埃舍尔画的版画《白天与黑夜》(见图 4–15)，画面的左边是白天，黑色的鸟儿向左飞去；画面的右边是黑夜，白色的鸟儿向右飞去。在画面的中间——白天和黑夜的交界处，白鸟和黑鸟的尾巴相互嵌入，难分彼此。黑鸟和白鸟都觉得对方在远离自己，而自己曾飞过的地方就是对方飞向的地方，换句话说，自己的过去就是对方的未来。”

图 4-15　埃舍尔的版画《白天与黑夜》：鸟彼此背离，朝着两个方向飞行

“这么说，我们是白天的黑鸟，而时间倒流的宇宙是黑夜里的白鸟？”哥哥问。

“嗯。”妈妈点点头。

妹妹吹完泡泡了，回来找大家，一家人站在观景台上欣赏四周的风景。

“如果不爬到山顶，还真不知道这里周边有这么多山，远处还有一道狭长的峡谷。”爸爸说。

“是啊！”妈妈接着说，“我记得爱伦·坡在《我发现了》那本书中说，要想看清世界的全貌，不仅要爬上山

顶，而且要踮起脚尖，像芭蕾舞演员那样快速旋转几周。”

“好啊！”妹妹马上这样做了。

“你看到了什么？”妈妈问。

“我觉得世界不再静止，所有的风景都动了起来，变得模糊不清，似乎连成了一片。”妹妹说。

时间不早了，一家人准备下山。哥哥和妹妹在前面一蹦一跳，爸爸和妈妈彼此搀扶着跟在后面，踏上了回程。

WHAT IS TIME
知识盒子

过去、未来有没有区别

1955 年 3 月 21 日，当爱因斯坦得知比自己大 6 岁的好友米凯莱·贝索去世时，写了一封信给贝索的妻子。他在信中回顾了自己与贝索相识、相交的过程。爱因斯坦年轻时在瑞士苏黎世联邦理工学院的一场音乐会上认识了贝索，两人后来又在伯尔尼专利局成为同事，下班后一起散步回家，沉迷于讨论科学与哲学问题。1905 年，爱因斯坦发现时间可以被拉伸、膨胀，第一个告诉了好友贝索，并且在那篇划时代的狭义相对论文章后唯一感谢了贝索的热忱帮助。贝索也许是当时最理解爱因斯坦的时间观的人。

最后，爱因斯坦在信中提到了自己对时间的看法：

现在，他又比我先行一步，离开了这个奇怪的世界。但这并不意味着什么，我们这些相信物理学的人知道，过去、现在和未来的区别只不过是一种持久的幻觉，虽然是极为顽固的那种。

写完这封信后不到一个月，爱因斯坦也驾鹤西去。为什么爱因斯坦在信中说过去、现在和未来的区别是一种持久的幻觉？听起来，这不像是一位物理学家说出的话。爱因斯坦这么说仅仅是为了安慰好友的妻子吗？

我们曾经讲过，能够把过去和未来区分开来的是热。但热是什么？在物理学家看来，热是无数分子和原子振动的结果，它的宏观表象是温度。热总是从温度高的地方自发地流向温度低的地方，这种单向的、不可逆的流动过程，决定了时间总是从过去流向未来。

但如果我们深入微观世界，去观察每个分子和原子的运动，就会发现它们的振动是随机的。它们有的让温度升高，有的让温度降低，这种难以分清的随机振动模糊了过去和未来的界限，也模糊了时间的方向。正因为人类的大脑没法同时跟踪无数的分子和原子的运动，我们只能将大量的分子和原子作为一个整体来考虑，所以才有了宏观上的冷热和温度的概念，从而有了时间的方向。而真实的微观粒子是随机振动的，与方向无关，也就无所谓过去和未来。

阅读书目

关于宇宙膨胀理论、时间胶囊，请参考［1］［5］。

关于时间是否存在的讨论，请参考［1］［2］［5］。

关于超新星、暗能量、暗物质，请参考［1］［3］。

关于宇宙精细常数，请参考［4］。

关于多重宇宙，请参考［1］［3］［5］。

[1]［美］亚当·弗兰克：《关于时间》，谢懿译，科学出版社，2014。

[2]［英］朱利安·巴伯：《时间的终结》，牛津大学出版社，2001。

[3]［英］本·吉利兰：《从大爆炸到大终结》，萧耐园译，湖南科学技术出版社，2017。

[4]［英］马丁·里斯：《六个数》，石云里译，上海科学技术出版社，2009。

[5][美]约翰·布罗克曼：《宇宙》，高爽译，浙江人民出版社，2017。

未来，属于终身学习者

我们正在亲历前所未有的变革——互联网改变了信息传递的方式，指数级技术快速发展并颠覆商业世界，人工智能正在侵占越来越多的人类领地。

面对这些变化，我们需要问自己：未来需要什么样的人才？

答案是，成为终身学习者。终身学习意味着永不停歇地追求全面的知识结构、强大的逻辑思考能力和敏锐的感知力。这是一种能够在不断变化中随时重建、更新认知体系的能力。阅读，无疑是帮助我们提高这种能力的最佳途径。

在充满不确定性的时代，答案并不总是简单地出现在书本之中。“读万卷书”不仅要亲自阅读、广泛阅读，也需要我们深入探索好书的内部世界，让知识不再局限于书本之中。

湛庐阅读 App：与最聪明的人共同进化

我们现在推出全新的湛庐阅读 App，它将成为您在书本之外，践行终身学习的场所。

- 不用考虑“读什么”。这里汇集了湛庐所有纸质书、电子书、有声书和各种阅读服务。
- 可以学习“怎么读”。我们提供包括课程、精读班和讲书在内的全方位阅读解决方案。
- 谁来领读？您能最先了解到作者、译者、专家等大咖的前沿洞见，他们是高质量思想的源泉。
- 与谁共读？您将加入优秀的读者和终身学习者的行列，他们对阅读和学习具有持久的热情和源源不断的动力。

在湛庐阅读 App 首页，编辑为您精选了经典书目和优质音视频内容，每天早、中、晚更新，满足您不间断的阅读需求。

【特别专题】【主题书单】【人物特写】等原创专栏，提供专业、深度的解读和选书参考，回应社会议题，是您了解湛庐近千位重要作者思想的独家渠道。

在每本图书的详情页，您将通过深度导读栏目【专家视点】【深度访谈】和【书评】读懂、读透一本好书。

通过这个不设限的学习平台，您在任何时间、任何地点都能获得有价值的思想，并通过阅读实现终身学习。我们邀您共建一个与最聪明的人共同进化的社区，使其成为先进思想交汇的聚集地，这正是我们的使命和价值所在。

CHEERS
湛庐

时间之问

汪波 著

What Is Time

③ 跑到地平线下的星星

浙江科学技术出版社 · 杭州

你对时间的年轮了解多少?

扫码加入书架
领取阅读激励

- 哪颗星星与太阳同时升起时标志着古埃及新年的开始?（单选题）

  A. 天狼星

  B. 北极星

  C. 金星

  D. 火星

扫码获取全部
测试题及答案，
一起感受斗转星移的变迁

- 为什么农历有时需要增加一个“闰月”？（单选题）

  A. 为了让春节的时间固定下来

  B. 因为古代皇帝喜欢过两次生日

  C. 为了与月亮的周期性变化相符

  D. 阴历月比阳历月时间短，累积下来的差距需要弥补

- 巨石阵中的石头是如何帮助人们感知时间的?（单选题）

  A. 石头的影子可以充当钟表

  B. 石头的温度会随时间发生变化

  C. 敲击石头会发出不同的声音

  D. 不同时间节点阳光会穿过特定的豁口

扫描左侧二维码查看本书更多测试题

亲爱的小读者：

你是否觉得时间无处不在却难以捉摸？其实，在时间里隐藏着大自然所有的秘密。读懂了时间，就读懂了一切。

在这套书中，你会遇到爱因斯坦的时间、二十四节气中的时间、《红楼梦》中的时间、夜来香中的时间……

你最好坐下来读这套书，因为这比站着读的时间过得更慢一点。你也可以在火车上读，这同样会让你的时间变慢一点。

想知道为什么吗？答案就在书中。

汪波

目 录

第5章 年轮：帐篷顶上的星座

第 5 章

年轮：帐篷顶上的星座

篮球上的弯月：夜空中的日历

夏日已入伏，连绵不绝的蝉声伴随着酷热笼罩在人们周围。又是一个外出的周末。

周五晚上，一家人开车来到了露营地。停好车后，爸爸卸下帐篷，拎到露营地，开始搭建。支好帐篷后，却一时找不到固定钉。妈妈说："是不是落在车上了？"爸爸于是一个人往停车场走去。妈妈拿出防潮地垫，铺在草地上。哥哥和妹妹坐在上面，一起等爸爸。

树影后面，一弯新月悄悄露脸，挂在天空中。

哥哥看着天上的弯月，问："妈妈，今天是不是七夕？"

"我不记得了，一会儿问问爸爸。"妈妈说。

过了一会儿，爸爸回来了。妈妈看他手里空空的，便猜到了八九分。

"会不会掉在路上的草丛里了？"妈妈问。

"有可能。不过天这么黑，不太好找。"爸爸说。

"我们来玩寻宝游戏吧！"妹妹跳起来喊道，"谁先找到固定钉，就奖励谁公主贴纸！”她想把一切都变成游戏。

哥哥低着头还在想阴历的事情，对贴纸并不感兴趣。

“我和你比赛！”妈妈拿了一个手电筒。妹妹很高兴，一蹦一跳地到草地上仔细寻找。

“爸爸，今天阴历初几了？是不是快到七夕了？”哥哥问。

“你猜一下。”爸爸说。

“怎么猜呢？”

爸爸指了指月亮。

哥哥抬头看了看天上，是一钩细细的弯月。

“今天肯定不是十五。”哥哥说。

“嗯，不错的开始。”爸爸从地上揪了一把草握在手里，缓缓说道。

“今天的月亮一点儿也不圆，所以应该不是十五附近的日子，比如初八或二十二附近。”哥哥边想边说。

“不错，现在只剩下两头了。那么，是月初还是月尾呢？”爸爸问。

哥哥拿不定主意。他拿起一根树枝，在地上画了一个简图，看了半天，还是想不明白。

今晚的月亮只有窄窄的一弯，光线非常微弱，露营地四周很昏暗。

“对了，我有一个主意能知道今天是阴历什么日子。”爸爸说，“不过，我需要一个手电筒。”

哥哥从背包里找到一个手电筒，递给爸爸。

“你和妹妹带球没有？足球、排球、篮球都可以。”爸爸问。

“有一个小篮球。”哥哥将球翻了出来，拿在手上。

“很好！”爸爸说完，站到几米之外，手里拿着手电筒，“假设我的手电筒是太阳，射出阳光，你手里的篮球是月亮，反射阳光（见图 5-1）。”

“那么，地球在哪里呢？”哥哥问。

“你的头就是地球，你的眼睛看到的，就是地球人看到的天空。”爸爸说。

图 5-1 用手电筒和篮球模拟月相的变化

“明白，太阳！”哥哥回应道。

“很好，地球！现在，你那里是黑夜，所以请背对着我，因为太阳已经落山了。”爸爸说。

“明白，接下来呢？”哥哥背过身大声喊道。

“用手稳稳地托着篮球，向你的前方伸展手臂，稍微高过头顶。”爸爸指挥道，“一直保持这个姿势。”

爸爸站在几米远的地方，用手电筒照射着哥哥头顶的篮球。

“现在，你看到了什么？”

“一个完全被光线照亮的篮球。”哥哥仰头看着篮球说道。

“对，这就是一轮满月，大约是在阴历十五（见图 5-2）。”

“为什么要把篮球举得高过头顶呢？”哥哥说着，把篮球放低到和头一样高的位置。这时他的头刚好挡住了手电筒的光线，篮球又变暗了。

“那是因为月球轨道和地球轨道之间有一个小的夹角。如果没有夹角，就像现在，篮球和你的头在同一高度，那就每个月都会发生一次月食了。”爸爸说，“而且，发生月食的时候，月亮的阴影和光亮的分界线是一段圆弧，那就是地球的影子，这也证明了地球是圆形的。”

“哦，原来如此。”

图 5-2　月相的变化

“现在，逆时针向左稍微转动身子，保持手臂伸直，你又看到什么？”爸爸手电筒的光芒也跟随着哥哥手中的篮球移动了一点儿。

“篮球的右边没有被照亮，出现了阴影。月亮已经不圆了。”哥哥观察道。

“很好，月相亏了一些，所以又叫亏凸月，大约出现在阴历十八（见图 5-2）。”

“如果反方向顺时针旋转，那就是模拟时间回到了阴历十五以前吧？我试试。”哥哥向右旋转，月亮回到原来的位置再次变圆，他继续向右旋转，月亮的左边出现了阴影。

“对，”爸爸说，“现在时间应该回到了阴历十二左右。你注意到没有，月亮现在是哪边亮？”

“右边亮。”哥哥看了一眼篮球说。

“所以阴历十五之前，月亮应该是右边亮。我们现在应该是月初。”

“是吗，能直接验证一下吗？”

“好啊，我们先来到新月初一，也就是完全看不到月亮的日子，月亮刚好在地球背面。”

“怎么做才是新月的情景呢？”

“你可以转过身来，面对着太阳举起篮球。但是在夜晚，你的头应该扭向后面，背着太阳。”

“那我就完全看不到月亮了。”

“对，这就是天文上的新月，农历中叫‘朔’，这一天完全看不到月亮。继续逆时针转一点儿，就来到了月初，会看到眉月（见图 5–3）。”

哥哥逆时针转了一点儿，看到月亮的右边被照亮了一条边：“果然是月初右边亮。”

哥哥又反方向转过新月，月亮的左边被照亮了一条边，这是月末的残月（见图 5–3）。

就在这时，妈妈和妹妹回来了。

“妈妈，我有个好消息，我知道今天是阴历初几了！大概是初三或者初四。爸爸刚才和我演示了月相的变化。”哥哥兴奋地说。

图 5-3　月相的变化

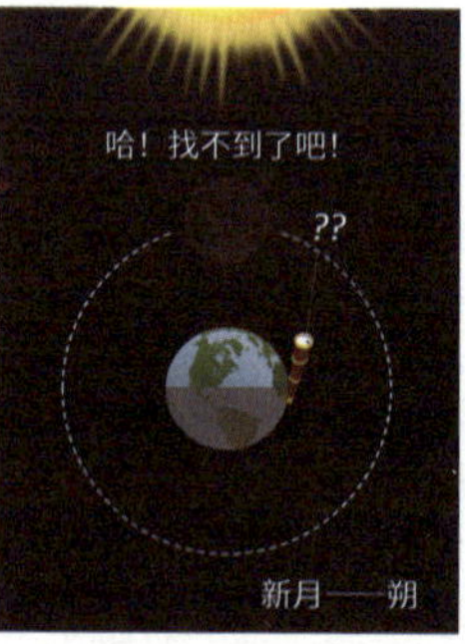

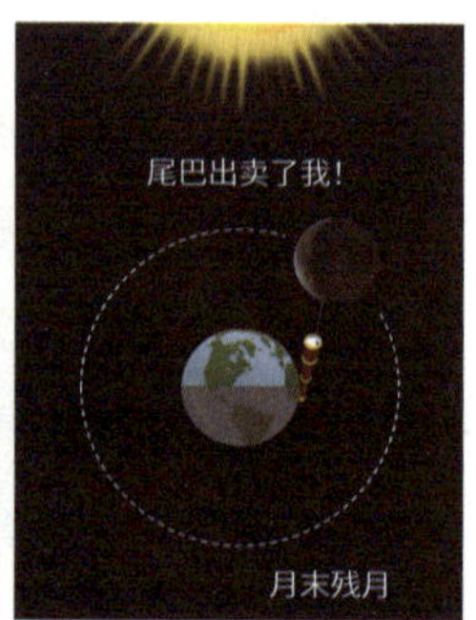

妈妈睁大了眼睛，对哥哥说："跟我们讲一讲，月相是怎么变化的？"

哥哥又与爸爸重新演示了一遍："从新月开始，月亮先从右边变亮，从眉月到上弦月也就是半月，然后逐渐变成满月。在下半月里，月亮从右边开始变暗，逐渐变成左边的半月和残月，最后回到新月（见图 5-4）。"

哥哥说完了，妹妹的眼里充满崇敬。"我们也有一个好消息给你们，"妹妹一边骄傲地对爸爸和哥哥说，一边举起了手中的固定钉，"就在车子后备厢旁边的草地上。"

"太好了！"爸爸接过固定钉，用锤子把它们打入地下，固定住帐篷。

"对了，爸爸，我还有个问题，"哥哥问，"为什么刚才我们要逆时针旋转？"

图 5-4　月相从左到右依次是：1 朔（新月）、2 眉月、3 上弦月、4 盈凸月、5 满月，然后逐渐变小为 6 亏凸月、7 下弦月、8 残月和 9 晦

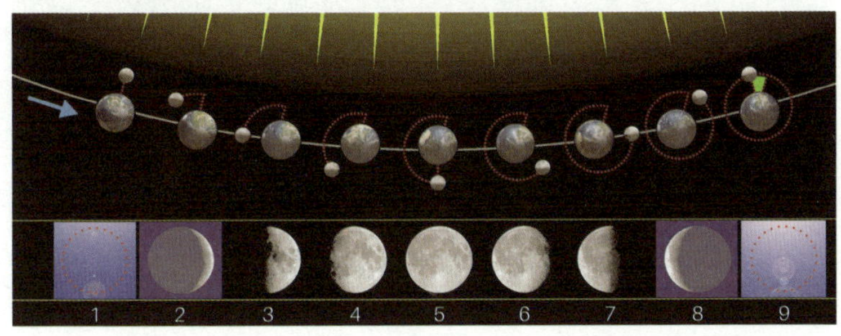

“因为从北极上方的太空看地球和月亮，月亮就是逆时针绕着太阳转的。”爸爸说。

“那南半球的人呢？”哥哥机敏地问。

“他们跟我们脚对脚，刚好相反。”

妹妹弯下腰，头朝下看着月亮，哥哥也学她。

“现在月亮是左边亮！”哥哥叫道，“这么说，南半球的人此刻看到的月亮情况与我们这儿颠倒，是左边亮？”

“正是！”爸爸回答。

“啊哈！同一个地球上的人，同一时刻看到的月相竟然是不一样的。”哥哥感慨道。

“月相是最天然的日历，它指示日期，规定了团圆和

庆祝的日子。每个人都能读懂这本日历。这本天上的日历，循环一次就是一个月。”爸爸说。

“那一个月有多少天呢？”妹妹问。

“粗略讲是 30 天，但是如果规定每个月都是 30 天，过不了多久就会出问题，因为月圆的日子跟阴历十五相比将会越来越晚，一年以后，月圆的日子就跑到了阴历二十一左右，这说明 30 天太长了，而每个月如果规定为 29 天又太短了。所以，月亮圆缺一次需要的时间介于 29 ～ 30 天之间，大约是 29.5 天。”

“这就是我们的阴历？”哥哥问，“那阳历呢？”

“你要想知道阳历，现在赶快睡觉，明天一大早起来我告诉你。”爸爸说。

“为什么明天要一大早起来？”妹妹不满地问。

“到时你就知道了。睡觉前我要许一个愿，希望能实现。”爸爸说。

“什么愿望？”哥哥问。

“不能说哦，说了就不灵了。”爸爸神秘地笑道。

大家钻进帐篷，睡下了。

WHAT IS TIME
知识盒子

月相与月食

月相

月亮绕地球公转，在不同位置受到太阳光照的角度不同，因而月亮呈现给地球的面貌也不同：有时是“正脸”形成满月，有时是“侧脸”形成弦月，有时则是若隐若现的残月，形成了不同的月相。月相的变化周期是 29.5 天，就像一个天然循环的日历，这就是阴历月的起源。

阴历十五时，月亮正对地球，在夜空中被完全照亮，称为“望日”。此时太阳、地球、月球大致排成一条队列，地球居中，太阳、月球分居两侧。在大多数的望日，太阳、地球、月球之间并不是一条笔直的线，而是一条折线。因为太阳黄道[1]与月

① 黄道是指从地球角度看，太阳一年内在恒星背景中穿行的轨迹。

亮白道[①]之间有个夹角，所以太阳光能越过地球上方照到月亮，形成满月（见图 5-5）。

图 5-5 满月发生在望日，地球没有挡住照向月球的阳光

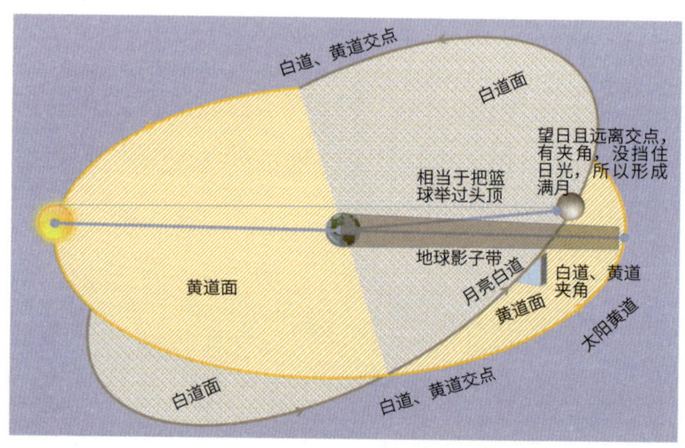

月食

尽管大多数阴历十五都会形成满月，但也有例外，那就是当太阳和月亮运行到黄道面和白道面的交点时。此时，太阳、地球、月球在一条笔直的线

① 白道是指一个阴历月之内，月亮在恒星背景中穿行的轨迹。

上，地球刚好挡住了太阳照向月亮的光，或者说月亮进入了地球的影子里，这样就形成了月食（见图 5-6）。

月球在几个小时之内进入了地球的阴影之中，先是有个小豁口，然后阴影一点点扩大，月亮上出现了一道弧形的残缺，那正是圆形的地球留下的影子。古希腊人从这一点证明了地球是圆的。

图 5-6　发生在望日的月食

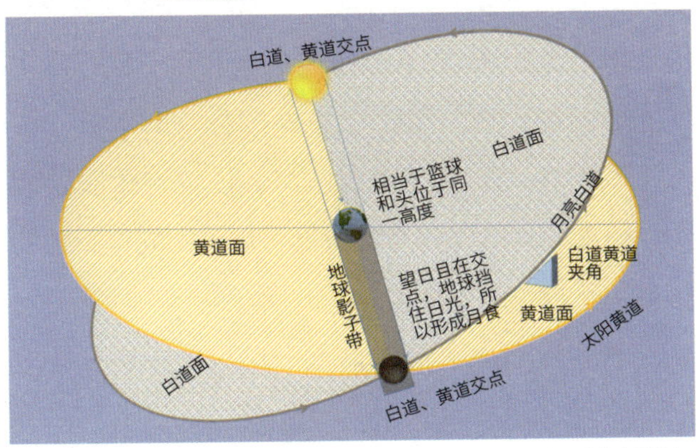

此时太阳和月亮分别位于白道与黄道两个交点处，太阳、地球、月球在一条笔直的线上，月球进入地球的影子里。

同一类型月食重复的周期：沙罗周期

从上面的分析我们知道，月食发生需要满足两个条件：一是在望日，即太阳和月亮刚好位于地球的两侧；二是太阳和月亮分别位于白道与黄道的两个交点。前者出现的周期叫朔望月，是 29.53 天，后者出现的周期叫交点月，是 27.212 天。

现在我们知道，月食发生时既是望日，太阳和月亮又必须位于黄白道交点。那么下一次月亮又运行到这一位置，就又会发生一次相同类型的月食。

那么需要等多久呢？古希腊人计算出了这个时长，它既是朔望月的整数倍，又是交点月的整数倍，约等于 6 585 .33 天，即 18 年多一些。这个时间被称为“沙罗周期”，沙罗的意思是重复。

如果今天发生了月食，那么经过一个沙罗周期，在地球上的同一个地方又可以见到同样类型的月食。不过，这里指的是下一次“同样类型”的月食，而不是下一次月食，下一次月食并不需要等 18 年多那么久。

天狼星与阳历：年的回归

第二天一早，天还没亮，哥哥就听到爸爸叫他们起床。

“我的愿望实现了！”爸爸高兴地说。

“什么愿望？”哥哥迷迷瞪瞪地翻了个身。

“昨晚睡觉前许下的愿望，你不记得了吗？我会给你们一个惊喜！”

“惊喜在哪里？”妹妹也醒了。

“就在不远处，东方。”爸爸说。

“什么东西这么神秘？”妈妈问道。

“起来就知道了。”爸爸不由分说把大家拉起来。

大家好不容易起来了，睡眼惺忪，打着哈欠。在这样一个周末的清晨，从床上爬起来实在是一件需要毅力的事情。

哥哥和妹妹晃悠悠地站起来，在爸爸妈妈的搀扶下走出帐篷，他们的头脑仍有些发胀。妹妹很不满意这么早就被叫醒，一直哼哼唧唧。

夜色已经褪去，帐篷外的光亮让大家稍微清醒了一些。爸爸背着妹妹，带领大家走到了附近一处高地，然后把妹妹放了下来。

天气很好，没有一丝云。东方的天空已经开始泛白，清晨的微光映照在他们迷茫的脸上。太阳还没升起来。

“我们是要看日出吗？”哥哥问。

“你说对了一半！但日出太平常了，接下来出现的可是一年才能看到一次的景观。”爸爸说。

“那还有什么？”妹妹终于清醒了。

“看那边。”爸爸指着东北方向的地平线说。

从他们所在的高地向东北方的地平线看去，刚好是一片平原，没有遮拦，在地平线附近的天空出现了一圈圆晕。

“可那里什么都没有啊。”哥哥抱怨道。

“耐心等一下。过一会儿，在太阳旁边会出现一颗明亮的星星。”爸爸说。

“是太白金星吗？”妈妈问。

“不，是一颗恒星，”爸爸一边盯着东南面，一边说，“大犬座的天狼星，它是整个天空中最亮的恒星。它将和太阳同时升起（见图 5-7）。”

“这可能吗？”哥哥说，“太阳的光芒会掩盖掉天狼星吧？”

图 5-7　天狼星

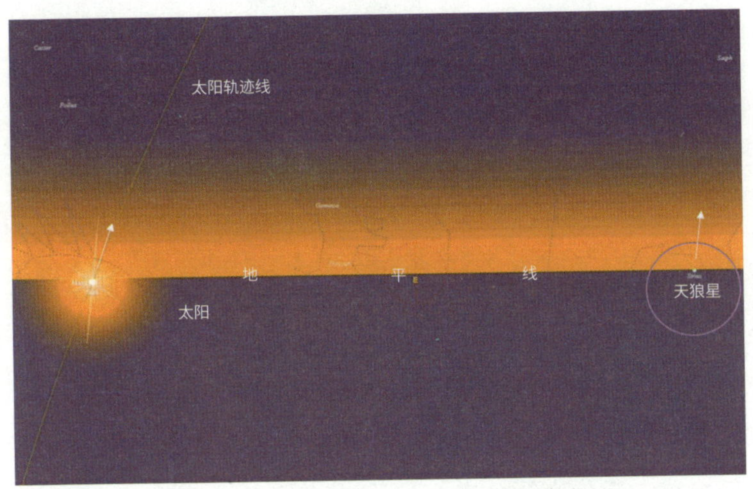

“你说得有道理，”爸爸说道，“但天狼星非常亮，而且距离太阳升起的地方有一段距离，所以会在太阳的光晕旁同时显现。”

“这有什么特别的吗？”妈妈问。

“这就是传说中的天狼星‘偕日升’！”爸爸说，“每年夏季有一天，天狼星和太阳会一起在东方升起。对古埃及人来说，偕日升意味着尼罗河水定期泛滥的开始和一年中最重要季节的来临。”

“哦，我想起来了，尼罗河水每年会定期泛滥（见图 5–8）。”哥哥说。

图 5-8 尼罗河水每年夏季定期泛滥

“对，洪水冲来的淤泥能使土地肥沃，这对古埃及人一年的收成至关重要，所以古埃及人极为看重这一天，他们把这一天作为新年来庆祝。”爸爸说。

“好期待这一时刻！”哥哥说。妹妹瞪大眼睛，虽然她还不明白这意味着什么，但是她已经变得精神了，眼睛一眨不眨地看着东方。

“快看，要来了！”爸爸提醒说。

在他们说话时，东南方的地平线上渐渐升起一个发亮的小点，即使在清晨这么明亮的天空里，仍能分辨出它发出的光芒。大家高兴地欢呼起来。

太阳的巨大圆晕越来越明显，天狼星也跟随太阳渐渐升高。

“这天象每年才出现一次吗？”哥哥问。

“对。天狼星的定时回归确定了古埃及人最自然的日历。因为它循环一次刚好是一个太阳年，所以这是一部太阳历。”爸爸说。

“也就是所谓的阳历？”哥哥问。

“对，古埃及的太阳历是我们今天阳历的基础。”爸爸说。

“真巧，我们昨晚说了阴历，今天又见识到了太阳历。”妈妈说。

“古埃及人的太阳历，一年有多少天？”哥哥问。

“古埃及人发现天狼星大约每 365 天定期回归，于是把一年规定为 365 天，一年 12 个月，每个月 30 天，多出的 5 天则作为公共假期。不过，这里有一个问题。”爸爸说。

“什么问题？”哥哥问。

“你忘记了吗？地球绕太阳一周的时间比 365 天稍微多一点儿，大约多了 1/4 天。”爸爸说。

“这多出来的 1/4 天该怎么办？”

“每年多出 1/4 天，累积 4 年，就是一天，这就是我们每 4 年在 2 月底增加一天的缘故，也就是闰年的来历。罗马凯撒大帝颁布的儒略历年平均时长为 365.25 天，中国汉代的太初历也是如此。”

过了一会儿，太阳完全升起来了，盖住了天狼星的光芒。大家开始往回走。

清晨的露水在朝阳下熠熠生辉，妹妹停下脚步用手轻轻一拨，这些发亮的“小太阳”就从长长的草叶上滚落下来。

“我有个问题，”哥哥走在后面，问爸爸，“为什么这一天太阳和天狼星会同时升起？”

“夏至已经过了吗？”爸爸回过头来问道。

“我知道，夏至已经过了！”妹妹抢答。

“为什么这么问呢？”哥哥问。

“你们知道，过了夏至，白昼越来越短，每天的日出都比前一天晚几分钟，对吧？”爸爸说。

“嗯，太阳越来越赖床了。”妹妹说。

“而天狼星升起的时间越来越早，每天都比前一天早4分钟[①]。”爸爸接着说。

“像只早起的百灵鸟。”妹妹立刻接过爸爸的话头。

“到了偕日升这一天，太阳和天狼星升起的时间终于一致了，它们同时在东方升起（见图5-9）。”

“为什么天狼星升起得越来越早，难道星星不是每晚都可以看到的吗？”哥哥问。

---

① 地球公转360° 需365天多一点，所以从地球上看，星星在天空中的位置每天改变大约1°，出现的时间每天改变4分钟（24小时乘以60分钟，然后除以360，等于4分钟）。

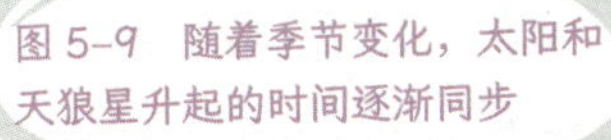

图 5-9　随着季节变化，太阳和天狼星升起的时间逐渐同步

“这可不一定。我们位于北半球，只能看到北半球天空和赤道附近天空的星星。位于我们头顶上方的星空，全年都可以见到，而天空中靠近赤道的那些视角较低的星星就没那么幸运了。”爸爸说。

“这是为什么呢？”妹妹问。

“由于地球自转有一个倾角，一年当中有些日子里，那些视角较低的星星在夜里会跑到地平线以下，所以我们就看不到它们了。”爸爸说。

“那天狼星也是如此吗？”妈妈问。

“对，在春夏之际，天狼星在夜空中会消失 70 多天。之后，天狼星升起的时间越来越早，终于出现在黎明的天空。在北半球不同纬度的地方，天狼星升起的日子稍有不同。对于中国大部分地区来说，在 7 月底 8 月初。”爸爸说。

他们在路上边走边玩，磨蹭了很久才回到露营地。

WHAT IS TIME
知识盒子

阳历的起源与沿袭

太阳的周期性回归构成了阳历的基础。

古埃及人发现尼罗河水每年夏季定期泛滥，而且每年 7 月的某一天，太阳会和天狼星同时出现在东方的地平线上，这种现象被称为“天狼星偕日升”，直到一年后才会出现同样的景象（见图 5-10）。于是古埃及人把这一天作为新年的开始，将一年分为 12 个月，每个月 30 天，剩下 5 天作为公共假期，这就是早期的太阳历。

在中国，人们测量影长的周期变化，并把影长最长的一天设定为冬至。两个冬至之间的时间间隔就是一个太阳回归年的长度。冬至在中国天文观测上是非常重要的时刻，祖冲之等古代天文学家就是通过测量若干年的冬至日时刻来确定一个太阳年的长度的。

图 5-10 巨大的金字塔挡住了部分太阳光晕，可以更加清楚地看到天狼星偕日升

公元前 46 年，凯撒大帝以太阳历为依据，颁布了儒略历。儒略历规定，平年有 365 天，每 4 年设置一个闰年，闰年为 366 天，故一年平均有 365.25 天。经过 1 000 多年的沿袭，儒略历的误差已经达到了 10 天，这直接影响了复活节日期的确定，必须做出调整。

1582 年 10 月，教皇格里高利十三世颁布了新历法——格里历（即现行公历），为了纠正误差，

日期上直接跳过了 10 天，这在当时引起了很大混乱。格里历规定一年有 365.242 5 天，这与目前测量到的 365.242 19 天非常接近。格里历同样是每 4 年设置一个闰年，但规定 100 的整数倍的年份不设置为闰年，除非该年同时也是 400 的整数倍。格里历成为现行通用的公历，每 3 300 年误差累积约 1 天。

不同国家采用公历的时间大不相同。1582 年，意大利、波兰、西班牙、葡萄牙等天主教国家切换到公历。英国和美国等国家直到 18 世纪才采用。中国从 1912 年开始采用公历。俄罗斯、希腊和土耳其分别在 1918 年、1923 年和 1926 年采用公历。

为什么 1917 年俄罗斯的“十月革命”发生在 11 月 7 日？这是因为革命爆发时俄罗斯仍采用儒略历，这一天是 10 月 26 日，因此史称“十月革命”。而这天若是按照格里历，则应该是 11 月 7 日。

远古的一年有更多天数

远古时期地球的一年有多少天呢？科学家发现，珊瑚每天和每年的生长节奏会固化在化石中，留下大小不一、随着日期和年轮变化的痕迹。通过对早期石炭纪珊瑚化石的研究，科学家估算出了地球在远古时期一年的时长（见图 5-11）。

图 5-11 珊瑚化石上每天会沉淀一层很薄的碳酸钙，从而记录下每天和每年的生长节奏

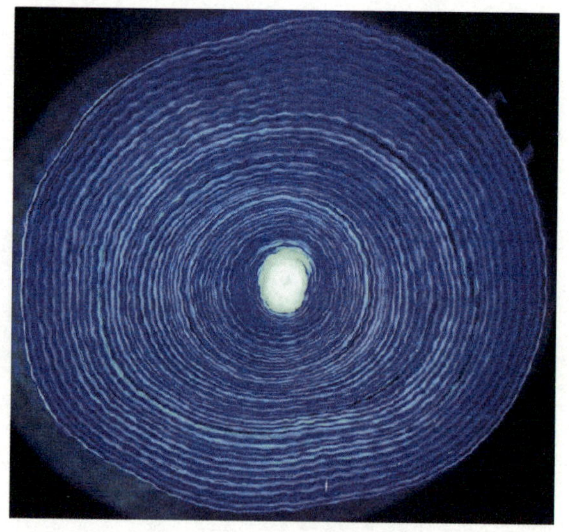

4.4 亿年前，地球上的一年为 412 天；4.2 亿年前，一年减少为 400 天；3.7 亿年前，一年只有 398 天；6 500 万年前，一年约为 376 天。

夏至小巨蛋：年轮的刻度

太阳已经升高，一家人准备吃早餐。

“爸爸，你昨晚许下了什么愿望，现在可以说了吗？”妹妹问。

“我的愿望就是今早万里无云。”爸爸说。

“没有云彩遮挡住太阳和天狼星？”哥哥问。

“对。昨晚我一直非常担心，因为朝霞太常见了，所以我许下了这个愿望。万幸的是，老天很照顾我们。不过抱歉，这么早就叫你们起来。”爸爸说。

“没关系，我现在不困了，就是有点饿，”妹妹调皮地说，“我现在最想吃小巨蛋！”

小巨蛋是一种半球形的面包，外黄内白，面体扎实，口感绵密，妹妹很喜欢吃。妈妈从保温箱里取出了一个小巨蛋，递给妹妹，又拿出几个分给大家。

• ● •

太阳炙烤着大地，大家热得出汗了。

“夏至都过去了，天气还这么热。”哥哥说。

“是啊，白天越来越短了，可酷热还没有消散。”妈妈说。

“爸爸，”妹妹想起了刚才路上说的夏至，于是问，“为什么夏至过后，太阳升起得一天比一天晚了？”

“这也算问题？”哥哥看了她一眼，对这个简单的问题不屑一顾。

“你觉得这很简单吗？”妈妈对哥哥说，“那你能回答一下妹妹的问题吗？”

“当然可以了！”哥哥说，“那是因为夏至之前，太阳逐渐直射北半球，而到了夏至这一天，太阳直射北回归线（见图 5-12），然后就开始掉头向南了。在夏至这一天影子最短。”

“所以日头一天比一天低？”妈妈问，“可这并没有解释太阳为什么升起得越来越晚了。”

“这个……”哥哥一时语塞了，他看着爸爸，希望爸爸能解释一下。

爸爸拿起小巨蛋，刚想往嘴里塞，突然想起了什么。他把面包放在一块塑料案板上，然后站起来走到帐篷里，从背包里拿来一把水果刀。他一只手按着面包，另一只手握着水果刀，从面包顶部向下斜斜地切了一刀，削掉一块椭圆形盖子，剩下一个有缺口的面包。哥哥看着爸爸，不知道他在做什么。只听爸爸说："这就是夏至！"然后把切下来的面包一口一口塞进嘴里。

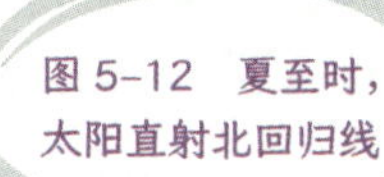
图 5-12　夏至时，太阳直射北回归线

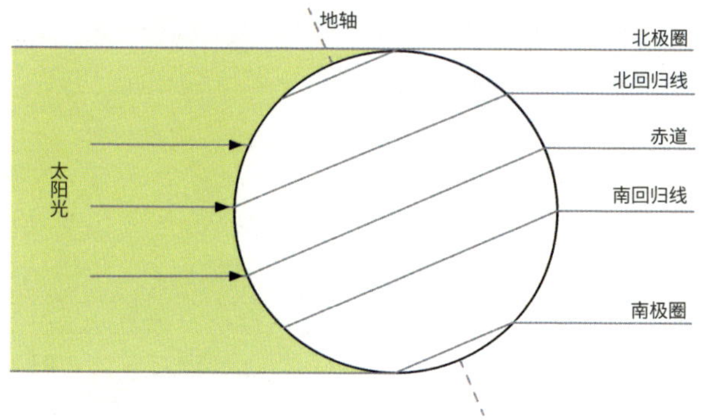

哥哥和妹妹呆呆地看着案板上剩下的面包，又看了看爸爸："这就是夏至？"

爸爸嘴里嚼着面包，等全部咽下去之后，他说："你们看，假设这个方形的案板延展开来是大地，四条边分别是东、南、西、北四个方向。"爸爸又指着案板上的面包，"这个小巨蛋面包无限放大，就是我们头顶的天空。"说完看了看妹妹和哥哥，他们点了点头。

“我刚刚斜切面包时留下的刀口，就是太阳白天划过天空留下的痕迹。”爸爸用手指着面包上留下的弧线说。

妹妹和哥哥偏过头来，仔细看了看这个弧形的切口，它正对着北面。

“面包这两个角分别是东方和西方。”爸爸用手指了指案板上面包的两个角，“太阳从东面这个角升起，沿着弧线升到面包的顶部，然后从面包的另一个角落下。若东面这个角对应的是 5 点，西面这个角对应的是 19 点，那么这一天的白天就有 14 小时。夏至这一天，北半球各地的白天最长（见图 5-13）。”

图 5-13　不同季节正午太阳的高度不同，日出的时间和位置也不同[①]

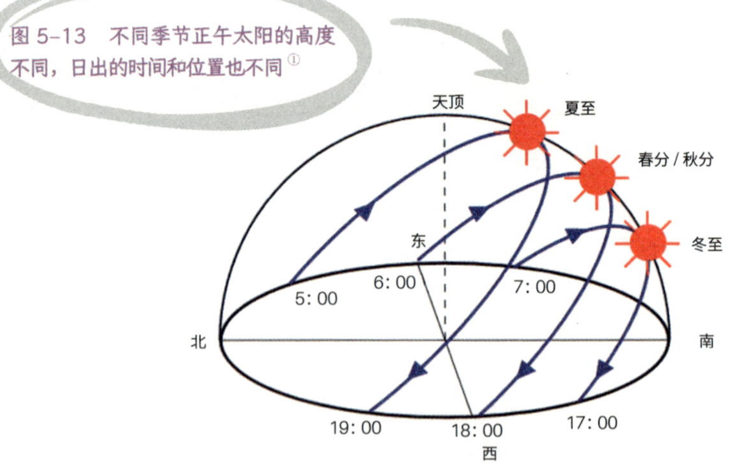

① 不同纬度的日出、日落时间不同，图中的日出、日落时间仅仅是一个例子。

哥哥点点头，不过他又有了一个新问题："夏至这一天，不同地方的白昼也一样长吗？"

"不一样。"爸爸说，"比如在海南三亚，夏至早上 6 点多日出，19 点多日落，那么白昼有 13 小时多一点儿。而上海是 14 小时多一点儿，北京有大约 15 小时。在中国的最北端黑龙江漠河，白天可以达到约 17 小时。"

"这么说，只有 7 小时是夜晚？"哥哥惊奇地问道。

"对。在漠河，晚上 8 点多太阳才落山，而凌晨 3 点多太阳就升起来了。"

"原来夏至这一天这么特别。"妹妹说，"可是，我还是饿，我还想吃小巨蛋。"她手里的面包早已经被吃完了。

爸爸沿着刚才的切面，又切下一片面包，递给妹妹，妹妹迫不及待地放进嘴里。

"你们看，"爸爸指着案板上剩下的面包，弧线的高度已经矮了一截，面包的底部也变小了，"5 点和 19 点这两个角已经被妹妹吃进肚子了。"

妹妹做了一个鬼脸，继续嚼着，没空说话。"现在太阳几点升起？"哥哥问。

"从面包底部的形状看，刚好是个半圆。也就是说，太阳 6 点从正东方升起，18 点在正西方落下，白天和黑夜平分，都是 12 小时。"爸爸说。

"那就是秋分了？"哥哥问。

"正是！这一天太阳直射赤道，所以昼夜等长（见图 5-14）。"爸爸说。

图 5-14 秋分、春分时太阳直射赤道，全球各地昼夜平分

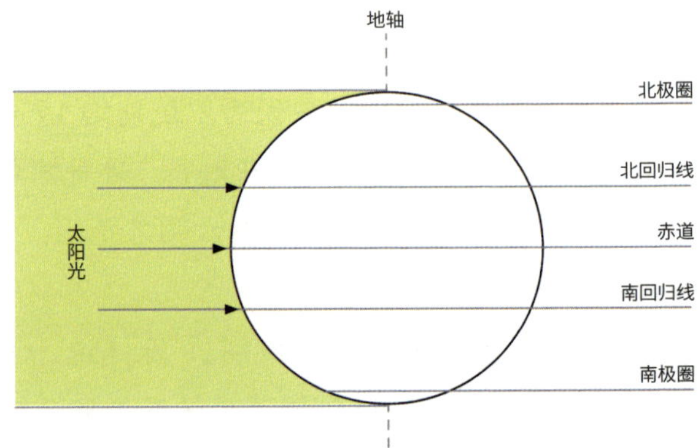

“那秋分这一天，不同地方的白昼都一样长吗？”妹妹问。

“是的，都一样长。无论在海南还是黑龙江，无论在赤道还是南、北半球，昼夜都是 12 小时。”

“那再往后呢？”哥哥问。

爸爸又斜斜切下一片，哥哥和妹妹同时下手，各捏住面包的一角，用力一扯，把面包片撕成两半，两人手上各有半片。他们互相盯着，赶紧把手上的面包塞进嘴里。

爸爸一只手护住案板上仅剩的一小块面包，另一只手指着切口的弧线说：“看，正午太阳的高度已经很低了，两个角也很小了。例如，在北半球某个地方，太阳 7 点

才升起，到 17 点就落下了，白天只有 10 小时。”

“爸爸，你为什么不切了？”妹妹已经把嘴里的面包咽下去了。

“因为已经到冬至，太阳没法再低了。”爸爸说。

“为什么冬天比较冷，因为我们离太阳更远吗？”妹妹问。

“其实冬天寒冷跟这个关系不太大。地球绕太阳公转的轨道虽然是椭圆形，但是非常接近正圆形，所以一年当中季节的变化主要不是由于地球到太阳的距离变化引起的。实际上，北半球在冬至这一天，地球离太阳还更近一点儿呢。”

“那和什么有关呢？”妹妹又问。

爸爸让妹妹从她的文具盒里找出一把塑料尺，上面有一个小小的凸透镜。爸爸把凸透镜放在阳光下，对准面包的表面，面包上出现了一个光斑。

“当阳光直射在面包上时，这个光斑很小，能量很集中，面包很快就会变热。如果改变凸透镜的角度让阳光斜着照射到面包上，光斑就会变大。虽然穿过凸透镜的阳光总量没变，但光线更分散，所以面包就不会那么快变热。你们知道，冬天太阳在天空的高度最低，倾角最斜，所以温度低于其他季节。”

“冬至是 12 月 21 或 22 日吧？可是我觉得 1 月更冷一些。”哥哥说。

“你说得有道理。”爸爸说，“虽然冬至日照时间最短，而且日影最斜，但是由于地球的陆地和海洋吸收和释放热量需要一个过程，所以北半球最冷的时节不是冬至，而是之后的大寒，也就是 1 月 20 日左右。”

大家专心听爸爸说着，妹妹趁哥哥没注意，一下把爸爸手里剩下的面包全抢了去，躲到妈妈背后吃了起来。哥哥反应过来时已经晚了，只好对着妹妹圆睁双眼，耸了耸肩。

WHAT IS TIME
知识盒子

冬至、夏至、春分、秋分，季节的轮回

古人认为，季节的轮回是由于“气”的流动。

《史记·律书》中记载：“气始于冬至，周而复生。”冬至不仅是一个节气，也是冬天最重要的一个日子。冬至这一天，先人认为太阳运行到了“阴”的极限，所以有“冬至一阳生”的说法。从冬至日起，北半球的白天开始变长，夜晚逐渐缩短。而南半球则刚好相反，此时那里正值炎热的夏季。

中国古代历法非常看重冬至，把冬至所在的月份定在农历十一月。汉武帝时期的太初历就是以太初元年的十一月初一，即冬至那一天，作为纪元的起点的。

冬至日正午，太阳高度为一年中最低，因此日影最长（见图 5-15）。通过测定冬至正午的日影长度，可以确定太阳回归年的起点；而通过测量连续两个冬至时刻之间的时间间隔，可以确定一个回归年的长度。历史上，祖冲之测算的回归年长度误差不到 1 分钟。

夏至是北半球白昼最长的一天，通常是 6 月 21 日或 22 日。这时，北极圈内会出现极昼，太阳一直在地平线上环绕着地平线运动（见图 5-15）。许多国家会在 6 月 21 日举办“夏至音乐节”。

图 5-15 冬至和夏至时的太阳运动轨迹：左图为北纬 50°地区，右图为北纬 20°地区

春分和秋分时昼夜长度大致平分，各 12 小时。其中，春分日 3 月 21 日被规定为“国际睡眠日”。《春秋繁露·阴阳出入上下篇》记载：“春分者，阴阳相半也，故昼夜均而寒暑平。”伊朗等国家的历法规定，春分是新年的第一天。

《吕氏春秋》的“十二月纪”已经记录了立春、立夏、立秋、立冬、春分、秋分、夏至、冬至这八个节气。完整的二十四节气的记录出现在《淮南子·天文训》中。汉武帝时期，即公元前 104 年，《太初历》正式把二十四节气加入历法当中。

竹林手谈：节与气

早饭后，哥哥问爸爸附近有没有凉快些的地方，爸爸说不如去旁边的山谷里找一找。

一家人进了山谷，看到山坡上有一大片翠绿的竹子。茂盛的竹林把大部分阳光挡在外面，只有少许阳光能照进去，在地上留下斑驳的影子。他们一走进竹林，就仿佛到了另外一个世界，非常凉爽。

妹妹从来没有见过这么一大片竹子，兴奋地在里面跳来跳去。风掠过时，竹林发出“沙沙”的声音，偶尔有鸟儿在林间发出一两声鸣叫。妹妹在一根粗大的竹子前停下来，她伸手摸了摸竹身，好奇地打量着一节一节的竹子。她用手敲了敲，听到里面传来清脆的声音。

“里面是空的！”妹妹有了新发现。

哥哥走过来，抚摸着竹子上竖直的纹路：“嗯，要是截下一节，就可以做一个竹筒，用来装饭。”

“你就知道吃！”妹妹瞪了哥哥一眼，算是对之前哥哥怒目圆睁的回敬。

妈妈也走过来：“以前我们中国人把竹子劈开，做成一片一片的竹简，在上面写字。”

“我想起来了，”妹妹说，“竹子还可以盖房子。”

“还可以做成竹筏。”哥哥补充道。

“爸爸，”妹妹问，“竹子怎么有这么多用处？”

“那是因为竹节是中空的，所以可以盛东西，也可以浮在水上；而且因为是一节一节的，所以很结实。”爸爸说。

“古人喜欢竹子，不仅仅因为它实用。”妈妈说，“竹子中间是空的，寓意虚心；而竹子有节，寓意一个人持守正义，有气节。”

“气节？节气？”哥哥对反过来的这两个词很感兴趣，“它们是一个意思吗？”

“是的，都可以说。”妈妈说，“不过，‘节气’还有另外一个意思。”

“就是我们刚才说的夏至、秋分、冬至？”妹妹突然想起来刚刚学到的新知识。

“是啊，都被你吃到肚子里了！”哥哥冷不丁调侃道。

“也进你的肚子里了！”妹妹不甘示弱。

哥哥不和妹妹争，转头问爸爸：“那节气和这竹子的节有什么关系吗？”

“你先说说看，一年有多少个节气？”爸爸反问哥哥。

“当然是 24 个了。”哥哥说。

“不完全对，其实只有 12 个叫‘节气’。”爸爸说。

“那另外 12 个呢？”

“它们叫‘中气’。”

“12 个节气加上 12 个中气？”

“对。节气和中气把一年分为 24 份，而且一个节气紧跟着一个中气，然后又是一个节气。”

“为什么会这样？”哥哥问。

“就像这竹子，”爸爸摸着竹子说，“一个竹节，然后一段竹子，再接着一个竹节和一段竹子，以此类推。”爸爸说。

“为什么要分成两种？节气和中气有什么区别吗？”哥哥问。

“节气就像竹节，比如立春、立夏、立秋和立冬都是节气，它们是一个季节的开始。而中气就像一段竹子的中间部分，如春分、秋分、夏至和冬至，位于季节的中间（见图 5-16）。如果把一个月当成一段竹子，通过特定的历法规定，可以让节气位于农历的月初，而让中气位于月中。”

“我明白了，不过我觉得节气也好，中气也罢，只是一些名词游戏而已。”哥哥说。

“其实，中气的含义没有那么简单，它决定了在哪一年设置闰月，以后有机会你就明白了。”爸爸说。

图 5-16　节气与中气：节气位于竹子的分节点，中气位于每一节竹子的中间点。每两个中气的平均间隔为 30.44 天，约等于一个月

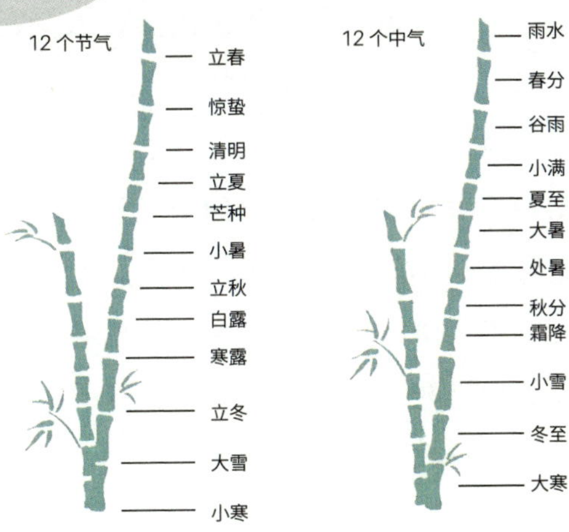

一家人走到竹林深处，流连其中。在这幽静的竹林里，做些什么来消遣呢？爸爸摸了一下背包，找到一盒袖珍围棋，问谁想下一盘。

哥哥坐下来，铺开棋盘，两人开始手谈。妈妈和妹妹在旁观战。

哥哥执黑先行，几十回合下来，二人棋势厚重，相差无几。又过了一会儿，爸爸的一条白龙被哥哥围住，哥哥起了杀心，想置白棋于死地，步步紧逼。白棋左右腾挪，

终于杀开一条血路。就在嗟叹之际，哥哥发现自己的一众棋子不知何时陷入了白棋的包围圈里，等他开始补救，却为时已晚。

妹妹看累了，跑到一边去玩耍。

哥哥正要投子认输，爸爸指点了一个位置，哥哥恍然大悟，终于让黑棋闯出了重围。二人重新谋篇布局，直到最后的官子阶段才决出胜负。

爸爸想看这盘棋下了多久，却发现自己忘记戴表了。他抬头看看太阳，估计快到中午了。大家都饥肠辘辘，尤其是哥哥，于是他们开始往回走。

走出竹林，热气重新袭来。山谷中没有什么树，阳光照在头顶，异常炎热。过了一会儿，终于找到一棵树，大家在树荫里歇息一下。树不太高，再加上时值正午，影子很短。

“这棵树有多高，爸爸？”妹妹随口问道。

“十来米吧。不过，精确的高度可以通过测量影子计算出来。”爸爸说。

哥哥似乎想到了数学课上学过的知识，低头琢磨着什么。

爸爸继续说：“每到正午时分，测量影子的长度，就能知道一年当中夏至和冬至的日期。”

“那其他节气的日期怎么确定呢？”哥哥问。

“既然冬至和夏至把一年二等分，继续分下去就可以四等分，也就是春分和秋分，再三等分一次就可以得到二十四节气（见图 5-17）。”爸爸说。

“这听起来很容易。”哥哥说。

“不过，这只是粗略的划分。”爸爸说，“因为地球公转轨道不是正圆形，而是近似椭圆形，而且地球运动时快时慢，所以精确的时刻还需要通过天文观测来确定。”

“我还有个问题，”哥哥说，“为什么冬至的日期不是固定在 12 月 21 日，而是有时是 21 日，有时是 22 日？”

图 5-17　二十四节气

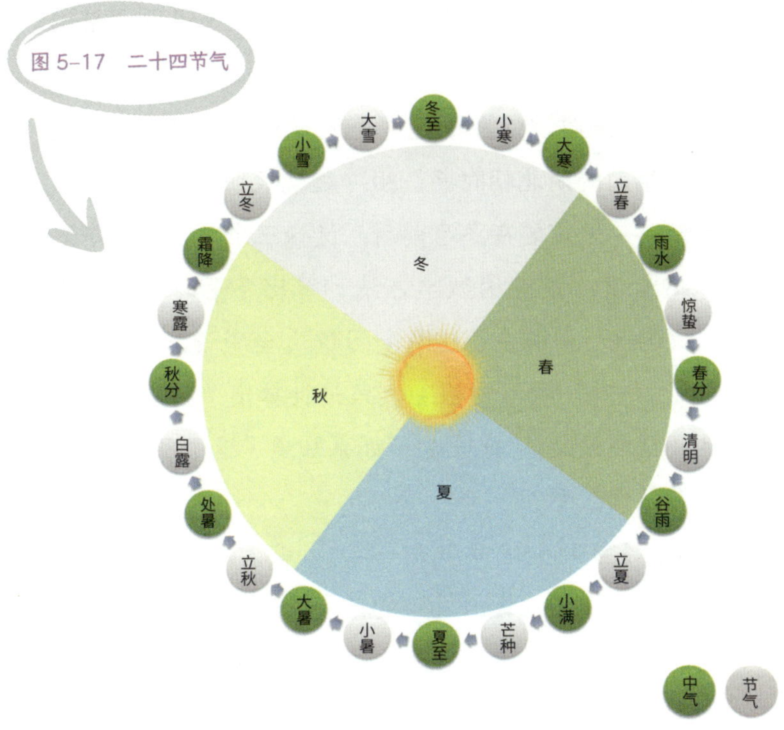

“这是因为冬至点并不是某一天，而是某一个具体时刻。所有的节气都如此。”爸爸说，“打开一个农历日历，你就会发现节气那一天还标注了时刻。”爸爸拿出手机，给哥哥找出了冬至的时刻。

“那就有问题了。”哥哥若有所思。

“有什么问题？”爸爸问。

“这个冬至时刻在晚上，太阳应该已经下山了，那该如何测量影长呢？”

“这是一个很好的问题。”爸爸说。

“另外，如果夏至或者冬至日是阴天，也没法测量影长。”哥哥又说。

“对，必须解决这些问题才能测量出冬至时刻。不过在一千多年前的南北朝时期，祖冲之就找到了一个简便的几何方法——只需要在冬至前后，选择三个晴天的正午测量影子的长度，就能用数学方法计算出冬至时刻（见图5-18)。这就一举解决了这两个问题。”爸爸说。

“哦，是吗？我以为祖冲之只是计算出了圆周率，没想到他还精通天文。”哥哥说，“如果知道了这个冬至时刻，接下来能做什么呢？”

“两个冬至时刻之间就是一年，”爸爸说，“知道了冬至时刻，人们才能推算出一年的精确长度。另外，在中国古代的天文观测中，冬至经常作为一年的起始点。”

“对了，爸爸，”哥哥问，“你觉得二十四节气到底是阴历还是阳历？”

“为什么这么问呢？”

“因为在我们家的台历上，上半页写着公历日期，下半页写着阴历日期和距离最近的节气。节气和阴历日期放在一起，所以总让人觉得节气是阴历。”

“所以你觉得二十四节气是传统文化的一部分，应该是阴历，是吗？”爸爸笑着问道。

图 5-18　测量日影所用的圭表：竖立的柱子叫“表”，水平放置的刻度叫“圭”

“是的。可是你刚才说二十四节气是把一年分成二十四份，听起来和月亮没什么关系，那就应该是阳历，但这不是很矛盾吗？”

“实际上，我们的传统历法是阴阳混合历：人们根据月圆月缺来确定一个阴历月，同时又根据太阳的季节变化设置节气来指导农耕。只不过二十四节气从春秋战国时期到现在已经有两千多年历史，完全融入了我们的传统文化当中。”爸爸说。

“这么说，二十四节气算阳历？能举个例子吗？”哥哥问道。

“你看，春节、中秋等阴历节日，每年对应的公历日期都不一样，它们的日子是根据月亮的圆缺来定的。而清明、夏至、冬至这些节气日期和公历日期就是相匹配的，清明几乎都在 4 月 4 日或 5 日，冬至在 12 月 21 日或 22 日。”

“哦，好像是这样，夏至基本上在 6 月 21 日或 22 日。”哥哥想了想，点点头说。

稍作休息后，他们便走回了营地。

WHAT IS TIME
知识盒子

节气的划分

一年 12 个月里有 24 个节气，所以每个月可以分到两个节气，其中月初的叫节气，月中的叫中气。节气与中气交替出现。两个中气平均相隔约 30.44 天，与一个朔望月的长度 29.53 天大致相当。中气在设置闰月时有用。

既然节气是阳历，为什么节气在阳历中的日期不固定呢？

因为每年阳历的天数在大多数情况下是 365 天，但有时是 366 天，这多出来的一天就会让节气日期发生变动。具体来说，由于二十四节气将一年分成 24 份，如果一年的总长度增加了一天，那么每一份的长度也会变长，由此导致节气出现的时刻发生变动，变动的幅度是 1/4 ～ 3/4 天，这使得节气时刻有可能从前一天晚上波动到第二天清晨，从而使得日期发生变动（见表 5-1）。

表 5-1 2025 年二十四节气的日期和时刻

节气	日期	时间	节气	日期	时间
小寒	1 月 5 日	10:32	小暑	7 月 7 日	16:32
大寒	1 月 20 日	04:00	大暑	7 月 23 日	09:45
立春	2 月 3 日	22:10	立秋	8 月 7 日	21:53
雨水	2 月 18 日	18:06	处暑	8 月 23 日	17:55
惊蛰	3 月 5 日	16:07	白露	9 月 7 日	11:11
春分	3 月 20 日	17:01	秋分	9 月 23 日	20:19
清明	4 月 4 日	20:48	寒露	10 月 8 日	15:55
谷雨	4 月 20 日	03:55	霜降	10 月 23 日	19:14
立夏	5 月 5 日	13:56	立冬	11 月 7 日	06:19
小满	5 月 21 日	02:54	小雪	11 月 22 日	16:58
芒种	6 月 5 日	17:56	大雪	12 月 6 日	23:16
夏至	6 月 21 日	10:42	冬至	12 月 21 日	17:20

“雨水”节气那天为什么不一定下雨？为什么“清明时节”反而“雨纷纷”？

虽然节气的名称反映了相应的气候特征，但节气并不能预测天气。在制定之初，节气的名称反映的是黄河中下游地区的普遍气候特征，而不能代表全国范围内的。雨水的名称表明这个时节华北开始有春雨，并不是说每年这一天一定会降雨。

清明的意思本来是天空清朗明亮，这跟“雨纷纷”看起来似乎是矛盾的。实际上，在过去的几千年里，我国的气候经历了多次较为明显的变化，跟当初的物候已经有所不同。

究其根本，节气本身是指一年当中地球和太阳的相对位置，即地球在公转轨道上的位置。除此之外，节气的名称还与物候有关，如“小满”是指小麦的籽粒开始饱满但还未成熟。

积木组合：春节的脚步

午饭后，妈妈过来问哥哥和妹妹想不想睡一下，他们摇了摇头。爸爸妈妈有点倦，躺下午休。妹妹在防潮垫上摆起了积木，哥哥也加入进来。

妹妹搭了两排房子。哥哥在两排房子之间摆了两排积木，作为公路护栏。一边的护栏是长一些的蓝色积木，另一边是短一些的黄色积木。

哥哥翻出电动汽车，遥控着这辆车在公路上疾驰，时不时撞倒护栏，妹妹立刻上前把护栏重新摆好。两个孩子玩得很投入。

爸爸和妈妈醒来的时候，发现妹妹还在玩积木，而哥哥坐在垫子上写日记。当他写下日期的时候，突然发现暑假的日子已经不多了。

“这个暑假怎么这么短！再过两个星期就开学了。”哥哥感慨道。

“哦，是吗？”妈妈想了一下，“可不是嘛，暑假已经过了一多半。”

“我记得去年暑假挺长的，”哥哥说，“整整放了两个月，今年才一个半月。为什么每年暑假的时间都不一样呢？”

“可能是因为今年过年晚吧，”妈妈说，“所以下学期开学和放假都迟。而秋季新学年开学日期是固定的 9 月初，暑假就被压缩了。”

“那为什么今年过年这么晚？”哥哥问。

“也不是每年过年都晚，去年就很早。”爸爸插了一句。

“今年好像是 2 月中旬才过年。那去年呢？”哥哥问。

“我记得是 1 月下旬。因为过完元旦没几天就到了腊八，然后是小年，接着就除夕了。”妈妈说。

“难怪！”哥哥说，“可为什么去年过年那么早，而今年这么晚呢？”

“你希望每年春节的日期固定是吗？”爸爸问。

“嗯，至少这样好记。”哥哥说。

“其实，目前的春节也是有规律的。”爸爸说，“多数情况下，当年春节比上一年春节提前 11 天（见图 5-19）。”爸爸说。

“是吗，能用万年历验证一下吗？”哥哥有点不信。

妈妈找出手机，打开一个万年历程序，念道：“2015 年的春节是 2 月 19 日，2016 年则是 2 月 8 日，提前了 11 天。2017 年是 1 月 28 日，又提前了 11 天。”

图 5-19 在下一年正月初一，地球需要再多走 11 天才能回到公转轨道上的同一位置

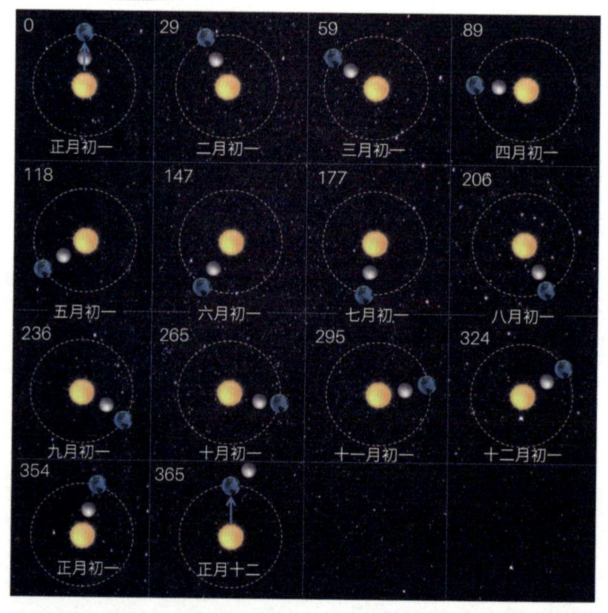

“怎么样，我说得没错吧！”爸爸笑道。

“为什么春节会比上一年提前 11 天呢？”妹妹不解地问。

“还记得昨天晚上我们说过的吗？一个阴历月介于 29 天到 30 天之间，大约等于 29.5 天，那么 12 个月就只有 354 天，比正常的一年 365 天少了 11 天，所以每年的春节都比上一年的春节提前 11 天。”爸爸解释道。

“哦，我怎么没想到，阴历一年只有 354 天！”哥哥惊讶地说道，“比阳历少了 11 天，所以春节日期一直提前。”

“那 2018 年的春节是哪一天呢？”妹妹看着妈妈手里的万年历问道。

“会推迟 19 天。”爸爸抢先说。

过了一会儿，妈妈查到了：“是 2 月 16 日。从 1 月 28 日到 2 月 16 日，刚好推迟了 19 天。”

“为什么这次不继续提前 11 天了？你是怎么知道会推迟 19 天的，爸爸？”哥哥惊讶地问道。

“因为假如每年都比上一年提前 11 天过年，那么春节越来越早，以后就会提前到上一年的 12 月过年，甚至是 7 月过年。这可从来没有发生过吧？所以在适当的年份要增加一个闰月，让春节推后。”爸爸说。

“可是，加一个闰月，春节应该推迟 30 天才对吧？”哥哥也有些迷糊了。

“别忘了，”爸爸说，“在这一年当中，阴历仍旧少了 11 天。抵消这 11 天，就相当于推迟了 19 天。”

“哦，原来如此。”哥哥连连点头。

“所以呢，如果某一年的春节日期很早，那么增加一个闰月之后，下一年的春节就很可能会推迟到 2 月中下旬。这样就保证了春节固定在 1 月和 2 月间，而不会跑到 12 月。”爸爸说。

“为什么要想出增加闰月的方法，难道就没有别的办法了吗？”哥哥问。

“我想，这是一种很自然的方法，就像你们的积木。”爸爸指着哥哥和妹妹刚才玩的积木说，“你们刚才用积木做护栏，一边是较长的蓝色积木，一边是较短的黄色积木。”

爸爸先分别把 5 块较长的蓝色积木和 5 块较短的黄色积木连成一行，再把两行积木靠在一起，蓝色积木长出一截。

“你看，如果蓝色积木代表阳历月，黄色积木代表阴历月，连了几块之后，蓝色的那排积木比黄色的刚好多出一块积木的长度。”说着，爸爸又拿起一块黄色积木加在黄色积木后面，“现在，黄色积木的总长度就追上了蓝色

图 5-20 设置闰月的原理

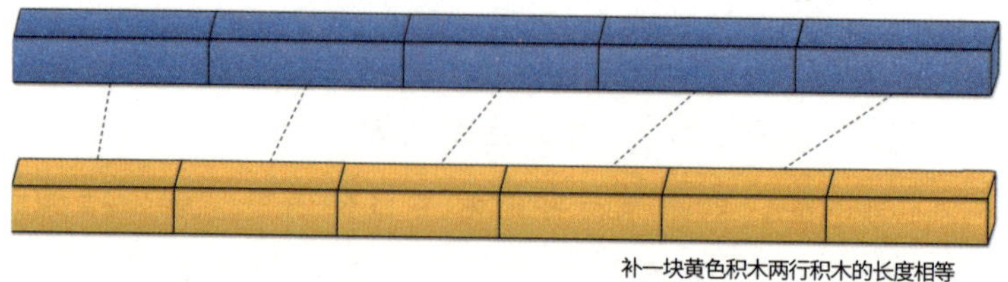

蓝色积木表示阳历月，黄色积木表示阴历月，一段时间后要多插入一个阴历月，让阴历和阳历重新匹配。

积木，公路两边的护栏就基本一样长了（见图 5-20）。”

“这就是闰月的原理？”哥哥问。

“对。闰月的本意是调和阴历月与阳历月，让它们在一段时间内的日子大致相当。”爸爸说。

“那么，多加的那块黄色积木就是闰月了，可这是怎么算的呢？”

爸爸拿起一块黄色积木说：“阴历月较短，大约 29.5 天。”他又拿起一块蓝色积木，“阳历月较长，每个月平均 30.4 天。”

哥哥看了看两排积木，点点头。

“粗略地说，每年 12 个阴历月比 12 个阳历月少了 11 天，3 年下来就少了 33 天。所以如果每 3 年增加一个闰月，可以大致弥补阴、阳历的差别。这样 3 年就对应于 36 个阳历月或 37 个阴历月。”

“原来多出来的一个闰月是这么来的。”哥哥说。

“但你可能发现了，增加的 30 天仍不能完全弥补 33 天的误差，所以人们又继续拉长时间以进一步减小误差。”

“拉长到多长呢？”哥哥问。

“拉长到 19 年[①]。中国和古希腊等国家的人们发现，只需在 19 年里插入 7 个阴历闰月，就可以让阴历和阳历

---

① 按一年 12 个月来算，19 年有 228 个月，但实际上 228 个阴历月比相应的阳历月少了 207 天，即 7 个月，所以只需在阴历中多加 7 个闰月，变成 235 个阴历月，这样就和 228 个阳历月的天数相等了，都是 6 939 天。

的天数基本一致。这就是我们通常说的 19 年 7 闰。”

“这能说明什么呢？”

“这意味着，每过 19 年，太阳、地球和月亮的相对位置就重新回到了起点，开始一轮新的循环。”爸爸说道。

WHAT IS TIME
知识盒子

春节日期的规律

越来越多的国家将春节设为法定节假日，包括越南、韩国、泰国、新加坡、马来西亚、印度尼西亚、菲律宾和朝鲜等。农历春节对应的公历日期每年虽有变动，不过仍有规律可循，大致是 1 月下旬到 2 月中旬之间。

观察一下日历就会发现，春节和立春的日子相差并不远，春节总是围绕着立春（2 月 3 日—2 月 5 日）波动，二者相差一般不超过半个月（见图 5-21）。最早的春节日期为 1 月 21 日，最晚为 2 月 21 日。这是因为现行农历是阴历和阳历的混合。当春节的日子越来越提前，超过立春 15 天时，就会通过增加闰月的方式，让二者的差别回到 15 天的范围内。

图 5-21　1982—2019 年，春节与立春之间的间隔天数（0 代表立春，圆点为春节与立春日期的差值）

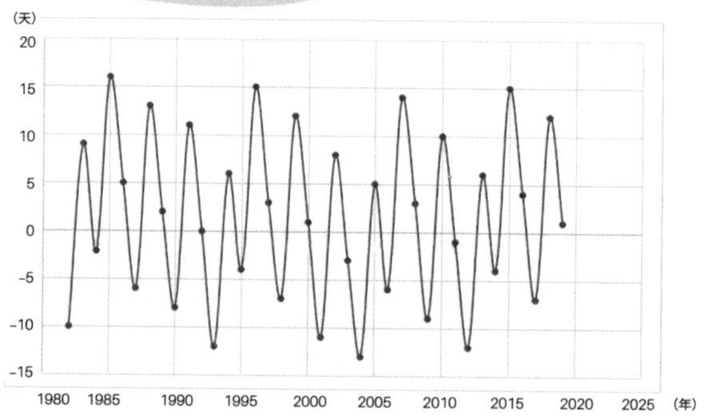

为什么“两头春”与“寡妇年”的说法是错误的

“两头春”是指一个农历年中有两个立春，有人认为这样的年份更适合结婚；“寡妇年”是指一个农历年中没有立春，有人认为这样的年份不适合结婚。其实只要看一下历法的安排，就知道这样的说法是站不住脚的。

两个立春之间的时间间隔就是一个太阳回归年（见图 5-22），即 365 天多一点；而两个春节之间的间隔是 12 个阴历月，如果有闰月则为 13 个阴历月。前者是 354 天，后者是 384 天。

图 5-22　太阳回归年

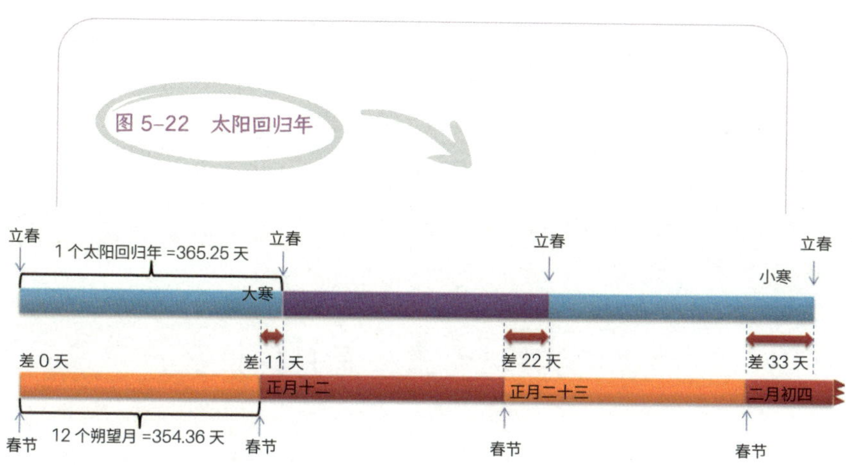

当第一年的春节紧接着立春之后到来，如果这个农历年只有 354 天，小于 365 天，下一年春节就可能会在下一个立春前到来，这个农历年就没有立春了，出现所谓的“寡妇年”。而如果这一年有 384 天，远大于 365 天，这个农历年则会包含两个立春，出现所谓的“两头春”。

所以，“寡妇年”和“两头春”何时出现，是由闰月设置规则决定的，完全有规律可循。那些附加其上的说法只是一种没有根据的揣测，无须担心。

调和男孩与女孩：闰月的设置

哥哥和妹妹坐在爸爸旁边的防潮垫上继续玩积木，爸爸在一旁看着他们玩，妈妈坐在帐篷外读书。哥哥和妹妹用积木摆出一条笔直的赛道，两人各拿着一辆玩具汽车，数着“1、2、3！”，用力推出去，看谁的车飙得快、跑得远。

头几次，哥哥的车总是比妹妹的跑得快、跑得远。妹妹不服气，提出换车，可是换了车之后，还是哥哥的车跑得快、跑得远。妹妹的脸色越来越不好看，最后一赌气，把车一摔，不玩了。她跑去妈妈那里告状：“哥哥只顾自己，不让着我！”

妈妈转过身，对哥哥说：“妹妹没有你力气大，你让一下她好吗？”

“可是，体育比赛不应该是公平竞争吗？”哥哥辩解道。

妹妹一听，脸色霎时一变，扭头去找爸爸。

爸爸对哥哥说：“去和妹妹好好玩。”

“是妹妹不和我玩的！如果她来找我，我愿意和她继续玩。”哥哥说。

爸爸看着站着不动的妹妹，陷入了沉思。他低头看着地上的两辆小车，想起了什么。他把妹妹叫过来，附在她耳旁说了几句悄悄话。妹妹点点头，跑到帐篷里，回来的时候把一个工具包交给爸爸，然后又弯腰从地上捡起两辆小车，也交给爸爸。爸爸坐在椅子上，打开工具包，取出一根细细的钢丝弹簧，将弹簧一头钩在一辆车的尾部，另一头钩在第二辆车的头部，接着整个交给妹妹。

妹妹一蹦一跳地去找哥哥继续玩赛车。

这次，哥哥的赛车飞快地冲出去，一下子把妹妹的车抛得很远，但瞬间被拉长的弹簧一下子又把妹妹的车拉上前去，最后两辆车跑得几乎一样远。

妹妹“咯咯咯”得意地笑了。

“这不公平！”哥哥说，“有人拖我后腿。”

“非常公平，这是天之道。”爸爸说。

“什么天之道？”哥哥问。

“天之道，损有余而补不足。如果一个人总是赢，那有什么意思？”哥哥本来还想抢白几句，但爸爸接着又说，“记住，你是男孩子，是明亮的太阳。太阳无私地发光发热，不会计较得失。”

听到这一句，哥哥高涨的心气落了下来。

“那我呢？”妹妹问。

“女孩子是月亮，”妈妈走过来，手扶在妹妹肩上说，“皎洁的月亮。”妹妹的脸庞笑得像一轮圆月。

“如果太阳走得快了，就要等一等月亮。”爸爸说。

“可是，天上的太阳是不会停下来的。”哥哥说。

“那我们就帮一下月亮，在阴历上增加一个闰月。”爸爸说着，弯腰捡起几块积木拿在手里，有蓝色的，也有黄色的。

“哦，闰月！”哥哥忽然想起了什么。

“是啊，闰月。一个太阳、一个月亮，怎么调和？就像你们两个，一个男孩、一个女孩，怎么调和？这是个难题。”爸爸说。

哥哥和妹妹相互看看，没有说话。

“自古以来这就是个难题，难倒了世界上最优秀的头脑，他们中有古希腊人、巴比伦人、中国人、希伯来人。”

“可是，”哥哥想起了什么，接着说，“刚才我们不是说到增加闰月吗？每 19 年增加 7 个闰月，就可以解决这个问题了。”他似乎忘记了和妹妹的争吵。

“可没那么简单哦，”爸爸说，“19 年 7 闰虽然比 3 年 1 闰更准确，但毕竟仍只是近似。另外，这 7 个闰月到底分别增加到哪一年、哪一月呢？这也是个问题。”

“为什么呢？”哥哥问。

“古希腊人曾经设想把增加闰月的年份固定，中国人曾经把增加的闰月固定到年底，但这些都存在一定的缺陷。”

“那怎么增加闰月才更合适呢？”哥哥又问。

“就像吃饭一样，饿了才吃，而不是规定某个时间一定要多吃一顿饭。换句话说，就是增加到它需要的那一年、那一月。”爸爸说。

“这是什么意思？”

“就像它，”爸爸指了指两辆小车上的弹簧，“弹簧被拉得越长，把两辆小车拉在一起的力就越大，所以弹簧不会无限制地变长。同样，阳历不会无限制地超越阴历，当二者之差达到一个阳历月时，人们才把它们重新拉到一起。”

“可是，古代中国并没有阳历呀！”哥哥说。

“你提醒得对，但是中国人有节气和中气，它们属于阳历。就像人少了中气不能活，农历也少不了中气。”爸爸说。

“啊，中气？”哥哥瞪大了眼睛。

“对，想起上午在竹林里提到的中气了吧。”爸爸肯定地说。

“嗯，看来我以前轻视它们了，以为它们只是一些符号。”哥哥说，“那么，12 个中气到底有什么用处？”

“你看，12 个中气把一年分成 12 份，每一份约等于一个阳历月。当阳历超过阴历达到一个月左右，也就是两个中气之间的长度时，就增加一个闰月，让阴历重新跟上阳历。”

“可是，人们怎么知道什么时候阳历刚好超过阴历一个月呢？”哥哥问。

爸爸从地上拿起几块积木：“你们还记得吗？我们讲过，蓝色积木是阳历月，也就是两个中气之间的距离，而黄色积木是阴历月。我们可以给每个阴历月分配一个中气，也就是给每一个黄色积木分配一块蓝色积木。排前面的蓝色积木都会对应一块黄色积木，如 1 号黄色积木对应 1 号蓝色积木，2 号黄色积木对应 2 号蓝色积木，以此类推。”

哥哥和妹妹点点头，听爸爸继续讲。

“现在，把蓝色和黄色积木排成两排，由于黄色积木短一点儿，两排积木的差距越来越大，过不了 3 年，就会有一块蓝色积木没法对应到一块黄色积木了。那么这时，我们就给它增加一块黄色积木，也就是增加一个闰月，”爸爸说着，加上一块黄色的积木，“看，黄色积木的总长度就又和蓝色积木的总长度相当了（见图 5-23）。”

“哇，原来中气的妙用在这里！”

“对，古老的中气其实就是阳历的一部分，但是它还会在阴历中发挥关键作用，决定是否增加闰月。”爸爸说。

“我们能找一个有闰月的年份试试看吗？”哥哥跃跃欲试地想求证一下。

图 5-23　中气的妙用

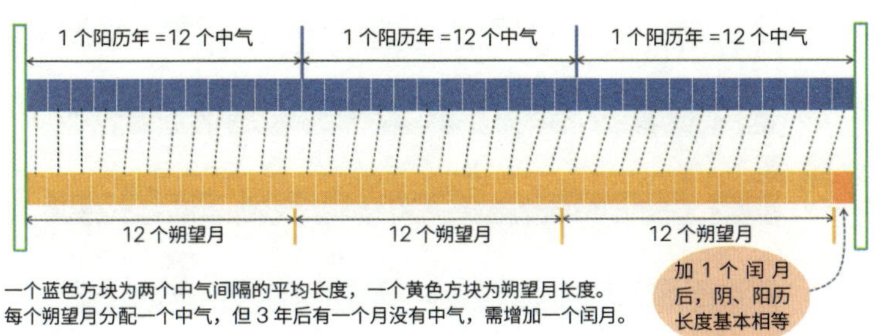

一个蓝色方块为两个中气间隔的平均长度，一个黄色方块为朔望月长度。
每个朔望月分配一个中气，但 3 年后有一个月没有中气，需增加一个闰月。

“好啊，我们看 2017 年吧（见图 5-24）。”爸爸在手机里找出一个日历，翻到了正月，“你看，正月这个月分配了一个中气雨水，在正月二十二。”

哥哥凑过来看着日历。爸爸继续翻到下个月，说：“二月分配了另一个中气春分，在二月二十三，这没问题。不过，中气的日期比上个月推迟了一天。”

“会继续推迟吗？”

爸爸又翻到下个月，说：“三月分配到了谷雨，在三月二十四，这也没问题。不过，比上个月又推迟了一天。四月分配到了小满，在四月二十六，推迟了两天。五月分配到了夏至，在五月二十七，又推迟了一天。”

“如果一直推迟下去呢？”

图 5-24 2017 年闰月与中气

每个月分配一个中气，但中气的日期不断延迟，六月的下一个月没有分配到中气，于是设为闰月。

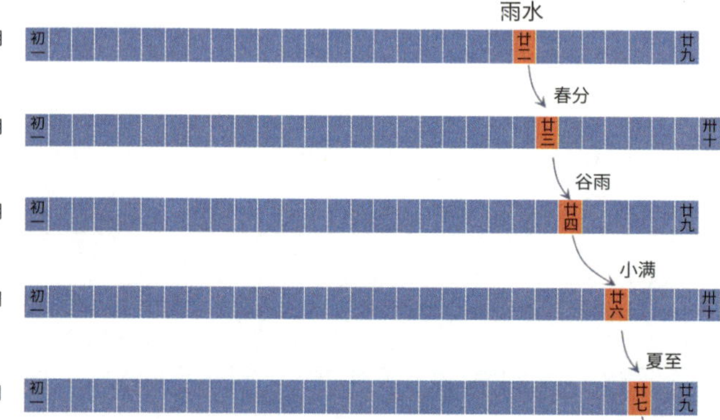

“到了六月，它分配到了一个中气大暑，不过是在六月最后一天，也就是六月二十九。这样的话，下个月可能就没法分配到中气了。”

“这是为什么呢？”

“因为下一个农历月最多只有 30 天，而夏天两个中气的间隔超过了 31 天，所以下个月一定不会有中气了。”

爸爸继续翻到下一个农历月，果然上面写着“闰六月”。

“那下个中气跑到哪一天了？”哥哥问。

爸爸继续翻：“下一个中气是处暑，跑到七月初二了。在大暑和处暑之间的这一个农历月就没有中气，所以设置为闰月，这叫作‘无中置闰’。”

“没想到设置闰月的规则这么简易。”哥哥说。

哥哥和妹妹打量着脚边的积木，重新摆了起来。

WHAT IS TIME
知识盒子

如何设置闰月

公元前 104 年，在司马迁、公孙卿等人的建议下，汉武帝采用了邓平、落下闳提出的《太初历》。这一年（即太初元年）十一月初一，天干地支刚好是甲子日，且夜半子时刚好是冬至时刻，故被视为改历的良机。

《太初历》一举奠定了此后 2 000 多年中国历法的基础。之前的秦朝以十月为岁首，而新历法改变了这个规定，把岁首改为正月，重新确定了农历新年的日期，并一直沿用到现在。

闰月的设置方法也来自《太初历》。在汉朝以前，历法普遍采用“年尾置闰”的方法，即把闰月放到这一年的十二月之后。这种方法比较死板，无法使月份与季节同步。而《太初历》改成以无中气的月份为闰月，使闰月可以灵活插入一年中任意一个月之后，以便让月份紧随季节的变化。这种新的设置闰月的方法叫“无中置闰”。

“无中置闰”的原理

用 12 个中气作为年轮上的刻度，可以将阳历的一年分成 12 段，每段大致等于一个月的长度，约为 30.44 天。与此对照，一个阴历朔望月包含 29.53 天，二者大致相等，所以每个中气大致对应一个朔望月，换句话说，每个朔望月大致可以分配到一个中气。

但是，中气间隔比朔望月多了 0.91 天，也就是说每个月二者之差会多累积 0.91 天。30 多个月后，二者的累积差值将达到 30 天左右，此时就需要插入一个闰月，才能让阴历重新跟上阳历。

正常情况下，一个朔望月对应一个中气，但当二者累积的差值达到一个朔望月时，接下来的这个朔望月就没有与之对应的中气了。这种无中气的情况和误差累积到一个月是相对应的，所以我们找到了一种简便的方法：无须计算什么时候二者的差值达到一个月，而只需看哪个朔望月没有对应的中气，就将这个朔望月设置为闰月，这就是“无中置

闰”的来历（见图 5-25）。

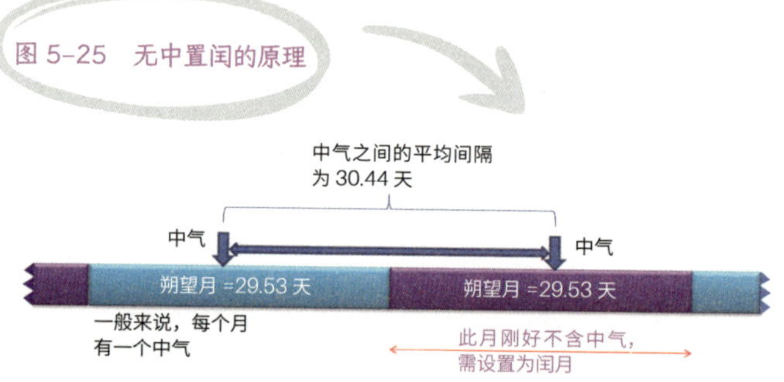

图 5-25　无中置闰的原理

在现行农历中，夏天出现闰月的概率最大。从公元 1810 年到 2409 年的 600 年间，闰月出现在夏天（农历四月、五月、六月）的次数最多，达到 109 次；而出现在冬天（农历十月、十一月、十二月）的次数最少，只有 9 次。这是由于地球公转轨道是椭圆形的，夏季时两个中气的间隔更长，更容易包含一个不含任何中气的月份，所以更容易产生闰月。

帐篷里的影子游戏：星座与节气

晚饭后，天色已黑，爸爸点亮露营灯吊在帐篷中央，大家围坐在露营灯下。

“妈妈，你们小时候停电时会做什么呢？”妹妹问。

“我们会点上蜡烛，在烛光下玩影子游戏。”妈妈说。

妹妹把手凑到露营灯前，做了一个手势，帐篷内壁上出现了一条小鱼。

爸爸做了一条大鱼的影子，作势要吃小鱼。妹妹绕着露营灯跑到另一侧，她的影子也跟着跑了过去。妈妈用手捏出了一只螃蟹，哥哥比画了一只蝎子，“蝎子”和“螃蟹”打了起来。

玩了一会儿，爸爸找来一张纸板，用大头针戳了一些洞，然后把纸板盖在手电筒上。他让妈妈把露营灯关掉，帐篷里只剩下手电筒透过纸板小洞发出的光。爸爸把这些光点投射在帐篷内壁上。

“猜猜看，这像什么动物？”爸爸问大家。

“像一头超级大猪！”妹妹说。

“为什么像超级大猪呢？”爸爸问。

“因为它和你一样，有个圆圆的大肚子。”妹妹把爸爸的肚子拍得啪啪作响。

妈妈和哥哥笑得前仰后合。爸爸用力收起肚子一本正经地说：“其实我年轻时非常苗条，还是一名运动健将呢！”

爸爸继续问妈妈和哥哥：“你们觉得像什么？”

妈妈说：“像一只绵羊。”

哥哥说：“像一头狮子，因为我喜欢狮子王。”

“爸爸，现在可以公布结果了吧，到底像什么？”妹妹迫不及待地问。

“其实，都像。”爸爸说。

“为什么呢？”妹妹问。

“因为这些发光的亮点就像天上的星星，地上的人们根据星星之间的相对位置，把它们想象成不同的样子，比如各种动物。”爸爸说。

“哦，我想起来了，”哥哥突然说，“北斗七星，我们中国人认为像勺子，而欧洲人认为像大熊的尾巴（见图5-26）。”

图 5-26　北斗七星的勺柄指向的方位不同，指示了不同的季节

“对，那些星座在我们每个人心里的样子各有不同。你可以把它们想象成任何东西，只要它们之间的相对位置关系保持不变，就像这样。”爸爸说着，旋转手中的手电筒，帐篷上的光点也随之转动。

“这些不变的形状就组成了夜空的背景。”爸爸继续说，“虽然在我们看来，星星每时每刻都在移动，不同季节里它们在天空中出现的时刻也不同，但移动的只是这个背景而已，星星的相对位置并没有改变。每一个这样的组合，就是一个星座。”

“天上一共有多少个星座？”妹妹问。

“总共有 88 个。其中的 12 个你们一定熟悉，就是十二星座。这可不只是和你们的生日有关哦，它们的作用远不止这些。”爸爸说。

“快讲讲看！”妹妹叫道。

“我会讲给你们听的，不过你们要帮我个忙。”爸爸说着，打开露营灯，照亮了帐篷。

“需要我们做什么？”哥哥说。

“你们先用剪刀剪出一个圆形的纸板，大小和手电筒的头部一样，再在上面画一只绵羊，不需要画得很像，只要能看出来是绵羊就可以了。然后，在纸板上按白羊座星星大致的位置扎一些小孔。”爸爸说。

妹妹和哥哥很快做好了。

“哥哥，你把这个白羊座投影到帐篷的侧壁上。”爸爸说。

哥哥把纸板贴到手电筒上，帐篷内壁出现了一些光点。

“妹妹，你带了贴纸吗？”

“当然带了。”妹妹得意地说着，从她的背包里翻出一大沓贴纸。

“我记得上次没有给你买这么多贴纸呀！”妈妈惊讶地说。

“是我的好朋友欣欣送给我的。”妹妹说。

“欣欣真是个好孩子。”妈妈赞叹道。

“作为交换，我把滑板车送给了她。”

妈妈“哦”了一声。

爸爸对妹妹说："你在每个光点出现的位置贴上一个小星星贴纸。"

待妹妹贴好白羊座后，爸爸让他们又做了一个天秤座纸板。这一次，他让哥哥把它投影到白羊座正对面的帐篷侧壁上。

接下来，妹妹和哥哥做了巨蟹座和摩羯座，两个星座面对面，与刚才的两个星座互相垂直，把帐篷四等分。之后，他们又在这四个星座之间均匀地插入了剩下的 8 个星座。这样，帐篷内壁刚好均匀排列了 12 个星座。

"总算完成了。"妹妹的手臂都有点酸了，"接下来呢？"

"看到露营灯了吗？假设它就是太阳。"爸爸说着，把它的亮度调低一些。然后他猫着腰，一边绕着中间的露营灯转圈，一边说："我们站在不同的位置看太阳，就会发现太阳背后的星座不一样。比如我站在白羊座这里，看到太阳后面的背景星座就是天秤座（见图 5-27）。"

哥哥和妹妹也过来确认了一下。

爸爸转过了 1/4 圈，说："当我绕到巨蟹座时，太阳的背景星座变成了摩羯座。"

"接着，当我转到天秤座位置时，看到太阳的背景星座变成了白羊座。这说明了什么？"

哥哥注意到爸爸绕着太阳转了半圈，于是说："时间刚好过了半年。"

图 5-27 在白羊座附近观看，太阳的背景星座是天秤座

“对，很好。”爸爸赞许地说，“根据太阳的背景星座的样子，我们就可以确定不同的季节。比如，看到白羊星座就意味着春天，而看到天秤座就意味着秋天。”

“那巨蟹座就意味着夏天了。”妈妈说。

“妈妈，巨蟹座是从几号开始的？”妹妹问。

“6 月 22 日！”妈妈不假思索地答道。

“咦，这一天不是夏至吗？”哥哥突然有了一个发现。

“哦，我以前怎么没有发觉呢！”妈妈也很惊奇。

“那冬至 12 月 22 日也对应一个星座吧？”哥哥说。

“对，它是摩羯座的开始。”妈妈说。

妈妈和哥哥仔细回忆了一下，白羊座的开始对应着春分，而天秤座的开始对应着秋分。

“每个星座的开始，都对应着一个节气（见图 5-28）！”妈妈对这个发现很感兴趣。

图 5-28　太阳位于不同的恒星（星座）背景上，对应不同的节气

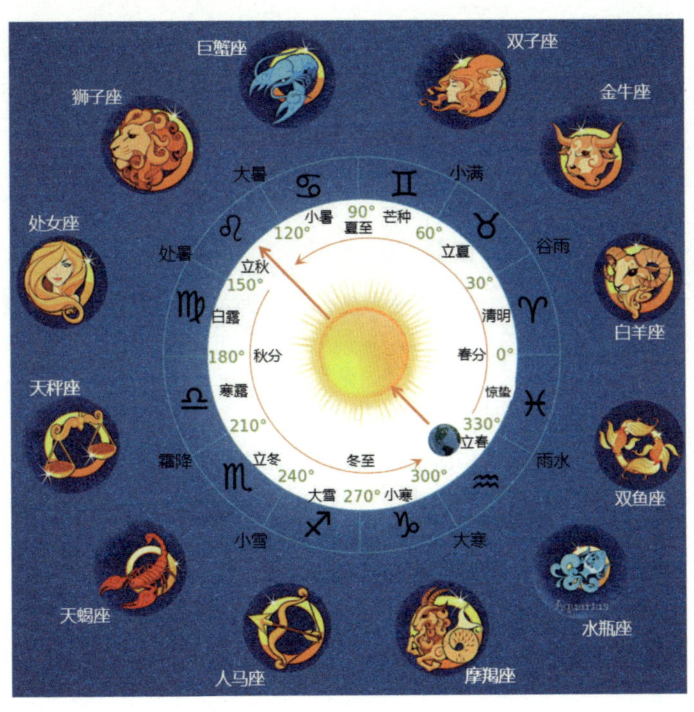

“是的，”爸爸补充道，“十二星座把一年分成 12 份，就像二十四节气把一年分成 24 份一样。”

“这么说，只要抬头看天，观察太阳在哪个星座的背景上，就知道现在的节气或者月份了？”哥哥问。

爸爸点点头。

妈妈看着帐篷中央的露营灯，想到了一个问题：“不过这个方法好像不太可行，”妈妈提高了声音，“抬头看太阳的时候，是看不到太阳周围的星星的呀！”

“哦，是啊，”哥哥也发现了这个问题，“这方法好像不行啊，爸爸。”

哥哥走到帐篷中央，把露营灯调到最亮，刺眼的光芒让他看不清后面的星座。

哥哥和妈妈交换了一下眼神，确认没有搞错。他们望着爸爸，看他怎么解释。

爸爸拿起一张纸板走过去，遮住了露营灯：“这样就可以看清背景的星座了。”

“这是作弊！”哥哥大声说。

“我没说不可以作弊啊，”爸爸说，“而且古人就是这么做的。”

“但是，哪有人有这么长的手臂，能把纸板伸到太阳旁边，把它遮住呀？”

“可是如果这张纸板是一座山呢？或者地平线？”爸爸说。

“哦，你是说太阳落山的时候吗？”

“正是。太阳落山后，光线变暗，在西边天空附近可以隐约看到一些比较亮的恒星。借助它们，我们就能知道太阳所在的恒星背景了（见图 5-29）。”

“原来如此。”哥哥恍然大悟。

图 5-29　黎明或黄昏时，可以隐约观察到太阳附近的星座，从而确定太阳在黄道中的位置

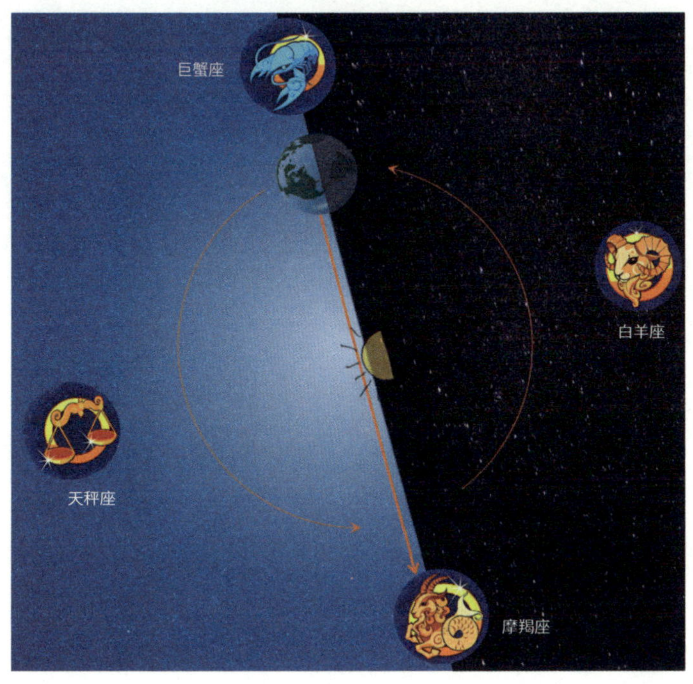

“另外，太阳初升的时候也可以呀。”爸爸说，“还记得今天早上，我们看到太阳和天狼星同时升起吗？用这种方法也可以知道太阳位于哪个背景星座。”

“可是这种方法好像也有问题，”哥哥说，“如果天边有朝霞或晚霞就不行了。”

“你说得对。不过人们又想到了一个办法，这次可不是作弊。”

“什么好办法？”

“请你转过身，背对着露营灯。”爸爸对哥哥说。哥哥照做了。

“现在，太阳刚好在你的背后，也就是说现在刚好是半夜，是吗？”爸爸问。

“是的。”哥哥想了想回答。

“虽然你看不到太阳所在的星座，但如果你还记得每个星座的位置，你就可以通过现在看到的星座来猜一下。”爸爸说。

“怎么猜呢？”哥哥问。

“你看到的是哪个星座？”爸爸问。

“巨蟹座。”哥哥抬头，刚好瞅到妹妹站在巨蟹座前，朝他做了一个鬼脸。

“在半夜，太阳刚好绕到我们的正后方，所以它就在与巨蟹座相对的那个星座，是吗？”

“哦，是的。”哥哥说。

“你记得是哪个星座对着巨蟹座吗？”爸爸问。

“摩羯座。”哥哥想到了刚才和妹妹贴贴纸时的情景，摩羯对巨蟹。

“所以……”爸爸还没说完，哥哥就抢着说道：“啊，我明白了，所以太阳在摩羯座（见图 5-30）！”

“完全正确。”

“古人真聪明，什么都难不倒他们。”哥哥说。

图 5-30　半夜时看到头顶的巨蟹座，可以猜测正对着的太阳在摩羯座附近

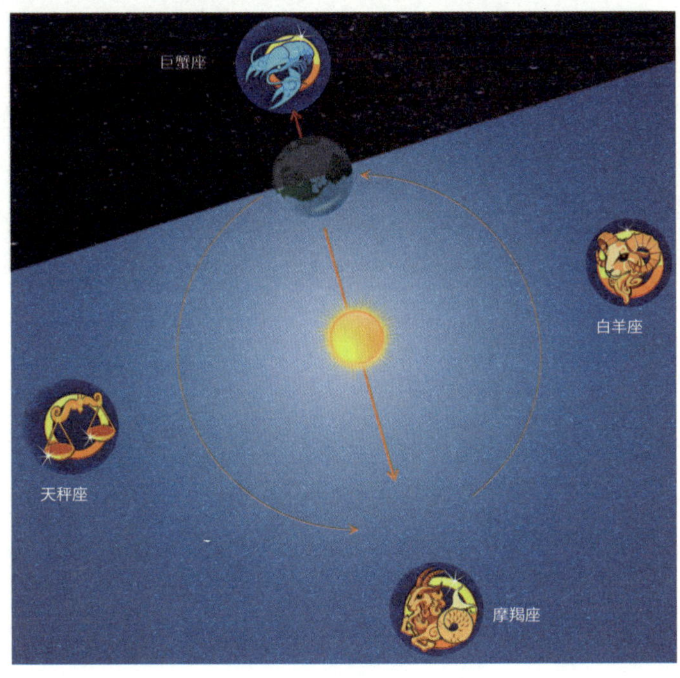

WHAT IS TIME
知识盒子

黄道带，太阳的恒星背景

夜晚的星空就像一大块黑色的幕布，每天都会移动，每个季节的景象也不同。恒星就像装饰在幕布上的小星星，随着幕布移动，但它们彼此的相对位置不变。

实际上，我们看到的夜空不是一个平面的幕布，而是呈球形，而且在不停地旋转。除了每个夜晚随着地球自转而旋转，在一年当中的不同季节，“幕布”也在旋转，有些星座升起，有些星座落下。星空在一年当中周而复始地变化，我们可以根据星座的位置判断季节。

地球位于太阳系中，所以我们的视角离不开地球和太阳系。太阳系就像游乐场里的旋转飞船，太阳在中心，地球等行星是旋臂上的飞船。飞船外围则是游乐园的其他风景。从飞船朝中心看去，它的背景也在旋转和变化。同理，从地球这艘一年转一圈的“飞船”上看太阳，背景的星空也在缓慢地旋转，不同季节看到的背景也不同，这个背景就是由恒星构成的星座。

从地球看过去，太阳的恒星背景集中在一条环形带上，叫“黄道带”（见图 5-31）。把黄道带分为 12 段，每段一个星座，就有了十二星座。根据太阳的背景的十二星座，我们就能确定一年当中的

图 5-31　黄道带

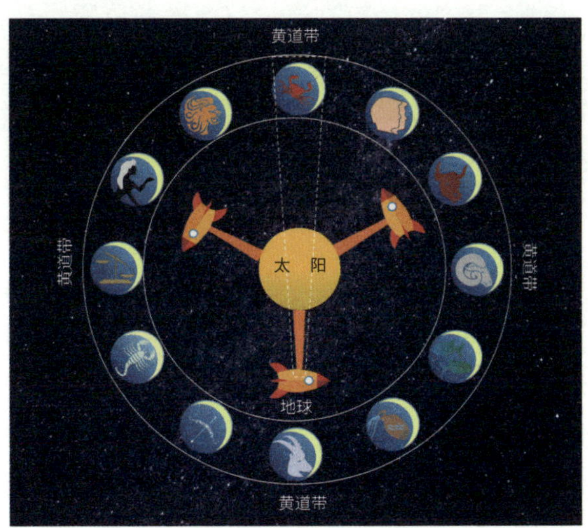

季节和月份了。一年当中，太阳在十二星宫中穿行，“追逐”着这些发光的星座——从白羊座到金牛座，而我们的先民——游牧民族则随着季节追逐迁徙的驯鹿或野牛。

星座与太阳的位置

2 000 多年前，古希腊人根据太阳所处的不同星座背景确定了十二星宫，以春分作为起点，定为白羊宫，每 30°设置一个星宫，一年共计 12 个星宫。

然而，由于地球自转轴的缓慢摆动，现在从地球上看到的太阳在春分日所处的位置比 2 000 多年前移动了 30 多度，跑到了双鱼座。但在星象上，人们仍习惯把春分日太阳所在的位置称为“白羊宫”。

参商不相见：二十八星宿

哥哥和妹妹在帐篷里转着圈走动，打量着侧壁上的每个星座，并且在寻找对面相应的星座。

妈妈看着他们俩，突然想到了什么，说："可是，古代中国并没有十二星座啊！"

"哦，是啊！"哥哥也一下子意识到了这个问题，"那样就没法确定太阳在星座中的位置，也没法用这种方法来确定季节了。"

大家都沉默了。过了一会儿，哥哥自言自语道："不过那时有二十八星宿吧？"

妈妈好奇地看着哥哥。

哥哥耸耸肩，说："我猜的。《西游记》里，唐僧师徒被黄眉大王用金钵困住，孙悟空跑到天上请二十八星宿来帮忙。"

"猜得没错。"爸爸说。

"二十八星宿在哪里？"妹妹问。

“离十二星座不远，”爸爸说，“而且也是环形。它们是古代中国人、印度人、巴比伦人等的星空背景。古代中国人把一周天的二十八星宿按照东南西北分成四份，也就是东方苍龙、南方朱雀、西方白虎（见图 5-32）、北方玄武，每个方位对应七个星宿。中间是北斗七星。”

图 5-32 二十八星宿里的西方白虎七宿：左下方是参宿的三颗亮星，即猎户座腰带；红色星是参宿四，即猎户座 α 星

“我想起来了，”哥哥突然说，“《西游记》里还有一个化身黄袍怪的奎木狼，就是二十八星宿之一。他和孙悟空大战五六十回合不分胜负。”

“是吗？你的记性不错呢。”妈妈说，“我都不记得《西游记》里的妖怪了，不过倒是想起一首杜甫的诗：‘人生不相见，动如参与商。今夕复何夕，共此灯烛光。’这里的‘参’和‘商’也是二十八星宿吗？”

“提起二十八星宿，大家都有挺多话说嘛！”爸爸也有些兴奋了，“参是二十八星宿之一，而商属于心宿。”

“这两个星宿和‘人生不相见’有什么关系呢？”哥哥问。

“商所在的心宿位于二十八星宿的东方苍龙，而参宿位于西方白虎，它们在天空中遥遥相对。”爸爸说，“如果以十二星座作为参照，参宿位于猎户座，靠近双子座，而心宿靠近天蝎座（见图 5–33）。你们去帐篷侧壁上找找，看看这两个星座在哪里。”爸爸说。

妹妹找到了双子座，哥哥找到了天蝎座，恰好分别在帐篷两头。

“非常好！”爸爸坐在了哥哥的位置上，并让妈妈坐到妹妹的位置上。

“现在，请你们站到帐篷正中间。”爸爸说，“你们缓缓地转动身子，看看能不能同时看到我和妈妈。”

哥哥和妹妹面对妈妈时，把背影留给了爸爸。

图 5-33 中国人认为参对商，而西方人认为猎户对天蝎

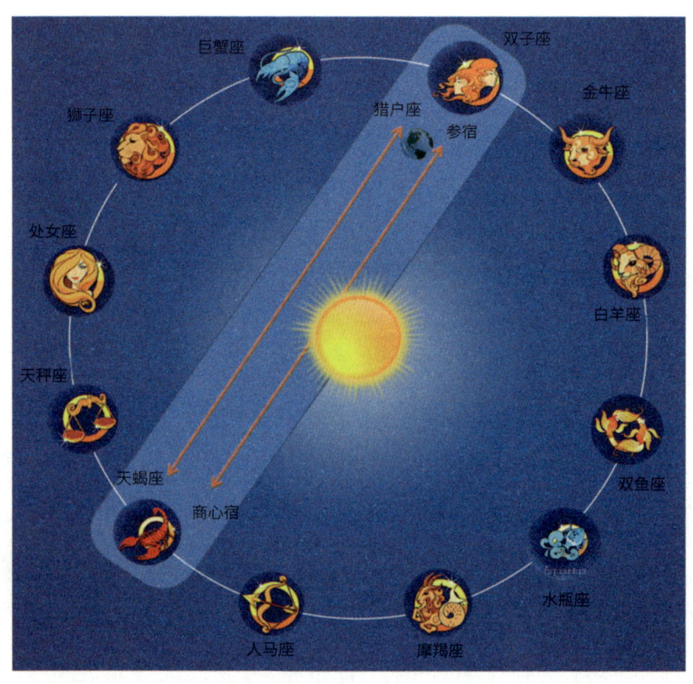

“我和妈妈一个在中午，一个在半夜。”爸爸说。

妹妹和哥哥缓缓侧过一些身子，用左边的余光看着爸爸时，勉强可以用右边的余光看到妈妈。

“这时，我和妈妈一个在黄昏，一个在黎明。”爸爸又说。

当他们的目光离开妈妈后，才看清楚爸爸。

“我明白了，果然是‘人生不相见，动如参与商’。”哥哥说。

妈妈念出了这首诗的最后两句：“明日隔山岳，世事两茫茫。”

“这首诗是写给谁的？”哥哥问。

“是杜甫写给一位久别不见的隐士老友的。人生的境遇飘忽不定，小聚一别之后，不知何时才能再次相逢。”妈妈说。

“杜甫怎么知道这些呢，难道他也学过天文？”

“其实早在春秋时期，就有了关于参和商的故事。”妈妈说，“比如在《左传》中就有记载，高辛氏有两个儿子，大的叫阏伯，小的叫实沈，两兄弟互不相容，经常相互争斗，大动干戈。父亲很头疼，把老大迁到了商丘，主管辰星，商地的人因此也称辰星为‘商星’。老二则迁到了大夏，主管参星。所以民间才有了‘参商不相见’的说法。”[①]

“妈妈，我觉得这个故事与我和堂弟的故事有点像。”哥哥说，“平时我和他没机会见面，好不容易有机会在一起了，却又经常为一点儿小事相互争吵、抢东西。可是一旦分开没多久，我们又特别想念对方。”

---

① 关于参和商，《左传·昭公元年》中有记载：“昔高辛氏有二子，伯曰阏伯，季曰实沈，居于旷林，不相能也。日寻干戈，以相征讨。后帝不臧，迁阏伯于商丘，主辰。商人是因，故辰为商星。迁实沈于大夏，主参。”

“嗯，其实不只你和堂弟，世界上有许多不得已的分离。”妈妈说。

“比如呢？”

“在公元前 500 年左右，古希腊雅典人中曾流传一个故事，”妈妈说，“说猎人俄里翁夸下海口说自己是最伟大的猎人，能杀掉天下所有的飞禽走兽。女神狄安娜听说后很担心，于是派一只蝎子杀死了俄里翁。之后，众神之王宙斯觉得很可惜，把猎人和蝎子都升上天，变成了今天我们所说的猎户座和天蝎座。这两个星座，当一个从地平线上升起时另一个刚好落下，仇人就永远不会相见了。”

“还有这么巧的事！简直是古希腊版的‘参商不相见’。”哥哥惊讶地感叹道。

“是啊，世界就是这样充满了巧合。”妈妈说。

“哦，是吗，还有这么巧的事？”爸爸说，“让我想一想，猎户座离二十八星宿的参宿不远，而天蝎座在心宿也就是商星附近，这两个星座的位置也刚好和参商的一样。”

“这就更加稀奇了，不但故事类似，星座也对应。”哥哥说。

“我也没想到还有这么有趣的对应。”妈妈说。

“对，应该没弄错，”爸爸肯定地说，“猎户座里最亮的 α 星就是参宿四，而猎户腰带上三颗连成一串的闪亮的星就是参宿一、参宿二和参宿三。”

“为什么这个星宿叫参宿呢？”妹妹问。

“我记得‘参’在中文里通‘三’吧？”妈妈猜道。

“对，正因为猎户腰带上的这三颗星，所以才叫参宿。它们在夜空中非常显眼（见图 5-34）。”

“我们今晚能看到猎户座吗？”妹妹好奇地问。

图 5-34　猎户右肩上的红色亮星就是猎户座最亮的 α 星，即参宿四。猎户腰带上的三颗亮星连成一串，是中国的参宿

爸爸摇了摇头："很可惜，看不到，只有冬天才能看到。你们还记得吗，猎户座里的参宿位于双子座附近。现在，你们重新找一找双子座。"

哥哥和妹妹在帐篷里找到了双子座。

"它是巨蟹座前面的那个星座。"妹妹说。

"这就对了，"爸爸说，"巨蟹座对应夏天。当太阳位于巨蟹座和双子座附近时，这两个星座在傍晚都会跟随太阳一起落山，消失在地平线以下。"

"真可惜。为什么这些星座会消失在地平线以下呢？"妹妹问。

爸爸低头想了想，正好看到地上的篮球。他捡起篮球，保持水平，让露营灯的光刚好垂直照射在篮球的中线上。"如果地球的自转轴不是倾斜的，而是垂直朝向正上方，那么太阳就始终垂直照射在赤道上。"爸爸说。

妹妹点了点头。

接着，爸爸拿起篮球绕帐篷中心的露营灯走了一圈，让光线始终直射篮球的中线。停下来后，爸爸说："你们看，在我走过的这一圈上，无论在这个位置还是那个位置，照射到篮球上的光没有任何区别。所以，我们每天正午看到的太阳高度也固定不变，也就不会有四季的变化。"

"那星星呢？"哥哥问。

"星星其实就是距离地球更远的太阳。"爸爸继续说道，"如果地球自转没有倾斜角，那么从地球上看到的星星高度也不会随着季节改变。我们将永远看不到地平线以下的星星，其他的星星则一直能看到，并不会随着季节变化而消失。”

哥哥和妹妹一起点了点头。

“可地球实际上是倾斜着旋转的（见图 5-35）。”哥哥说。

图 5-35　地球倾斜着绕太阳公转造成了季节的变化与太阳和恒星高度角的变化

“你说得没错。”爸爸把篮球倾斜，让露营灯的光线直射到篮球的下半部，“这就是南半球的夏天，北半球的冬天。”爸爸走到帐篷另一头，光线开始转而直射篮球的上部，“从地球上看，太阳的高度在一年之中变高又变低。”

“那么，星星也一样？”哥哥问。

“对。我们把星星看作遥远的太阳，它们的高度角也在随季节变化而变化。在有些季节，它们会降得很低，甚至降到地平线以下，完全看不到了。”爸爸说。

“那什么时候我们才能看到猎户座呢？”妹妹问。

“要等到 11 月以后，猎户座大约在晚上 9 点出现在地平线上。而到了冬至后，猎户座逐渐升到天顶，尤其是猎户腰带上那三颗连成一串的亮星，在寒冷冬夜里的天空中非常显眼，你们一眼就能认出来。”

“可是那还要等很久呀！”妹妹有点失望地说，“然后呢？”

“之后，猎户座会在天空中逐渐落下并消失在人们的视线之外，此时人们望着天空，盼望着新一年的到来。”

“那人们盼望新的一年的什么呢？”妹妹问。

“盼望着春雨、嫩芽、幼崽和新生，以及所有新季节能够给人们带来的东西。在古人看来，星星让时光轮回，主宰着繁殖、生长、收获和庆祝的季节。比如，猎户腰带上的三颗星非常明亮，民间有‘三星正南，就要过年’的说法。”妈妈说。

“没想到天空中的星星还有这么神奇的用处！”妹妹感叹道。

“这都是因为时间。”爸爸说。

“因为时间？为什么？”哥哥惊奇地问。

“还记得吗？我们以前说过，因为这些星光花费了很长时间才到达我们的视野，还有无数的星光还未到达，所以我们的夜空没有被所有星星同时照亮。”爸爸说。

“哦，想起来了，我们以前说过。”哥哥说。

“不过，这对地球的文明来说是一件幸事。”爸爸说。

“为什么呢？”哥哥问。

“幸好我们的天空没有被同时照亮，这些天空中的光点才有可能组成美丽的动物和人物。它们在天空中奔跑运动，规则的亮点和形状为我们指示方向，定时显现的身影则让我们能分辨季节的变化。”爸爸说。

“可是，现在人类已经有了卫星导航，有了精密的时钟，天上的星座还有存在的意义吗？”哥哥问。

爸爸没有说话，他走出帐篷，哥哥跟在后面，他们绕着帐篷散步。

“虽然星星遥远，但直接观望星空，我们得以回归自然，与我们的祖先精神相通。”爸爸抬头望着星空说。

“要是有一天，我们再也看不到星空了呢？”

“那就像帐篷的拉链卡住了。当我们在外面转了一圈回来时，却发现再也进不去了，被关在曾经滋养我们的文化之外了。”爸爸重新钻进帐篷，哥哥也钻了进去。

夜已经很深了，巨大的银河横亘在他们小小的帐篷顶上。露营灯熄了，刚才在这几颗大脑里迸发的火花也暂时熄灭了，只有群星的微光还在闪烁。

WHAT IS TIME
知识盒子

二十八星宿

黄道带分成 12 段，每一段对应一个星座，与之对应的是白道带和二十八星宿。十二星座是太阳的背景星空，而二十八星宿则是月亮的背景星空（见图 5-36）。

月亮在天空中运行的轨道叫白道，与太阳运行的轨道——黄道很接近。将白道带附近的天域划分成 28 段，每段对应一个星宿，即是二十八星宿。由于月亮的运行周期约为 28 天（恒星月是 27.3 天），所以月亮大致每天行经二十八星宿中的一个。

由于黄道带和白道带距离很近，所以星座和星宿也很接近。猎户座离二十八星宿的参宿不远，而猎户座里最亮的 α 星就是参宿四。天蝎座在心宿也就是商星附近。

中国古代将二十八星宿按照东南西北方位分为

四组，分别是东方苍龙、南方朱雀、西方白虎和北方玄武，对应春、夏、秋、冬四季，每组七个星宿。

图 5-36　曾侯乙墓出土的漆箱盖上印有二十八星宿的名称，中间大大的“斗”字代表北斗七星。这是目前发现的最早记载二十八星宿全称的物证

东方苍龙七宿：角、亢、氐（dī）、房、心、尾、箕（jī）。

南方朱雀七宿：井、鬼、柳、星、张、翼、轸（zhěn）。

西方白虎七宿：奎、娄、胃、昴（mǎo）、毕、觜（zī）、参。

北方玄武七宿：斗、牛、女、虚、危、室、壁。

《诗经·豳风·七月》记载“七月流火”，它的意思不是七月热得像火炉一样，而是天气转凉的意思。因为这里“七月”指的是夏历，对应公历九月。夏季结束时，心宿二的大火星在天空中的高度逐渐下降，称作“流”，这意味着天气将逐渐转凉。

古代中国、印度、埃及、巴比伦等国都有各自的二十八星宿，而且其中一些名字相似，所以可能它们拥有同一个起源。中国古代的二十八星宿与印度的不同之处在于，中国的从“角”宿开始，而印度的从“昴”宿开始。

环形巨石阵：标记夏至与冬至

周日清晨，妈妈还在睡梦中，觉得有人在轻轻地摇晃她的胳膊，然后附在她的耳边悄悄说话："妈妈，还有没有小巨蛋面包？"

妈妈一睁眼，原来是妹妹。

"应该还有吧。"妈妈说，"你饿了？"

妹妹点点头，把食指放在嘴边，示意妈妈小点声，不要吵醒哥哥和爸爸。

妈妈轻轻地起来，和妹妹走出帐篷。她拿出一个小巨蛋面包，放在简易桌上。妹妹想让妈妈像昨天那样把面包切成一片片的。

妈妈拿起刀刚准备切，哥哥不知什么时候醒了。他从帐篷里探出头，看到小巨蛋面包，忙不迭地跑了出来，想和妹妹一起吃。

"别急，每人都有份。但切面包之前，我先考考你们。"妈妈说，"你们还记得爸爸昨天是怎么切面包的吗？"

“斜着切的。”妹妹立刻接过话说，她用手在面包顶部比画了一下。

“回答正确。”妈妈斜着切了一刀，把切下来的那块递给妹妹。

“那剩下的这块面包代表哪个节气呢？”

“夏至。”哥哥抢着回答道。

“你也答对了。”妈妈又切了一刀，让面包的底部呈半圆形，把切下来的那块递给哥哥。两个孩子都开心地吃了起来。接下来，妈妈又切了“秋分”，把它留给自己，最后剩下一块代表冬至，留给爸爸。

这时爸爸也从帐篷里走了出来。妹妹大声喊道：“爸爸，这个冬至留给你！”

“哦，谢谢了。”爸爸说着坐到桌边，“你们知道怎么确定冬至这一天吗？”

“昨天你不是说过吗，正午的影子最长的一天就是冬至呀。”哥哥说。

“嗯，你说得对，不过还有一种更简单的方法。”爸爸说。

“哦，是吗？”

爸爸用手指着地平线上刚刚升起的太阳说：“你们看，今天太阳从这个位置升起。因为现在已经过了夏至，白天越来越短，所以明天它会在东面更偏南一点儿的位置升起，也就是偏右边一点儿。之后，日出的位置会继续向右偏，直到某一天，太阳升起的位置不再继续向右偏移了，那一天就是冬至。”

“这是为什么呢？”哥哥问。

“就像这个面包。”爸爸把妈妈手里还没吃的面包片盖到自己的面包上，“现在是秋分，太阳从正东升起，当拿掉这片面包后，太阳升起的位置就向右移动了，而向右移动到极限就是冬至。”爸爸说着，拿掉妈妈的那片面包。

“日出的位置每天都向右移动一点点吗？”妹妹问。

“对，过了夏至，太阳升起的位置在地平线上每天向右移动一点儿。到了冬至就掉头，每天向左移动一点儿。”爸爸说。

“哦，这个方法简单。可是，为了知道冬至那天太阳升起的点在地平线上哪个位置，需要在地平线上做一个标记才行啊。”哥哥说。

“这个不是问题，”爸爸说，“人们可以竖立一根杆子。对了，你们昨天不是玩了积木吗？我给你们演示一下。”

哥哥捧来一堆积木，爸爸挑了一块蓝色积木竖立在桌子上表示正东，然后在它的左、右各摆了几块黄色积木，使它们围成一个弧形，又拿了一块半圆形的积木，放在弧线外围当作太阳。

“如果我们站在弧形的圆心，可以看到日出时太阳在地平线上的位置。夏至时，太阳从最左边也就是东北方向的积木那里升起；而冬至时，太阳从最右边的积木那里升起。古人就是这么做的。”

“是吗，他们竖立起木杆子做标记吗？”妈妈问。

“古代人会倾向于使用大石柱，因为木头容易腐烂。”

“哪里有古人留下的遗迹？”哥哥问。

“最著名的就是巨石阵，几十块巨型石碑矗立在一块空地上，围成一个圆圈，非常壮观。这些巨石阵里的一些石头，在一年当中的冬至或者夏至，刚好对准日落或日出的位置。”

“这些巨石年代很久远了吧？”

“距今五六千年。这些巨石阵主要分布在欧洲各地，英国和爱尔兰最多。其中最著名的巨石阵位于英国的索尔兹伯里平原上，它有三圈。最外圈可能是木柱子，已经腐朽了，只留下一些填满白垩的洞；中间是由重 40 吨的巨石围成的圆圈；最里圈是一个马蹄形的巨石阵，由五组牌坊组成，每一组都由两个巨石柱和一个安放在两个巨石上方的门楣构成。这些巨石是从很远的地方运来的。”

“这需要几代人才能完成吧！建造规模如此庞大的巨石阵是为了什么？”妈妈问。

“目前人们还没有完全弄清楚，可能有多种用途。有人说可以用于天文观测，还有人认为可能是家族墓地，也有人认为可能用于祭祀或者宗教仪式。但有一点是肯定的，巨石阵最内圈的马蹄形石阵，主轴对准了东北方向，也就是夏至日出的方向（见图 5-37）。”爸爸说。

“哦，这是巧合吗？”哥哥问。

图 5-37　巨石阵中心与东北方向的踵石连线刚好对准夏至初升的太阳

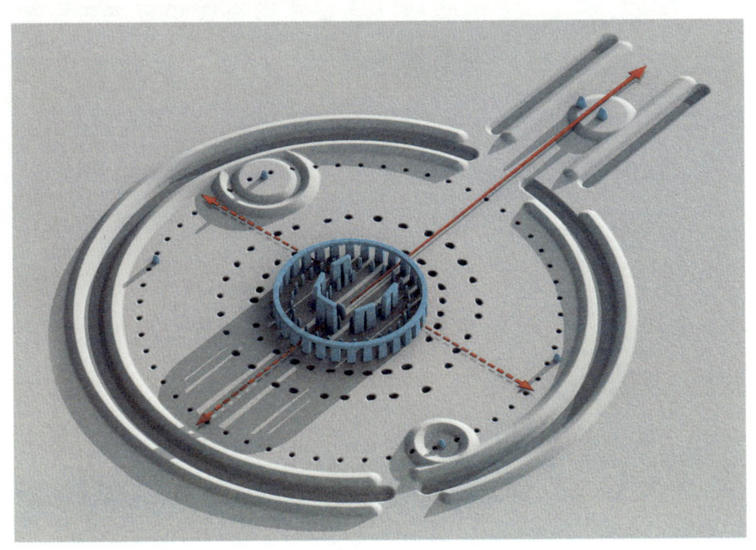

“我觉得不太可能。因为在巨石阵外围的东北方向还竖立了一块大石头，叫作踵石，只要站在圆圈中心朝着这块石头观测，夏至时太阳就会刚好从那块石头背后露出来。而如果冬至那天站在踵石那儿，沿着巨石阵主轴朝西南方向观看，刚好可以观察到日落。”

“这么说，那时的人们已经对天体的周期性往复运动感兴趣了。”妈妈说。

“嗯，说不定他们在思考时间是如何循环的。”爸爸说。

哥哥摆弄着桌上的积木，来回移动“太阳”的位置：“如果不是在平原，而是有山丘挡着，就没法用巨石阵来确定冬至和夏至了。”

“嗯，是的，多山的地区确实不适合建造巨石阵。但古人仍留下了类似的用来确定冬至和夏至的建筑。”爸爸说。

“那他们是用什么方法来标记冬至和夏至的呢？”

“大约公元前 300 年，在南美洲的秘鲁，人们在绵延的山脊上建造了 13 座连续的石塔。这些石塔有点像长城上的烽火台，不过彼此靠得很近，从远处看就像一道锯齿状的天际线。冬至日，太阳从最左边的石塔的左侧豁口升起，之后日出的位置每天向右移动一点儿。到了夏至日，太阳就会从最右边的石塔的右边豁口升起来（见图 5-38）。”

“这样说来，有两座石塔就能标记冬至和夏至了，为什么要建造这么多座？”哥哥问。

“这 13 座塔的跨度大约有 300 米。你会发现，每经过十多天，日出的位置就会从一个豁口移动到下一个豁口，这样就能帮助人们确定大致的日期。”

吃完早餐，大家开始收拾装备，准备踏上归途。

临上车前，哥哥对爸爸说：“我想起来了，从我们家阳台看出去，夏天太阳升起的位置更靠左一些。”

“哦，是吗？”爸爸好奇地问。

“我记得，夏天的太阳会从一座铁塔的左边升起来，而到了冬天，太阳出来的位置就移动到了铁塔右边。现在我终于明白为什么了。”

“嗯，不错，你观察得挺仔细的。其实，在城市里，虽然没有巨石阵，但人们照样可以用很多建筑来标记冬至和夏至。”

图 5-38　查基洛（Chankillo）的 13 座石塔，左侧第一座塔和右侧第一座塔分别对应冬至和夏至日出的位置

WHAT IS TIME
知识盒子

标记冬至日和春分、秋分日

先民们很早就发现了，冬至日在一年当中是一个特殊日子。这一天不仅正午太阳的高度最低，而且从东方升起的方位最偏南。换句话说，只有在冬至这一天，太阳升起时才能刚好水平地照射到某个角度。依据这一原理，世界上不同地方的先民不约而同地建造出不同的建筑来捕捉冬至日的第一缕阳光。

爱尔兰的纽格兰奇墓就是这样一座建筑（见图5-39）。它建于公元前 3100 年左右，像一个放大版的蒙古包。整个建筑只有一个狭小的入口，朝向东南方。入口内，一条宽 1 米、深 25 米的墓道通向黑暗的墓室深处。入口上方的屋顶开了一个更小的开口通向墓道。平时绝大部分时间，墓室通道都没有阳光照进来。到了冬至那一天早上 8 点 58 分，刚从地平线上升起的太阳的光线会通过屋顶上方的小开口照射进漆黑的墓室通道，瞬间照亮中央墓室深处。17 分钟后，日光就从墓道里消失了。如果墓室的通道方向稍微偏离一点，冬至日清晨的阳光便不会照进墓室深处。

图 5-39　爱尔兰的纽格兰奇墓，冬至日太阳的光线会刚好通过狭长的甬道，照亮墓室深处

另一个捕捉冬至日第一缕阳光的建筑是埃及的哈特谢普苏特女王神殿。大殿的中轴线刚好对着冬至日出的方向。在冬至日这天清晨，初升的太阳会沿着通道照亮第二殿门前的冥神像。在中国陕西的

陶寺遗址中，有一个建造于 4 000 年前的冬至日出观象台。

除了冬至日，春分日和秋分日也是特殊的日子。在墨西哥的奇琴伊察玛雅城邦遗址，有一座库库尔坎金字塔。在每年的春分和秋分日下午，西晒的日光斜射金字塔，塔身侧面凹凸的影子投射在金字塔的斜梯侧面，犹如蜿蜒的蛇身，并且和斜梯底部的蛇头雕像连成一体。随着太阳的移动，蛇身的影子也随之移动，看起来栩栩如生（见图 5-40）。

图 5-40 库库尔坎金字塔的影子在斜梯侧面映出蜿蜒的蛇形

阅读书目

关于祖冲之如何通过日影测量冬至时刻，请参考［1］。

关于如何用西瓜解释冬至、夏至，请参考［1］。

关于中国古代历法，包括二十四节气、无中置闰等，请参考［1］［3］。

关于二十八星宿的起源、各国二十八星宿的比较，请参考［2］。

关于英国巨石阵、秘鲁石塔和爱尔兰纽格兰奇墓，请参考［4］［5］。

［1］汪波：《时间之问》，清华大学出版社，2019。

［2］竺可桢：《看风云舒卷》，百花文艺出版社，2009。

［3］张闻玉：《古代天文历法讲座》，广西师范

大学出版社，2008。

[4][英]亚当·哈特－戴维斯：《时间是什么》，王文浩译，湖南科学技术出版社，2017。

[5][加]丹·福尔克：《探索时间之谜》，严丽娟译，海南出版社，2016。

未来，属于终身学习者

我们正在亲历前所未有的变革——互联网改变了信息传递的方式，指数级技术快速发展并颠覆商业世界，人工智能正在侵占越来越多的人类领地。

面对这些变化，我们需要问自己：未来需要什么样的人才？

答案是，成为终身学习者。终身学习意味着永不停歇地追求全面的知识结构、强大的逻辑思考能力和敏锐的感知力。这是一种能够在不断变化中随时重建、更新认知体系的能力。阅读，无疑是帮助我们提高这种能力的最佳途径。

在充满不确定性的时代，答案并不总是简单地出现在书本之中。“读万卷书”不仅要亲自阅读、广泛阅读，也需要我们深入探索好书的内部世界，让知识不再局限于书本之中。

湛庐阅读 App：与最聪明的人共同进化

我们现在推出全新的湛庐阅读App，它将成为您在书本之外，践行终身学习的场所。

- 不用考虑“读什么”。这里汇集了湛庐所有纸质书、电子书、有声书和各种阅读服务。
- 可以学习“怎么读”。我们提供包括课程、精读班和讲书在内的全方位阅读解决方案。
- 谁来领读？您能最先了解到作者、译者、专家等大咖的前沿洞见，他们是高质量思想的源泉。
- 与谁共读？您将加入优秀的读者和终身学习者的行列，他们对阅读和学习具有持久的热情和源源不断的动力。

在湛庐阅读 App 首页，编辑为您精选了经典书目和优质音视频内容，每天早、中、晚更新，满足您不间断的阅读需求。

【特别专题】【主题书单】【人物特写】等原创专栏，提供专业、深度的解读和选书参考，回应社会议题，是您了解湛庐近千位重要作者思想的独家渠道。

在每本图书的详情页，您将通过深度导读栏目【专家视点】【深度访谈】和【书评】读懂、读透一本好书。

通过这个不设限的学习平台，您在任何时间、任何地点都能获得有价值的思想，并通过阅读实现终身学习。我们邀您共建一个与最聪明的人共同进化的社区，使其成为先进思想交汇的聚集地，这正是我们的使命和价值所在。

CHEERS
湛庐

时间之问

汪波 著

What Is Time

④

不睡觉的夜来香

浙江科学技术出版社 · 杭州

你对时间的节奏了解多少？

扫码加入书架
领取阅读激励

- 夜来香为什么会选择在夜晚开放？（单选题）

  A. 因为夜晚温度更低

  B. 吸引夜间活动的昆虫授粉

  C. 月光能让花香更浓郁

  D. 白天容易被动物吞食

扫码获取全部
测试题及答案，
一起感受生命节律的神奇

- 如果地球的自转速度变快，最先受到影响的可能是？（单选题）

  A. 人体生物钟的周期

  B. 树木的年轮数量

  C. 月亮的阴晴圆缺

  D. 太阳的东升西落

- 古代的漏刻是通过什么原理来计时的？（单选题）

  A. 沙子流动的速度

  B. 钟摆摆动的次数

  C. 水位下降的幅度

  D. 蜡烛燃烧的长度

扫描左侧二维码查看本书更多测试题

亲爱的小读者：

你是否觉得时间无处不在却难以捉摸？其实，在时间里隐藏着大自然所有的秘密。读懂了时间，就读懂了一切。

在这套书中，你会遇到爱因斯坦的时间、二十四节气中的时间、《红楼梦》中的时间、夜来香中的时间……

你最好坐下来读这套书，因为这比站着读的时间过得更慢一点。你也可以在火车上读，这同样会让你的时间变慢一点。

想知道为什么吗？答案就在书中。

汪波

目录

第6章

第 6 章

滴答：水滴里流淌的时间

灯花耿耿漏迟迟：水滴里的时间

周五傍晚，一家人简单吃了点东西就出发了。

车行驶在去露营地的路上，雨点淅淅沥沥地落在挡风玻璃上。雨滴声音很轻，像细细的小沙锤发出的声音。雨刮器间歇地打着节拍，像轻盈的指挥棒。雨滴越来越密，序曲结束，音乐会进入正题，雨刮器开始起舞。音乐会渐渐进入高潮，指挥棒舞动得飞快。就在妈妈开始担心雨越下越大的时候，音乐戛然而止，雨刮器落下，原来他们的车冲出了积雨云的覆盖范围。

到了营地，妈妈帮爸爸卸下东西，哥哥和爸爸熟练地搭建好帐篷。妹妹闻着空气中潮湿的、混合着草和泥土的清香，抬头看着天空发呆。

等大家钻进帐篷后，爸爸点上露营灯，四周一片寂静，夜空中没有星星。就在他们觉得有点沉闷的时候，云朵携带雨水一路追赶而来，善解人意地敲打在帐篷上，沙沙作响，为他们弹奏着一支小夜曲。

爸爸突然想起来要挖排水渠，就披了一件雨衣准备出去。哥哥也想去，但妈妈把他留了下来。

哥哥刚坐下，帐篷的一角便开始漏雨，清凉的雨水滴在他头上。妈妈左翻右翻，找到一个妹妹用来玩沙子的小桶，将它摆在漏洞下方。水滴跌落在桶中，发出一阵阵清脆的声响。

妹妹好奇地盯着她的小桶，水滴砸在水面上溅起几点水珠，一个个小圆圈快速荡漾开来，随后便又恢复了平静。紧接着，又一滴水落下，重复之前的过程。

“爸爸什么时候才能回来呀？”妹妹问。

“我们先听一段音乐吧，”妈妈说，“听完了，爸爸应该就回来了。”

妈妈从手机里找到一首肖邦的《雨滴前奏曲》，把它播放出来。一段抒情的旋律缓缓响起，伴随着轻柔的滴答声。妹妹和哥哥被这旋律所吸引，专注地听着，仿佛被乐符引入了一座静谧的森林。随后，乐曲中出现了单调而有力的节奏，仿佛是沉重的雨声，低沉庄严。最后，柔和的旋律再次回归，雨滴声渐渐远去。

一曲终了，哥哥和妹妹渐渐从这首钢琴曲引发的想象中回过神来。爸爸还没有回来，妈妈拿起一本《宋词》随便翻着。

妹妹觉得有点无聊，她歪着头瞥了一眼妈妈手里的《宋词》，指着一个字说她认识。妈妈定睛一看，原来是

“花”字。这是北宋魏夫人写的一首词，其中有一句是“灯花耿耿漏迟迟”，妈妈就随口念了出来。

“这句话是什么意思呀？”妹妹问。

妈妈望着帐篷中央昏暗的露营灯说：“在漫漫长夜，伴随着一盏孤灯等那个本来早该回来的人，听着漏刻缓慢的滴水声，感觉时间是那么漫长，就像今夜。”

“妈妈，什么是漏刻呀？”哥哥问。

“就是一种漏壶，下面有小孔，水均匀滴出，浮在水面的木棍上有刻度，古人用它来计时。”妈妈回答。

“这么说，我们的帐篷就是一个大漏壶了。”哥哥自嘲道。

正说着，爸爸回来了。他脱下雨衣，长时间弯腰挖排水渠有点累了。

“爸爸，你终于回来了！”妹妹拉着爸爸的手。爸爸笑了笑，喘了口气。

“妈妈刚才说，古代的漏刻就是古人的钟表。你知道它是什么样的吗？我想你帮我做一个。”妹妹说。

“哦，是吗，就是那种滴水的东西？我找找看有没有材料。”爸爸说着坐了下来。他看到脚边有一瓶矿泉水，便拧开盖子，把剩下的半瓶水一口气喝光了。

妹妹靠了过来，看爸爸怎么做。爸爸又从包里翻出一把小刀，在矿泉水瓶子底部扎了一个小孔，然后他拿起地上接水的小桶，把雨水倒进瓶子，水就从小孔里一点儿一点儿地滴下来。

“这就是漏刻（见图 6-1）吗？”哥哥问，“那怎么看时间呢？”

“哦，差点忘了。”爸爸一拍脑门，让妈妈找了一根筷子，插进瓶子里，筷子浮在水上，“你们看，瓶子里的水越来越少，筷子也会逐渐下降。如果筷子上有刻度，就知道过去多长时间了。”

图 6-1　简易漏刻

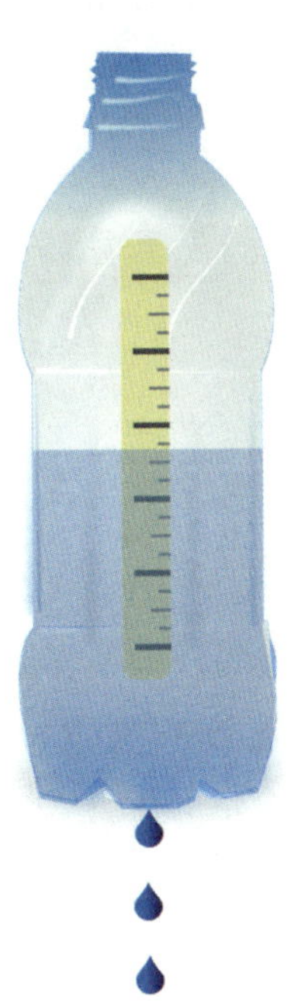

“一刻钟的‘刻’，就是从这里来的吗？”妈妈问。

“对，就是漏刻上的刻度。”爸爸说。

“那古代一刻钟也是 15 分钟吗？”哥哥问。

“古代把一天 24 小时分成 100 刻，一刻钟就是 0.24 小时，也就是 14.4 分钟。”爸爸说。

“为什么比现在的一刻钟差一点儿呢？”哥哥偏着脑袋问。

“因为清朝的时候西洋钟表被引入中国，为了方便，一天就被改为 96 刻，每个小时刚好 4 刻。”爸爸说。

“这么说，卯正二刻是几点？”妈妈突然问，“我记得《红楼梦》里王熙凤要求仆人们每天早晨卯正二刻就起床集合点名。”

“这就是所谓的‘点卯’吧？”哥哥问。

“是啊。我们先算算卯时。”爸爸说，“你知道子时是几点吧？”

“是半夜 12 点。”

“嗯，确切地说，是夜里 11 点到凌晨 1 点这两个小时。11 点到 12 点叫子初，12 点到凌晨 1 点叫子正。所以我们可以推算出卯正是几点？”

哥哥掰着指头一点点算：“子、丑、寅、卯，每个时辰之间差两个小时，子正是 12 点，丑正是 2 点，寅正是 4 点，所以卯正就是 6 点（见图 6–2）。”

图 6-2　天干地支

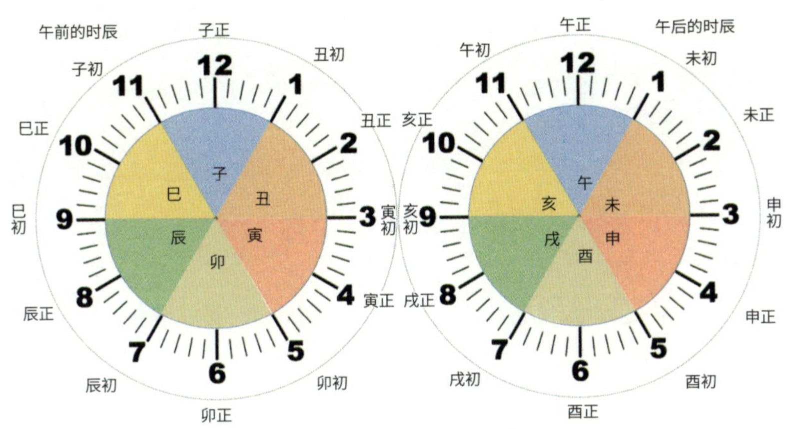

“对，很好。”爸爸说。

“那二刻呢？”哥哥问。

“每小时分为 4 刻，整点叫初刻，15 分叫一刻，半点叫二刻，45 分叫三刻。”

“所以卯正二刻就是 6 点半！”哥哥恍然大悟道。

“对。”爸爸说。

“那可真早啊！还好明天我们不用早起。”哥哥说。

“爸爸，现在什么时辰了？”妹妹问。

爸爸看了看表说：“已经亥正一刻了。”

“不早了，我们睡觉吧。”妈妈说。

一家人伴随着雨滴声渐渐入眠。

WHAT IS TIME
知识盒子

古代的计时工具

要想准确地计时，就要找到一种能够随时间匀速变化的参照物。这种参照物可以是沙子，也可以是水。让沙子流过小孔，我们就有了沙漏；而让水通过小孔滴下来，我们就有了漏刻。

漏刻是中国古代经常采用的计时工具，它由两部分组成：“漏”是一个盛水的壶，下面有小孔，水可以缓慢而匀速地滴下来；“刻”是浮在水面的刻度尺，会随着水面下降而下降，用来指示时间。中国古代将一昼夜 24 小时分为 100 刻，一刻就是 14.4 分钟。

如果仔细观察，就会发现水滴下落时并不是完全匀速的，壶里水位较高时滴得快，而壶里的水位较低时滴得慢。这是因为水位的高低影响了水压，从而改变了水的流速。要想让水流得更接近平均流速，可以采用两级漏壶，上面一级漏壶里的水先流到下面一级，使得下面这级的水位始终维持在固定的水平，从而保持匀速下滴。

1090 年，北宋大臣苏颂发明了一台能自动计时和观测天象的装置——水运仪象台（见图 6-3），它由水力驱动。水匀速流入一个水斗，水斗积满水后翻转，进而驱动齿轮装置旋转，再通过一系列传动装置，让整个水运仪象台运行起来。

图 6-3　水运仪象台复原物（中国台湾自然科学博物馆）

这台装置相当精密，每 25 秒落一斗水，带动昼夜机轮、浑象和浑仪一昼夜转一周，可以演示天象变化。尽管是由水驱动的，但这台水运仪象台有许多齿轮传动装置，已经具备了机械钟的一些雏形，所以它可以被视为漏刻和机械钟之间的一个过渡。

据说整个水运仪象台高 12 米、宽 7 米，呈四方形。上层屋子放置浑仪，中间一层是密室，放置浑象，下层放置报时装置和动力机构。顶层屋顶隔板就像现在的天文台屋顶一样可以开启或关闭，以便于观测星空。

可惜，北宋被金兵攻陷后，这台水运仪象台也被缴获，并在运输过程中遭到损坏。后人虽试图复制出它的全部功能，但没有完全成功。

荡秋千：摆动的老爷钟

周六早上，一家人在鸟鸣声中醒来。雨终于停了，地上的水桶里已经接满了水。

“我们的钟停止计时了！”妹妹说。她把整条手臂一点点伸到桶里，感受着清凉与快意。

哥哥钻出帐篷，张开双臂伸了个懒腰，新鲜的空气扑面而来。青翠的大山被雨水洗刷一新，在初升太阳微光的映照下，山腰上挂满水珠的小草反射出晶莹的光芒。

“我们上午去哪里玩？”哥哥吃完手里的面包问。

“我想玩荡秋千！”妹妹说完便去找她的秋千和绳子。秋千的座椅是塑胶做的，并不沉，只需把绳子挂到树上。

“可是这里没有大树呀！”哥哥说。

妈妈四下张望，指着河边的一片树林说：“那里有大树！”

哥哥也向河边望去，一条石子路朝着小河延伸。“好啊，我们就去那边吧。”哥哥说，“我正想去骑自行车。”

这次出门，哥哥带上了他的折叠自行车。爸爸帮他把自行车从汽车上拿下来，哥哥熟练地展开。一家人带上装备，朝着河边走去。

微风吹拂着妈妈的头发和爸爸手里的秋千绳，妹妹走在最前面一蹦一跳。

“为什么钟表嘀嗒嘀嗒？”哥哥走在后面突然冒出一句，大家没有在意。

“那是因为——雨水吧嗒吧嗒。”哥哥接着说。

妈妈和爸爸相视一笑。

“为什么岸边的柳枝摆来摆去？”哥哥继续问道。

“为什么呀？”妈妈忍不住回头问他。

“那是因为——”哥哥停下来想了一下，说，“妹妹的辫子晃来晃去。”

妹妹停下来，头上的马尾辫也停止了晃动，她白了哥哥一眼说：“这都什么和什么呀！”说完径自朝前走去。

一家人来到了河边。哥哥找到一棵粗壮的大树，爸爸把秋千绳拴上去，固定好。妹妹很开心，坐在了秋千座椅上。妈妈轻轻地推她一下然后松手，留下妹妹悠然地晃荡。

“真像一台老爷钟。”哥哥过来说。

“什么是老爷钟？”妹妹问。

“就是有长长的钟摆的座钟（见图 6-4）。”哥哥说完，嘴里模仿着摆锤的声音。

图 6-4　有着长长钟摆的座钟

过了一会儿，秋千渐渐停下来了。

“既然这个秋千这么像老爷钟的钟摆，它是不是也可以当钟表计时呀？”哥哥问。

“我们可以试试。”爸爸说着，往秋千座上绑了一块石头，“如果我没记错的话，老爷钟的摆锤长度是 1 米，对应的周期刚好是 2 秒。”

“可是我们的绳子不止 1 米，又怎么知道它摆动一次的时间呢？”哥哥问。

爸爸把手张开，用大拇指尖和中指尖之间的距离作为 20 厘米的标尺，估算出绳子长约 1.7 米。“绳子比老爷钟的摆锤长，所以周期也应该更长。”

“变长多少呢？”哥哥问。

“我算算，”爸爸把 1.7 输入手机计算器，按了下开根号键，得出一个数字 1.3，“变大至 1.3 倍。老爷钟的周期是 2 秒，那么秋千的周期应该是 2.6 秒（见图 6-5）。”

“那我们晃 10 下，看看是不是需要 26 秒。”哥哥说。

图 6-5　秋千的摆动周期

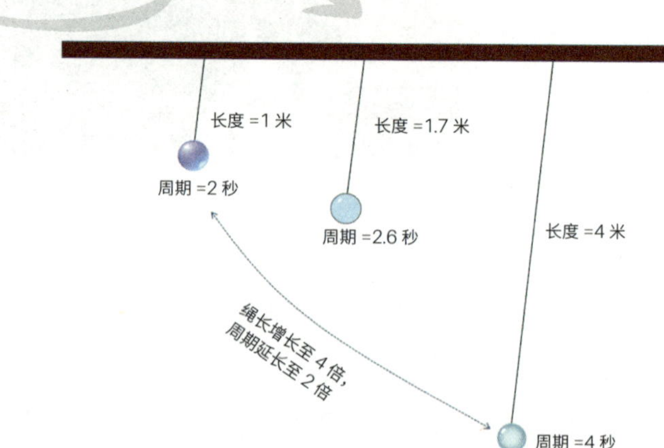

爸爸把绳子拉高一点儿，放手的同时开始用表计时，妹妹和妈妈一起数数。当数到 10 的时候，爸爸看了看表，刚好过了 26 秒。

“真有意思。”妹妹说。

哥哥又试了一次，还是 26 秒。“嘿！这个简陋的时钟还挺准的。”

“可是，”妈妈看着秋千说，“钟表的摆锤来回摆动，而指针却在一圈圈地转动，这是怎么回事？”

“这个问题其实不难，全靠一个叫‘擒纵轮’的元件，它连接着摆锤和齿轮。当摆锤摆到一边时，擒纵轮松开齿轮，齿轮开始转动；当摆锤摆到另一边的时候，擒纵轮卡住齿轮，发出‘嗒’的一声。这样，齿轮转一下、停一下，带动着秒针‘嘀嗒嘀嗒’地转圈（见图 6-6）。”爸爸说。

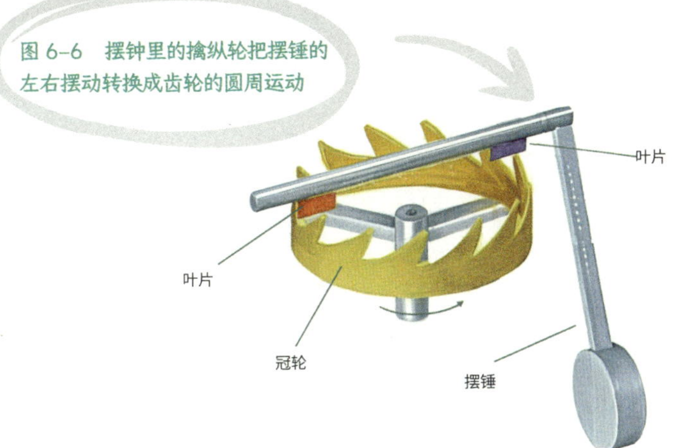

图 6-6　摆钟里的擒纵轮把摆锤的左右摆动转换成齿轮的圆周运动

“原来如此。”哥哥说，“除了秒针，分针和时针又是怎么转动的呢？”

“它们靠的是齿轮驱动。别小看这些小小的齿轮，没有它们，你的自行车就没法骑了，我们的汽车也没法开动，几乎所有的火车、飞机、机器都要停工。你要是想搞清楚它们具体是怎么工作的，我们去骑车，边骑边说。”

“可是我们只有一辆自行车。”

“你骑车，我开车在旁边跟着你。”爸爸说。

WHAT IS TIME
知识盒子

机械钟的发明：精确计时的开始

无论是通过沙漏还是漏刻计时，结果都不太准确。因为计时的结果既取决于小孔直径，也取决于沙或水的多少，而这些因素都很难控制。科学家需要找到一种周期性变化的物理现象，而且与计时相关的干扰因素越少越好。

意大利科学家伽利略发现，在一根绳子下面吊一个小球，就能做成一个单摆。当单摆小幅摆动时，其来回摆动一次的时间总是相等的。而且摆动周期只与绳长有关，与小球重量和绳子的粗细都无关。绳子越长，摆得越慢。这种性质使得单摆非常适合作为计时工具。

后来，荷兰物理学家惠更斯推导出了单摆运动周期与绳长之间的关系。他发现，单摆的运动周期的平方与绳长成正比。例如，要想让摆动周期延长至 2 倍，绳长就得延长至原来的 4 倍。当绳长为 1 米时，摆动周期约等于 2 秒。

1670 年，英国出现了一种新的锚式擒纵器（见图 6-7），可以用在落地式大摆钟——老爷钟上。当钟摆摆动时，会带动锚左右晃动，锚上突出的两个犬牙时而卡住轮齿，时而松开轮齿，从而将摆动转换成了齿轮的转动。老爷钟虽然走得准，但是有 1 米多高，故只能摆在家里，不方便携带！

图 6-7 锚式擒纵器的工作原理

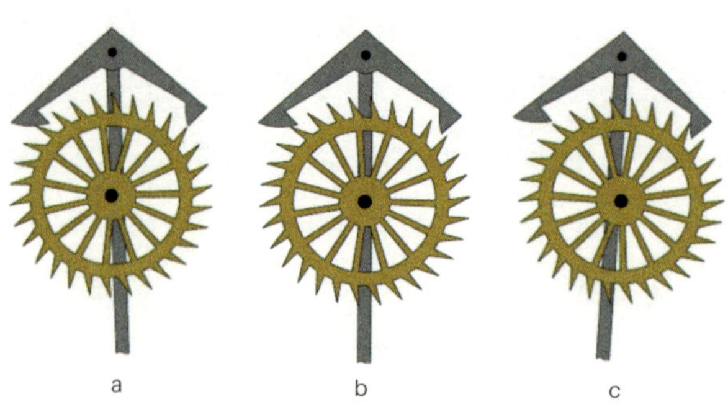

(a) 锚头摆到左边，轮齿被右边的犬牙卡住，发出“嘀”声；
(b) 锚头开始向右摆动，右边的犬齿松开，齿轮按顺时针方向转动；
(c) 锚头摆到最右边时，轮齿被左边的犬牙卡住，发出“嗒”声。

1675 年，惠更斯设计了一种非常轻巧的弹簧，盘绕成螺旋形，被称为“游丝”（见图 6-8）。当拧紧弹簧发条后，随后绷紧的弹簧就能持续地通过游丝释放弹力，并驱动摆轮在一个平面上来回转动，接着再驱动齿轮和指针。这种计时方法不是通过重力驱动钟表的，所以无须竖立摆放钟表。有了发条和游丝，就能做出更小巧的表（见图 6-9）。

图 6-8　游丝

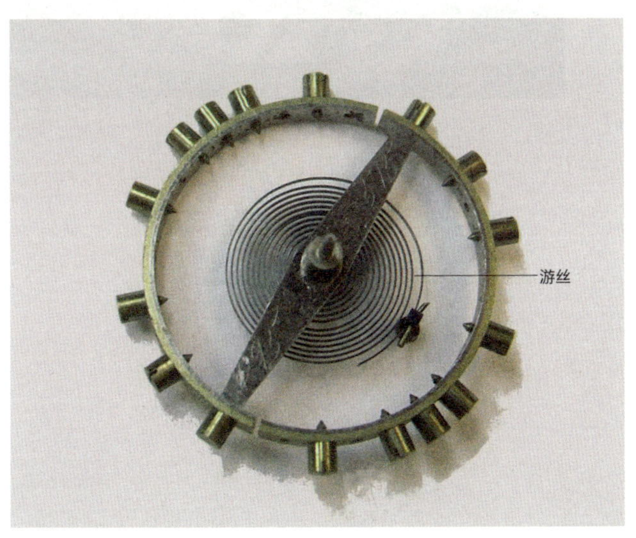

图 6-9 机械表内部

变速自行车：太阳系的时钟

爸爸回到营地开车，跟在哥哥后面。哥哥骑着车，沿着一条碎石路溜了下去，轮胎碾压在石子上，发出“咯咯”的声音。到了坡底，紧接着是一个上坡，哥哥一摇一摆地费力蹬车，车子越来越慢。爸爸把车开到与哥哥平行的位置，大声对他说：“记得换挡！”

哥哥明白了，立刻换到比较省力的爬坡挡位。他努力地蹬着车子继续爬坡，到达坡顶时车子几乎要停下来了。

之后的路也是一段下坡一段上坡，骑得很辛苦。哥哥不停地换挡，终于骑了过去。

在爬上一个坡顶后，哥哥停了下来，他把车子支好，准备休息一下。爸爸也从汽车上走下来，和哥哥一起坐在草地上。

“累不累？”爸爸问。

“有点累，幸好有变速挡。”哥哥说，“对了，这变速挡是怎么工作的？”

爸爸站起来，指着自行车说："你看，这里脚蹬处有一个齿轮，而后轮旁边有一组齿轮，前、后齿轮用链条连接在一起。"哥哥也站了起来，观察着自行车的后轮。

这时，爸爸抬高后轮，用手转动脚蹬，让后轮空转。他让哥哥换到爬坡挡试试。

"我看到了，链条从后轮旁边的小齿轮切换到了较大的齿轮上。"哥哥说。

"对，上坡需要用力，链条切换到大齿轮上，蹬起来省力。"

"不过要蹬许多圈才能前进一段呢。"

"对。现在你切换到平路挡。"爸爸说，只见链条又切换到了较小的齿轮上，"这样蹬起来要用更大的力，但蹬一下就可以走很远。"

"为什么会这样？"哥哥问。

爸爸从钱包里找出两枚五角硬币，将它们并排摆在一起："假设这是两个齿轮，注意看硬币边缘，有锯齿状的刻槽，这样的刻槽可以使两个齿轮啮合在一起，一个齿轮转动会带动另一个齿轮转。如果这两个齿轮的齿数一样多，那么它们转过的圈数相等。"

哥哥点点头。爸爸又找出一枚更大的一元硬币，跟刚才的一枚五角硬币靠在一起："大齿轮边缘的齿数多，小齿轮边缘的齿数少。如果大齿轮的齿数是小齿轮的 2 倍，那么大齿轮转一圈对应于小齿轮转 2 圈。所以蹬一圈大齿轮，小齿轮能转两圈，可以带动自行车后轮跑得更远。”

“噢，我明白了。”

“你知道吗，汽车里也有许多齿轮，汽车变速也是类似的原理。刚才我开车时也在换挡。爬坡时切换成低速挡更轻松，在平路上则切换到高速挡，汽车跑得更快。”

爸爸说完，把自行车折叠好放进汽车后备厢，开车和哥哥一起回到了营地。

“除了汽车和自行车，还有哪里需要齿轮？”哥哥从车上下来，问爸爸。

“还有很多地方，比如飞机的发动机、轮船的轮机、车床，等等，只要有动力传动的地方都需要。齿轮是整个工业的基石。对了，我们刚才提到的钟表也需要。”

“那钟表里的齿轮是怎么工作的呢？”

“和自行车类似。如果两个齿轮的齿数比值是 60，就可以把秒针的转动变成分针的转动。”

“那从分针到时针，需要的齿数比又是多少？”哥哥问。

“这个很容易，你可以自己想一想。”

“分针转一圈是 1 小时，时针转一圈是 12 小时，那么是 12？”

“你说对了。你有没有想过，除了人类发明的钟表，我们的太阳系其实也是一个巨大的钟表，里面也有一个 12 倍的关系：当一颗行星公转了 1 圈时，另外一颗已经转了 12 圈。”爸爸说。

“是吗？”哥哥想了想，“我们以前说过吗？”

“有啊，你想想。”

“哦，是地球和木星吧？”

“对，木星的公转周期是 11.86 年，近似于 12 年。如果把太阳系当成一台巨大的时钟，地球是分针，那么木星就是时针了。”

“这么巧？看来太阳系真的挺像一台时钟的。可是为什么木星的公转周期差不多是 12 年呢，这是巧合吗？”哥哥问。

“不完全是巧合，它的公转周期是由其轨道半径决定的。你还记得吗，钟摆越长，摆动的周期也越长。同理，行星的轨道半径越长，它的公转周期也就越长。比如太阳系最内侧的水星，公转周期只有 88 天，而较远的土星，公转一周需要 29.5 年。要想知道行星的公转周期，就要先知道它们的轨道半径。”

“那太阳系各大行星的轨道半径分别是多少呢？”

爸爸拿出一张纸，写下一串数字递给哥哥：0，3，6，12，24，48，96，192。

“每个数都是前一个数的 2 倍，”哥哥又很快发现了规律，“除了最前面的 0 和 3。”

“请给每个数加上 4，然后除以 10。”爸爸说。

哥哥很快写好了一串新的数字：0.4，0.7，1，1.6，2.8，5.2，10，19.6。

“这些数字是什么意思？”哥哥不解地问。

“它们是太阳系里除了海王星外，其他七颗行星的轨道半径。以地球到太阳的距离为基准，将其视为一个天文单位，也就是这串数字里的 1，那么其他数字就分别代表水星、金星、火星、小行星带里的谷神星、木星、土星和天王星到太阳的距离（见图 6–10）。”

“这么巧，几大行星的轨道半径一下子就都有了。那这些数字能做什么呢？”

图 6–10　太阳系行星的实际位置与提丢斯–波得定则估算的位置（非实际比例）

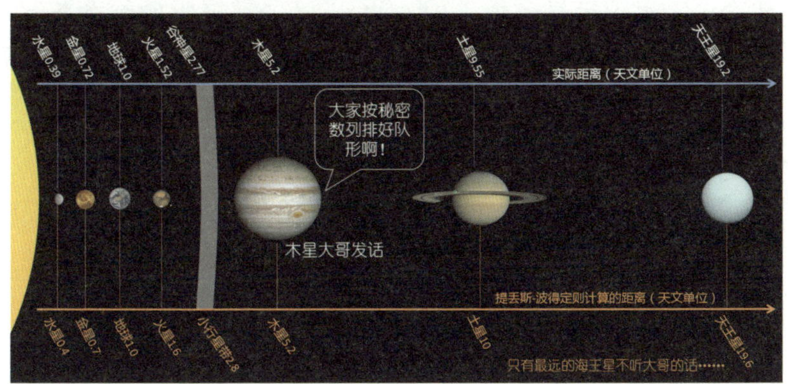

“我们根据这些数字，就可以推测出各个行星的公转周期。比如，木星到太阳的距离是 5.2 个天文单位，我们就可以推算出它的公转周期是多少年。”

“那要怎么推算呢？”

“根据开普勒第三定律，也就是说，行星公转周期的平方和轨道半径的立方成正比。对了，立方就是一个数连乘三次。”

“能举个例子吗？”

“比如，一颗行星的轨道半径是 4 个天文单位，那么它的公转周期就会是 8 年。4 的立方刚好等于 8 的平方。”

“噢，我明白了。现在，我们可以推算木星的公转周期了吧？”哥哥有点跃跃欲试。

“好，我们看一下木星的轨道半径，是 5.2 个天文单位，那么 5.2 的立方等于多少呢？”爸爸点开手机里的计算器，求出了结果，是 140.608，“这个数值应该等于木星公转周期的平方。”

哥哥看着这个数字想了一下，说：“木星公转周期大约是 12 年，12 乘以 12 会是多少呢？”他在心里默算了一下，等于 144。

“啊，这两个数这么接近！”哥哥惊讶地叫道。

“是啊。如果把 12 换成 11.86，也就是木星公转周期的精确数值，你试试看结果如何。”爸爸把计算器递给哥哥。

哥哥计算了 11.86 的平方，计算器上显示的结果让哥哥跳了起来：140.66，几乎和刚才得到的数值一样！

“这个开普勒第三定律真准！”哥哥开心地喊道。

“如果还想更直观一些，我们可以做一个太阳系模型，就是那种行星按照各自的公转周期绕着太阳旋转的模型。这样我们就可以直接观察到，木星公转 1 周，地球大约公转了 12 周。”

“是吗？怎么才能做出这样的太阳系模型呢？”哥哥好奇地问。

“用齿轮组就行，不同的行星之间用齿轮关联起来。只要选用不同的齿轮数比值，就能实现行星的不同旋转速度。例如，只要把地球和木星之间的齿轮数比值设定为 12，那么木星公转 1 周，就可以通过齿轮带动地球公转 12 周。再比如，地球的公转周期大约是水星的 4 倍，选择齿轮数比值是 4 的两个齿轮，地球公转 1 周可以带动水星公转 4 周。如果你感兴趣，下次我们可以买一个太阳系模型拆开来看看。”爸爸笑道。

哥哥兴奋地点点头。

又过了一会儿，妈妈和妹妹也回到营地，做午饭的时间到了。

WHAT IS TIME
知识盒子

太阳系行星的提丢斯 – 波得定则

提丢斯 – 波得定则是由 18 世纪的丹尼尔·提丢斯和约翰·波得总结出来的，用来估计行星到太阳的距离。具体做法是，先写出一串数字：

0，3，6，12，24，48，96，192。

从 3 开始，每个数字都是前一个数的 2 倍。然后将每个数加上 4，再除以 10，得到一串新数字：

0.4，0.7，1，1.6，2.8，5.2，10，19.6。

这就是太阳系各个行星与太阳之间的距离，或者叫轨道半径。距离的单位是天文单位 AU，即地球到太阳的距离，所以第三个数字 1 代表地球与太阳的距离。前两个数字分别是水星和金星的轨道半径，地球之后的分别是火星、小行星带里的谷神星、木星、土星和天王星的轨道半径。

下表是实际的轨道半径与根据提丢斯 – 波得

定则估计的轨道半径的对比（见表 6-1）。对于金、木、水、火、土这五大行星来说，估计的数值非常准确。后来发现的天王星的轨道半径也与估计值吻合。

表 6-1　实际轨道半径与估计的轨道半径的对比

星球	实际轨道半径（AU）	根据提丢斯－波得定则估计的轨道半径（AU）	公转周期（地球年）
水星	0.39	0.4	0.24
金星	0.72	0.7	0.62
地球	1.00	1.0	1.00
火星	1.52	1.6	1.88
谷神星	2.77	2.8	4.61
木星	5.20	5.2	11.86
土星	9.55	10.0	29.46
天王星	19.22	19.6	84.01
海王星	30.11	38.8	164.82

提丢斯－波得定则激发人们在火星和木星之间搜索并最终发现了谷神星。实际上，由于太阳和木星强大引力的拉扯，谷神星轨道附近没法形成大行星，只有一群由小天体组成的小行星带。

但是，提丢斯－波得定则不是一个定律，只是人们发现的一种简便估计行星轨道半径的方法。后来发现的海王星轨道半径跟估计值就有较大差别，并不符合这个定则。

土星环上为什么有一道狭缝

土星周围有一圈非常显眼的环状物绕着土星公转（见图 6-11）。这圈环状物是一层由尘埃和石块构成的薄膜，并被一道缝隙分割成 A 和 B 两个环。这是个有趣的现象，为什么土星环上有一道裂缝呢？这可以用公转周期来解释。

图 6-11 土星环

我们可以假设，本来土星环是完整的，没有缝隙，到处都是尘埃和石块。土星环内侧有一个卫星叫土卫一，它每 22.6 小时就绕土星公转一圈。假设土星环上某一处的石块，其公转速度恰好是土卫一的两倍，即当土卫一公转一圈时，这个石块刚好公转了两圈。在这种情况下，每当土卫一运行到跟这块石头距离最近的位置时，它就能对这个石块施加引力，让它稍稍偏离轨道，时间久了，就逐渐将这个石块清理出原来的轨道。同理，位于相同轨道上的其他石块也会遇到同样的情况。于是，这条轨道上所有石块就被清空了，从而留下一道缝隙。

用一句话总结，星体能清除跟自己轨道周期成整数倍位置的轨道上的小型星体。这也是为什么表 6-1 中太阳系内相邻行星的公转周期不是整数倍。

咔嗒一声：打火机与石英钟

妈妈正要生火做饭，让爸爸帮忙找打火机。

过了一会儿，爸爸拿着一个小巧的气体打火机回来了。妹妹好奇地看着爸爸手里的打火机，想看看它究竟是怎么打着火的。爸爸给她演示了一下：用拇指用力按下开关，只听“咔嗒”一声，一簇小火苗就从火口蹿了出来，松开手后它就熄灭了。

妹妹把打火机拿过去端详了一会儿，说：“可是这里面没有火呀，只有水。”

“哦，那不是水。”爸爸提醒她，“这种液体叫液化气，是可以燃烧的。”

“是什么点着它的？”妹妹问。

“是打火机发出的电火花引燃了它，而电火花是电荷放电产生的。”

“电荷是什么？”妹妹问。

“还记得我们以前说过的电子吗？电子就是一种电

荷。电荷的作用很大，因为有了它，才能驱动我们的洗衣机、电视机等电器工作。”

“那打火机里的电荷是从哪里来的？”哥哥问。

“它来自一种陶瓷。”爸爸说，“这是一种特殊的陶瓷，它在受到挤压或者拉伸的时候会释放电荷。”

“真是不可思议！为什么陶瓷会释放电荷？”哥哥问。

爸爸想了想，一时不知该怎么解释。突然，他看到桌上的围棋盒，就让哥哥帮忙找出 3 颗白子和 3 颗黑子。爸爸拿着这 6 颗棋子，把它们一一摆到桌子上，黑白交替地组成了一个六边形。哥哥和妹妹看着这六边形，等待爸爸解释。

“这就是这种陶瓷晶体里的原子结构。”爸爸说，“陶瓷里的主要元素是硅和氧，它们结合在一起时，一个带正电荷，另一个带负电荷，就像这里的黑子和白子。晶体没有受到挤压时，正负电荷交替形成一个规则的六边形，因为结构很均衡，所以从外面看这 6 个原子是电中性的，不会放电。”

爸爸接着用手挤压两侧的围棋：“如果两侧受到挤压，上下的黑子和白子突出，这个六边形就不均衡了，整体的电中性受到破坏，在它的上方和下方就会分别表现出带正电、负电的电荷，这样就会放电。同样，如果两侧受到拉伸，也会放电（见图 6-12）。”

图 6-12 石英晶体内的压电效应

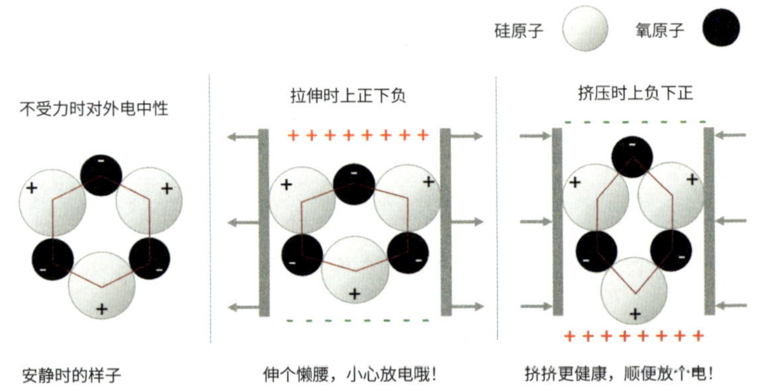

“原来如此。这种材料叫什么？”哥哥问。

“它叫压电陶瓷，通过压力让陶瓷变形，从而产生电荷。”爸爸说，“换句话说，它能把压力转换为电荷。不仅如此，这个过程还可以反过来。”

“反过来？从电荷到压力吗？”哥哥问。

“对，这叫逆向压电效应。给这个材料施加一些电荷，那么它的形状会发生微弱的改变。”爸爸说。

“是吗？正反都可以工作，这真有趣。”哥哥说。

“如果把正向压电和逆向压电结合起来，你猜猜看可以做出什么？”爸爸问。

哥哥努力地想，最后还是摇了摇头。

“我们可以做出一台石英钟！”爸爸眨了眨眼睛说。

“能做一台钟！这是什么原理呢？”哥哥问。

“还记得上午我们用一架秋千做成了钟摆吗？钟摆摆到最低点时，钟摆的高度（势能）就转变为运动的速度（动能），之后运动的速度又转换成钟摆的高度，依此往复，一直摆下去。类似的，石英钟里的石英有正向和逆向压电效应，它们把电能转变成机械振动，然后又转换回来。如此循环往复，就可以产生电子时钟里周期往复的信号。”爸爸说。

“石英晶体到底长什么样？”哥哥很好奇，“在没有看到实物之前，我没法相信，除非你让我把你手上的表拆开看看。”

“啊，你真的要拆吗？这可是我生日时妈妈送给我的礼物！”爸爸说。

“只是打开看一下嘛。”哥哥说。

“好吧——我来拆。”爸爸说着，拿来瑞士军刀，撬开手表的背壳，露出了纽扣电池和电路板（见图 6–13）。

“这个就是石英晶体吗？”哥哥指着一个红色线圈说。

“不是，那是电感。石英晶体在这里，又叫石英晶振（见图 6–14）。”爸爸指着一个外面包着银色金属壳的圆柱体说。

图 6-13 石英表内部（银色长圆柱是石英晶振，红色线圈是电感）

图 6-14 天然石英晶体

“石英钟比机械钟走得更准，这跟石英的压电效应有关系吗？”哥哥问。

“有很大关系。机械钟需要金属部件来回运动，产生摩擦，时间长了就有磨损，而且金属零件会随着温度变化而变形，这些都会让装置走得不准。而石英晶体工作时几乎没有磨损，也很少受温度变化的影响。”爸爸说。

“我们能把石英晶体拆下来吗？”哥哥问。

爸爸仔细看了看手表上的石英晶体，说：“哦，它被焊在了电路板上，我们没有带电烙铁，恐怕拆不下来。”说完，他耸了耸肩。

哥哥有点遗憾地把石英表拿在手里打量，过了好一会儿才把后壳盖上。

WHAT IS TIME
知识盒子

石英的压电效应与钟表

构成石英的主要元素是硅和氧，它们在自然界中广泛存在。

1880 年，法国的皮埃尔·居里和雅克·居里两兄弟发现了晶体的正压电效应，即把机械压力转换为电力的方法：当晶体沿其对称轴方向发生压缩或膨胀时，其表面会积累电荷。这种正压电效应能把振动的动能转换为电能。

后来，里普曼预言了逆压电效应的存在：当对晶体两侧施加电荷时，晶体会发生压缩或膨胀，即晶体能把电能转换为机械振动。

如果能让正压电效应和逆压电效应交替进行，就意味着机械能可以转换为电能，反之，电能也可以转换为机械能，二者不断交替进行可以一直持续下去。如果我们再利用周期性变化的电信号驱动指针进行周期性旋转，就能实现计时。

我们知道，机械钟的摆锤在动能和势能之间来回进行周期性转换，但由于轴承存在摩擦力，时间长了容易磨损。但无论是正压电效应还是逆压电效应，在机械能和电能之间的转换过程中，晶体本身并不会产生磨损，这一性质使其非常适用于制作时钟。

1928 年，贝尔实验室的沃伦·马里森在石英晶体外面施加了一个正负交替变换的电压，让晶体发生伸缩变形，而晶体的伸缩又会产生新的正负交替变化的电压，进而促使晶体继续伸缩变形。如此周而复始，就可以驱动产生周期性的时钟信号。受此现象启发，马里森发明了石英钟。

由于石英晶体内部的结构非常规则，所以产生的时钟信号非常稳定。1939 年，英国格林尼治天文台采用了石英钟时间作为计时标准，每天的误差只有千分之二秒。

石英晶体广泛存在，价格低廉，从手机到电脑、从玩具到遥控器，几乎所有的电子设备里都有一颗石英晶体。石英晶体的振荡频率从几万赫兹到几千万赫兹不等（见图 6-15）。

图 6-15 石英晶体振荡器与石英晶体振荡器内部

云无心以出岫：高频时钟

午后，妈妈和爸爸躺下休息，孩子们累了，也躺下睡了一觉。醒来后，他们觉得神清气爽，体力恢复了不少，于是准备沿着溪水向上游行走，直至爬到山顶。

淙淙的溪水冲刷出宽宽的堤岸，大家背着包有说有笑地上路了。走了一阵子，溪流渐渐变窄，地势也从平路变成了缓坡。脚下的路越来越窄，两旁草木的颜色越来越深。

又过了约一个小时，山势越来越陡峭，有些地方需要跨过去或者攀爬。爸爸时不时地招呼两个孩子，或者拉他们一把。

溪流变窄了，但仍有气势，从山涧飞跃而下，撞在石上，发出震耳的响声。飘散在空中的水花包围着大家。

“妈妈，这水真凉！”妹妹好奇地说，“可这溪水是从哪里来的呀，山顶上是不是有个大湖？”

他们来到了最为陡峭的一段山路，每次只能容一个人通过。爸爸在前面开路，孩子们紧紧跟着，妈妈殿后。

“不要看山下，只看好脚下的路。”爸爸提醒道。

一家人一路低头，手脚并用，终于越过了这个险坡。

可是越接近山顶，溪水就越小，山顶上似乎没有湖泊。妹妹有点失望。溪水渐渐变成了涓涓细流，从草丛间悄然流出，周围变得更加安静。

又爬了一段路，他们到达了山顶，溪水也消失了。看着脚下的群山，大家一阵兴奋。哥哥高兴地尖叫着，听着远处传来的回声，妹妹却有点失落。

兴奋过后，大家才感觉有些累了，坐在山顶的大石头上休息。

“爸爸，刚才的溪水去哪儿了？”妹妹有些疑惑，问爸爸。

爸爸拿出水瓶喝了一口水，又帮妹妹从背包里拿出水杯，四下里看了看，说：“是啊，走着走着就不见了。也许，它隐没在地下了吧。”

妹妹喝了一口水，突然招呼大家：“快看！山谷里升起了一朵白云。”

大家循声望去，在群山的深处，一股水汽悠然自在地从一片翠绿中缓缓升起来。它轻柔地包裹了高耸的林木，又怡然放开，继续升腾。很久，它才与群山作别，飘然而去。

大家凝望着眼前的美景，感到心旷神怡。哥哥转过头来对妈妈说：“这么美的景色，应该配上一首诗才好。”

“让我想想。”妈妈思忖了一下，缓缓地说，“有一句王维的诗挺应景的：‘行至水穷处，坐看云起时。’[①]”

妹妹问这句诗是什么意思，妈妈解释说：“当我们溯溪登山时，水流越来越小，终于不见了踪迹。正当我们感到有点遗憾时，却无意中发现山谷中的白云升了起来。”

听了妈妈的话，爸爸突然想起了什么，他指着白云对妹妹说：“这就是你要找的水呀。”

妹妹困惑地眨眨眼，看着爸爸，听他继续说。

“这水汽不就是水吗？”爸爸指着远处白云升起的山峰，“你看，在溪水消失的地方，一种更加轻盈的水，克服了地球的引力，飞升到天空。所以，当我们追寻一些东西却没有结果时，它们其实并没有真正消失，只是换了一种形式而已。它们依然与我们在一起，我们没必要为此感到太难过。”

“这些白云会飞到哪里去呢？”妹妹问。

妈妈转过身来对妹妹说：“将来，这些云朵还会再落下来，变成水，重新回归大地的怀抱。”

哥哥躺在石头上，望着天上悠然飘过的云，问道：“有没有什么东西飞到天上就不会再落回大地呢？”

“我知道，火箭能飞出去。”妹妹说。

“你说得对。”爸爸笑道，“不过你们知道吗，还有一种东西，比火箭更轻盈，飞得更快、更高。”

---

① 出自唐朝王维的诗作《终南别业》。

“那会是什么呢？”哥哥问。

“它就是无线电波。你们知道无线电波飞得有多快吗？和光一样快！”爸爸说。

“什么东西能发出无线电波呢？”哥哥问。

“还记得我那块石英表里的电感吗？”爸爸说，“再加上一个电容和几个元件就可以了。”

“就是那个红色的线圈吗？”哥哥想了起来，“那为什么电感和电容能发出无线电波呢？”

“这和我们刚才看到的溪水与水汽是一个道理。”爸爸说，“溪水升腾变成水汽，水汽遇冷落到地面又变为溪水，总之都是水的形态在变化。”

“那电荷又是怎么运动的呢？”妹妹问。

“你可以把电荷想象成水分子，然后把电容想象成一个存储水的湖泊，把电感里的磁场想象成天空中的云朵。就像水分子可以在湖泊和云朵之间循环一样，电荷也可以在电容和电感之间循环。”爸爸说，“只不过，电荷的循环速度很快，每秒可达几百万次到几十亿次。”

“是吗，有这么快！”妹妹惊呼。

“而且它的循环速度非常稳定。我们可以用它做成精度达到几十亿分之一秒的时钟。”爸爸说。

天色渐晚，太阳落山了。因为夜色降临后从山顶可以欣赏远处海边的灯塔，所以他们带了干粮，不准备回营地做晚饭了。

WHAT IS TIME
知识盒子

水的循环与电荷的循环

无线电中使用的时钟信号频率很高，如 Wi-Fi 的频率大约有 24 亿～ 52 亿赫兹，远超石英钟的频率。为了产生高频率的时钟信号，需要用到由电子元件组成的高频电路。尽管如此，高频电路的底层工作原理跟机械钟和石英钟是一样的，都是利用了能量在不同形式之间周期性地转换。只不过，在高频电路里，是电荷的来回循环产生了时钟信号。

为了理解高频电路的工作原理，我们可以把电荷比作水滴，用水滴的循环来类比电荷的循环运动。

我们知道，水在湖泊和云团之间周期性地循环变化。湖水蒸发为水汽变成云朵，云朵里的水汽遇冷凝结为雨滴落到湖里，如此循环不已。

如果把水滴看成电荷，湖水看成电容，云朵看成电感，那么蒸发和降雨就相当于电荷的流动与循环。湖水的蒸发对应于电荷从电容转移到电感，而云里的水滴降落到湖中对应于电荷从电感转移到电容。电荷在电容和电感之间形成不间断的循环，就能产生周期性变化的电压和电流，以及周期性的高频时钟信号，继而发射出无线电信号。

水汽和电荷的周期性变化分为四个阶段，这四个阶段可以对应于苏轼的《饮湖上初晴后雨二首》（其二）中的四句（见图 6-16）：“水光潋滟晴方好，山色空蒙雨亦奇。欲把西湖比西子，淡妆浓抹总相宜。”

图 6-16 湖水和云团的变化，同电容和电感中电荷的变化类似

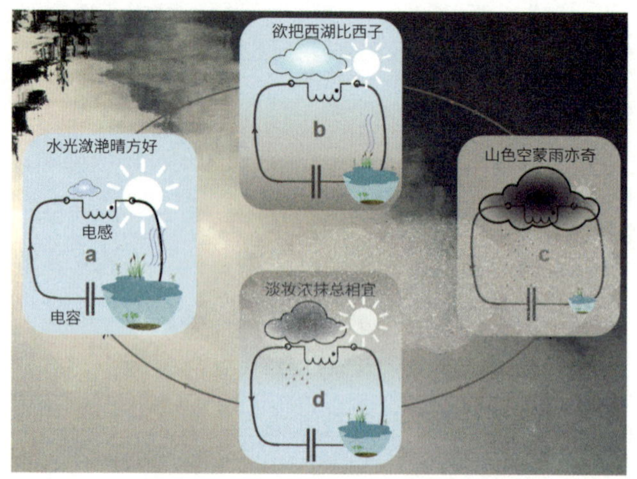

- 假设起初所有能量都以电荷形式存储在电容里（图 6-16a），电荷逐渐逸出，就像水从湖泊里蒸发为水汽，变成云朵。
- 接下来，湖里的水越来越少，云朵越来越大（图 6-16b），一半的水存储在湖泊中，另一半水以水汽的方式存储在云朵里。正如一半能量以电荷形式存储在电容里，而另一半能量以电磁场的方式存储在电感中。
- 当绝大部分电荷逸出后，电容里几乎没有电荷了，就像湖泊几乎蒸发干了（图 6-16c），这时电感上的电流达到最大，好比天上的云量达到最多，降雨开始。
- 接下来，雨水降落到湖泊中，水位回升，云朵变小（图 6-16d），这对应着电感上的能量以电流的形式回到电容。
- 最后，几乎所有云朵里的水汽都化为雨水降落到湖里，湖水达到最高位（图 6-16a），对应所有电荷都集中到电容里。

到此，一个循环结束，湖水重新开始蒸发，电容上的电荷重新开始逸出，下一个循环又开始了。

夜空中的灯塔与时钟：脉冲星

天色渐暗，深蓝色的天空中陆续冒出一颗颗星星。

哥哥拿出双筒望远镜朝灯塔的方向望去，耐心地等待着。过了一会儿，突然一道闪光掠过，夜色中出现了一束光芒，哥哥叫了起来："灯塔发光了！"

妹妹也要看，哥哥摘下望远镜戴到妹妹脖子上。妹妹从望远镜里看到一束光芒射过来又消失了，几秒后再次出现，一闪一闪，时明时暗。

"那座灯塔离我们很远吗？"妹妹问。

"嗯，从地图上看，应该挺远的。"爸爸说。

"为什么那么远的光能传到我们这里？"妹妹问。

"因为灯塔里有一组透镜，可以把光线会聚起来，然后朝着一个方向射出。它像探照灯一样来回扫过，给海上的航船指示方位。"爸爸说。

"如果这束光射到天上，会不会被外星人发现，暴露我们地球的位置？"哥哥问。

“那倒没有那么严重，灯塔的光束射不了那么远。不过天上其实也有灯塔，一开始人们还以为那是外星人发出的信号呢。”

“是吗，外星人真的会发信号给地球吗？他们从哪里给我们发信号呢？”妹妹提出了一连串的问题。

爸爸抬头看了看天空，头顶的星空非常明净。爸爸指着一条银色玉带说：“还记得吗，这条是银河。银河的两侧各有一颗最亮的星星，其中一颗亮星的两边各有一颗稍微暗一点儿的星星，那就是牛郎星和他扁担上挑的两个孩子。”

两个孩子顺着爸爸的手指望去，发现了牛郎星。

“把牛郎星的这两个孩子连起来，所指向的银河另一侧的亮星就是织女星。”爸爸接着说。

“我看到了。”妹妹兴奋地说。

“在牛郎星和织女星的连线上作一条垂直的线，”爸爸用两手交叉比画了一下，“沿着这条线，在银河中央比较暗的地方会发现另外一颗亮星，那就是天鹅座的天津四。你们看到了吗？”

哥哥和妹妹观察了一会儿，最终也找到了。

“把这三颗星连起来，就是著名的‘夏季大三角’。”爸爸说，“而‘外星人向地球发射的信号’就来自这个大三角的中心地带，确切地说是来自一个小星座，叫狐狸座。”

“那里发出了什么信号？”哥哥问。

“我们看不到这种信号，即使用最先进的光学望远镜也看不到，因为它发出的不是像灯塔那样的光束，而是电信号，用特殊的射电望远镜才能观测到。”爸爸说。

“是谁发现的呢？”

“1967 年，一位英国女研究生约瑟琳·贝尔发现，那里的星星会发出一种非常有规律的脉冲信号。它每隔 1.3 秒就有一个像心电图那样的尖峰信号，而且在随后的几天、几个月里，只要将射电望远镜对准那片星空，就能持续不断地收到同样的信号。”爸爸说。

“真是奇怪啊。”妈妈也感叹道。

“是啊，所以科学家给这个信号起了个名字叫‘小绿人’，因为当时人们认为外星人是绿色的小人。”爸爸说。

“那是不是外星人向地球发出的信号呢？”哥哥问。

“约瑟琳·贝尔也很好奇，当时她正准备利用圣诞假期和男友订婚。就在订婚头一天晚上，她来到实验室，对另一片星空进行观测，没想到在那片星空也发现了很有规律的脉冲信号，它们被记录在长长的观测数据纸带上。这个新发现说明，这个小小的脉冲信号不可能来自外星人，因为相距如此遥远的两颗星星不可能约好同时向地球发射信号。”

“如果不是外星人，那会是什么呢？”

“只能是一种从未被发现的新的星体。”爸爸说，“这种星体如此之小，直径只有 10 ～ 20 千米，质量却有太阳那么大。换句话说，它非常紧密。该星体上一块指甲盖那么大小的物质就相当于地球上一座小山的质量。”

“哇！”哥哥和妹妹同时叫道。

“它叫脉冲星，就是夜空中的灯塔。”爸爸说。

“为什么脉冲星能发出这么强的脉冲信号？”哥哥问。

“因为脉冲星结构极为紧密，所以它的磁场强度非常高。它会从两个磁极发射出两束高能带电粒子，随着自身的转动，射向周边的星空（见图 6–17）。

当它扫过地球时，就在射电望远镜里留下了一个尖尖的脉冲，就像我们看到的灯塔的闪光（见图 6–18）。”

图 6–17　脉冲星南北磁极释放的带电粒子扫过天空

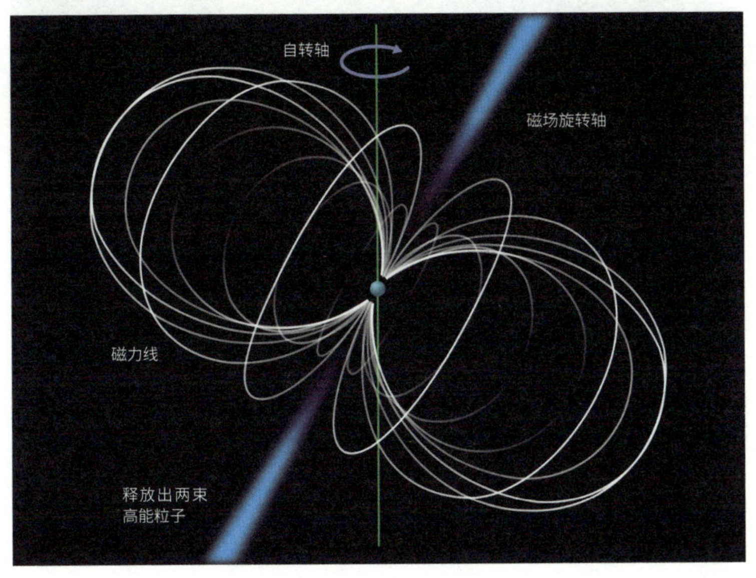

图 6-18　蟹状星云是 1054 年超新星爆发后的残留，其中心能看到脉冲星发出的高速辐射粒子流

哥哥和妹妹又看了一眼远处的灯塔，它的光线每隔几秒就扫过一次。

“脉冲星也像灯塔一样扫得那么快吗？”哥哥问。

“转得慢一点儿的脉冲星大约几十秒扫一圈，快的一

秒会扫过几十到几百圈。”爸爸说。

“为什么它转得那么快？”妹妹问。

“因为它很小。脉冲星是衰老的恒星，当它耗尽了燃料，就会收缩得越来越小，从太阳那么大，收缩成一个县城那么大。在收缩变小的过程中，它会一直自转。太阳自转一周大约要 25 天，但如果收缩到直径为 10 千米左右时，就会转得飞快了。”爸爸说。

“为什么星星收缩后会越转越快呢？”妈妈问。

“你们看过花样滑冰吧？当运动员张开手臂旋转，然后把身体收成一团时，他会转得越来越快。脉冲星也是同样的道理。”爸爸说。

“哦，我明白了。那这个脉冲星能做什么呢？”哥哥问。

“它是宇宙中天然的高精度时钟。因为脉冲星的结构如此之紧密，转得如此之快，所以很有规律。那些快速转动的脉冲星时间精度极高，每一亿年的误差不到一秒，精度超过了所有的机械钟和石英钟。”

哥哥和妹妹露出惊讶的眼神。

天色越来越黑了，一家人收拾好垃圾，下山回营地。

下山后他们路过一个池塘，哥哥捡起一块石子丢了进去，发出清脆的声音，一圈圈涟漪在水面散开。妹妹也想试一下。

“嘘——”妈妈拦住了她，“不要吵醒池塘里睡觉的鱼儿。”

“为什么？”妹妹问。

“对于鱼儿来说，池塘就是它们的宇宙。石子掀起的涟漪，会让鱼儿觉得宇宙里发生了天翻地覆的大事。”妈妈说。

“那我们生活在一个什么样的宇宙里呢？”哥哥问。

“我们生活在一个更大的池塘里而已。”爸爸说，“这个池塘也会有涟漪，一个更大的涟漪。”

“那一定需要一块很重的石头，才能掀起这么大的涟漪吧？”哥哥问。

“嗯，确切地说是两块石头。还记得吗，我们以前说过，两颗离得很近的中子星，它们会围绕彼此旋转，最终融合成一个黑洞，掀起引力波，引起时空的形变，而后扩散到周围的宇宙（见图 6-19）。就像池塘里的涟漪会掀动纸船，宇宙的涟漪我们也能检测到。”

“怎么才能检测到？”哥哥问。

“其中一个方法就是测量脉冲星发出的高精度时钟信号。这个非常有规律的时钟信号受到引力波引起的时空形变影响，因而有了轻微的抖动。宇宙涟漪的波峰和波谷引起的抖动是不一样的，通过测量众多脉冲星的信号，我们就可以估算出引力波的形状和大小。”

一家人又继续往前走了一段路，终于回到了营地。

图 6-19　两颗中子星围绕彼此旋转，融合成黑洞，释放引力波

资料来源：NASA。

WHAT IS TIME
知识盒子

脉冲星

脉冲星是一种恒星坍塌之后形成的特殊星体，它能够提供非常稳定的时钟信号。

一般来说，恒星通过燃烧自己的燃料来抵御自身引力引起的内部坍缩，从而维持内部的平衡。但是，当恒星到了晚年，它内部的燃料消耗殆尽，就开始在自身引力作用下向内坍缩。恒星被压缩成非常致密的星体，甚至原子里的电子也会被挤压出去，只剩下中子，因而此时形成的星体被称为中子星。

恒星变成中子星后，半径只有 10～20 千米，相当于北京市四环内的区域，但质量有 1～3 个太阳那么大，等于把 33 万～100 万个地球压缩成北京市区那么大。如此高的密度加上如此小的体积，产生了两个后果：

- 中子星的南北极磁力线非常密集，可以把粒子加速到接近光的速度，产生极强的光束或高能 X 射线，并辐射到太空，像巨型探照灯一样旋转着扫过太空。当这些光束扫过地球时，我们就能探测到中子星闪烁的脉冲，所以它又叫脉冲星。
- 脉冲星自转的速度极快，旋转一周最快只需 1～2 毫秒，也就是每秒旋转几百圈，最慢也不过几十秒转一圈。脉冲星高速旋转的频率非常稳定，可以被视为一台宇宙时钟。有一颗编号为 J0437-4715 的脉冲星旋转得非常稳定，大约每 18 亿年才产生 1 秒的误差，其精度堪比精准的原子钟。

但是，这种高速自转并不能一直持续下去，因为脉冲星会逐渐释放出粒子而丢失一部分质量和能量，导致其自转速度变慢。这就像一枚手表，发条上的能量被渐渐释放出来后，表针会逐渐变慢直至停止走动。通常，脉冲星在 1 000 万～1 亿年后会渐渐停止转动。

值得注意的是，有一种脉冲星却可以稳定地自转几十亿年，它们属于一种双星系统，即一颗脉冲星和一颗普通的恒星（见图6-20）。大质量的脉冲星会吸引临近的恒星，并吸积一部分恒星上的物质，把它们转换为自身旋转所需的能量。这就好像一只无形的手在给时钟上发条，从而大大延长其旋转的时间。

图 6-20 脉冲双星：右侧的脉冲星吸引了左侧的恒星，并吸积了恒星的部分物质

资料来源：NASA。

卫星导航：时间决定距离

周日的早上，天有点阴。这两天骑车、爬山，大家有点累了，很晚才起来。

起来后，一家人难得发了一会儿呆。大自然最直接的时钟——太阳，也无精打采地隐在云后，化作一抹灰白，不再提醒人们现在几时几刻。

吃过早餐，妹妹玩沙子，哥哥去河边蹚水，爸爸逐一清点物品，妈妈捧着一杯热茶靠在椅背上，凝望着远处高低起伏的水墨群山。

然后，大家开始整理物品，装车。哥哥和妹妹坐上车，妹妹从后排站起来，伸手到前排中控台把音响打开。爸爸系上安全带，打开车载导航，过了一会儿，便传来了“嘀”的一声。

“这是什么声音，爸爸？”妹妹好奇地问。

爸爸看了一眼屏幕：“哦，应该是导航系统找到恒星了。今天天上有云，我刚才还担心能不能顺利接收到卫星信号呢。”屏幕上显示出几颗卫星在天空中的位置。

“为什么要找卫星？”妹妹问。

“因为卫星能告诉我们所在的位置，并显示在车载地图上，这样我们就不会迷路了。”爸爸说。

哥哥也凑过来看导航地图：“我们在地图上什么位置？”

爸爸把地图上的一个蓝色的圆点指给哥哥看。“地球上这么多汽车，卫星要把每台车的位置找出来然后发送给它们，一定非常忙碌吧？”哥哥问。

“哦，这个问题挺有趣的。”爸爸说，“实际上，卫星并不是为我们一对一服务的，它也没有直接告诉我们车辆所在的位置，只是告诉了我们一些时间信息。其实是车载软件据此计算出我们的位置，并显示出来。”

“咦，卫星只需要告诉我们一些时间信息就够了？”哥哥问。

“对。卫星对所有的车载导航系统都发送同样的时间信息，这个信息也就是卫星的当前发送时刻，对所有人都是一样的。位于地球不同地方的导航系统接收到这个信息时，会记录下自己的接收时刻。”爸爸说。

“有了这些时间信息后，怎么能确定各自的位置呢？”哥哥问。

“用接收时刻减去发送时刻，得到的时间差乘以光速，就是汽车到卫星的距离。”爸爸说。

“可是，只有这一个距离就够了吗？”哥哥问。

“当然不够，因为空间是三维的，所以我们需要知道 3 个距离，才能算出我们在三维空间的位置。”

“这样说来，至少需要 3 颗卫星？”哥哥问。

“实际上，还需要第四颗卫星来帮我们纠正时间偏差。”爸爸说。

“那我们现在找到了几颗卫星？”妹妹问。

“一共 7 颗，”爸爸看了一眼屏幕说，“这已经远远超过了实际需要的卫星个数。”

爸爸输入了家的地址，导航仪上显示出一条最近的路线。爸爸发动汽车，上路了。

“爸爸，卫星在高高的天上，离我们多远？”妹妹问。

“至少有 2 万千米。”爸爸说。

“它从那么远的地方发信号过来，要是出了一点点差错，我们的位置就差了很远吧？”哥哥问。

“对，你们可以算算会差多远。你们记得光速是多少吗？”

“每秒 30 万千米。”哥哥说。

“对，也就是说，如果时间上有 30 万分之一秒的误差，距离就会差 1 千米。如果要保证距离误差在 1 米以内，那就要求每 3 亿秒才能有 1 秒的误差。”

“啊！这么高精度的时钟是怎么做出来的？”

“这里用到的既不是机械钟也不是石英钟，而是一种特殊的时钟——原子钟。”爸爸说。

“原子钟？是靠原子本身的振动吗？”哥哥问。

“不，是靠一种铯原子最外层电子的变化。虽然它看起来和机械钟、石英钟很不同，但最基本的原理是类似的。”

“为什么这么说呢？”

“你还记得吗，我们推一下钟摆，它就会摆到高处。同样，在原子钟里，原子最外层的电子状态也不太稳定，当受到能量激发时就会活跃起来，飞跃到更高状态。但是这种状态不会持续太久，因为能量一旦耗尽它就又会回到原来状态，就像钟摆回到较低的位置。电子在这两种状态之间来回切换，就可以让原子钟一直走下去。”

“原子钟为什么那么准呢？”妹妹问。

“因为电子跳跃得很快，而且在一个微小的原子里，几乎不会受到外界的干扰。世界上最先进的原子钟达到了几十亿年误差 1 秒的精度。”爸爸说。

正在他们说话的时候，导航仪发出了“嘀”的一声警报。

“糟糕，”爸爸说，“光顾说话了，我们错过了一个上高速的路口。”

妈妈转过头来看着导航，屏幕上立刻又指出了另外一条乡路，需要行驶一段后从下一个路口上高速。

“大家准备好，我们要来个全身按摩了！”爸爸说着，把车驶入了一条坑坑洼洼的小路。哥哥和妹妹抓好扶手，随着车子来回颠簸，妹妹的辫子又一次左右摇晃起来。

WHAT IS TIME
知识盒子

用时间来确定位置的方法

船只在茫茫大海中精确测定自身所处的经纬度非常重要。纬度可以用太阳或星星的高度来测定，经度却无法用这种方法测量。

16 世纪，弗莱芒物理学家杰玛·弗里希斯提出了一种用时钟测量经度的方法。原理是：地球 24 小时自转一周刚好是 360°，所以 1 小时的时间差对应于经度的 15°。由此他提出：出港的船只携带一台钟，在海上记录出发港的时间。海上的船只通过太阳或星星的高度可以推算出海上的当地时间。只需比较海上的当地时间和出发港的时间，就可以计算出二者的经度差。由于出发港的经度已知，所以可以算出当时船只在海上的经度。

但这个方法要求时钟非常精准，在一个月的时间里走时误差在几秒以内。当时的时钟主要是摆钟，一旦在船上受到颠簸之后，就很难保持精确性。尽管后来发明了游丝，不需要摆钟了，但是海上温度的变化会让金属热胀冷缩，导致走时误差仍然很大。

后来，英国一位工匠约翰·哈里森先后设计了4种时钟，其中最后一种代号为H4的钟表不仅小巧，而且走时最为精准。哈里森在时钟里采用了耐磨的宝石作为轴承。更重要的是，他利用不同温度膨胀系数[①]的铁和铜相互交叉做成栅格，巧妙地抵消了温度变化对时钟精度的影响。

为了测试这台时钟，哈里森的儿子将它带上一艘船，从英国出发前往古巴。在81天的航程中，时钟仅出现了5秒钟的误差，换算成距离大约只有3千米的误差，对应的经度误差远小于0.5°。这台时钟获得了巨大成功。

如今，卫星导航已经非常普遍，而且精度更高，但它的原理仍然是用计时的方法来确定位置。

在导航卫星上安装一台高精度的原子钟，不断地将时间信号通过无线电波发射到地面。地面上的

---

① 膨胀系数是指材料的表面温度每提高1℃时，材料膨胀的百万分率。

导航装置接收到时间信号后，跟当地时间进行对比，就能计算出时间差。将这个时间差乘以无线电波的速度（与光速相同），就能得到地面某处与卫星的距离。

导航装置会同时接收 4 个以上的卫星的时间信号，所以能计算出与这 4 个卫星的距离。通过求解几何方程，导航装置就能算出自身的经纬度位置。目前，卫星导航的精度最高可以达到 1 米以内。

阅读书目

关于漏刻以及水运仪象台的原理，请参考［1］。

关于单摆、机械钟、石英钟以及原子钟的工作原理，请参考［1］［2］。

关于高频时钟的原理，请参考［1］。

关于居里兄弟发现压电效应的过程，请参考［3］。

关于脉冲星的发现，请参考［4］。

［1］汪波：《时间之问》，清华大学出版社，2019。

［2］［美］杰·G. 牛顿：《伽利略的钟摆》，路本福、苗蕾译，外语教学与研究出版社，2007。

［3］［法］玛丽·居里：《居里传》，周荃译，江西教育出版社，1999。

[4][美]亚当·弗兰克：《关于时间》，谢懿译，科学出版社，2014。

第 7 章

生命：花朵与人体，皆有精妙钟

夜来香：感知夜晚的来临

周五晚上，一家人又开车来到了营地。这是他们假期的最后一次全家露营，因为暑假即将结束，爸爸将又一次出差远行。

刚下车，一股浓郁的花香扑面而来。妈妈跟随香味走过一片草坪，来到了树林边的一株灌木前。她仔细辨认了一下，确定香味就来自这株矮树。翠绿的枝叶，上面密密麻麻垂吊着一簇簇黄绿色的小花。张开的五个花瓣呈五角星形，浓郁的香味正从其间阵阵散出。花瓣下葱白色的花柄像高脚杯的支脚，高挑而优雅。

“这是什么花呀？这么香！”妹妹凑过来问道。

“有点像茶花的味道。”哥哥说。

“应该是夜来香。”妈妈笑道。

“它是到了夜里才散发香味吗？”妹妹问。

“对，傍晚以后，夜来香就开始绽放，提醒我们夜幕降临了。”妈妈说。

这时，爸爸喊妈妈过去帮忙搭帐篷，妹妹继续观赏夜来香。她轻轻摘下一朵五角星形的黄绿小花，放到鼻子前闻了闻，又仔细打量着它的样子。

过了一会儿，帐篷搭好了。露营灯一亮，不少蚊虫被吸引过来，围着灯光飞舞。妹妹拿着夜来香的花朵回到帐篷里，给哥哥看。哥哥闻了闻，表示不太喜欢。

“有一首歌叫《夜来香》，你们听过吗？”妈妈问。

妹妹和哥哥摇摇头。

妈妈随口哼唱了几句：

那南风吹来清凉
那夜莺啼声细唱
月下的花儿都入梦
只有那夜来香
吐露着芬芳

“夜来香为什么偏偏要在晚上开放呢？”妹妹问。

“这样夜色才更有情调呀。”妈妈说，“头上有明月照耀，耳边有夜莺歌唱，再加上夜来香幽幽的香气，真是完美之夜。我记得有一首关于夜来香的诗：‘作穗青鹰爪，含苞白凤胎。丝丝垂鬓袅，夜夜呢人来。’[①]”

---

① 选自清代张九钺的《陶园诗文集》，2013 年由岳麓书社出版。

“可是，别的花儿晚上都做梦去了，为什么夜来香不去睡觉呢？”妹妹问。

“肯定有它的道理，”爸爸说，“让我想一想。”

“那是因为什么呢？”哥哥也凑过来问。

“哦，我想起来了。花儿开放、散发香气是为了吸引昆虫来采蜜和授粉。在热带和亚热带，白天气温高，昆虫不愿出来，如果花儿白天开放、晚上闭合，就没法进行授粉。所以有的花儿选择在温度较低的夜间开放。”爸爸说。

“花儿真聪明。”妹妹说，“不过，花儿又没有眼睛，它们怎么知道到晚上了呢？”

“也许是夜来香能够感知光线的变化？”哥哥猜道。

“这是个不错的想法。不过，科学家把夜来香放进一个 24 小时都有人工照明的房间里，发现夜间它依旧会开放，这说明光线并不是影响夜来香开花的因素。”爸爸说。

“哦，这就奇怪了。”哥哥说，“也许夜来香知道钟点？”

“可是它并没有手表呀！”妹妹说。

“虽然夜来香没有戴手表，但它体内确实有一个看不见的时钟，能告诉它当前的时间，我们把这个看不见的时钟叫作‘生物钟’。生物钟不仅植物有，动物也有，它能调节生物一天之内的体温、内分泌和血压等。”爸爸说。

“哦，为什么动植物会有这样的生物钟？”哥哥问。

“你们读过《小王子》吗？”爸爸问。兄妹俩点了点头。

“小王子在他的星球上，每隔半个多小时就能看到一次日落，那是因为他的星球转得很快。”爸爸说。

“这和生物钟有什么关系？”哥哥问。

“当小王子来到地球时，他发现地球转得没那么快，但是地球上有一支壮观的点灯大军。每晚，先是东亚的点灯大军开始工作，点亮街上的煤油灯，然后是西亚、欧洲，最后是美洲。到了黎明，也是按这样的顺序熄灯。地球上的点灯人就这样 24 小时不断地进行点灯接力。”

“这么说，地球本身就像一台巨大的时钟？”哥哥说。

“对，地球自转不仅决定日升日落，而且决定一天当中何时温度最高、何时日照最强。所以，植物要在有日照的时候进行光合作用，日行动物则在夜间睡眠时通过调低自己的体温来适应昼夜变化。日头的高低是外部时间，而生物为了适应外部时间，发展出一套内部的时间系统。”爸爸说。

“既然有了太阳这样的天然时钟，为什么动植物还另搞一套生物钟呢？”哥哥问。

“这是个好问题。”爸爸说，“有自己的时钟，不仅是为了知道现在的时刻，更重要的是，它能够预测未来要发生的事情，从而提前做好准备。这才是生物最大的智慧。”

“能举个例子吗？”哥哥问。

“比如，我们在睡眠时，心跳、呼吸都会变慢，体温也会下降到最低。到了清晨四五点，虽然人仍在睡梦中，大脑仍在休眠状态，生物钟却发挥着作用，悄悄调节我们的体温，让它逐渐升高。这样，在我们起床开始一天的活动时，身体已经准备好了。”

妹妹这时觉得困了，打了一个哈欠。

“你看，你的生物钟提醒你该睡觉了。”妈妈说。

“为什么到了晚上，人就这么困呢？”妹妹问。

“那是因为晚上九点后，大脑开始分泌一种物质，通知身体各器官，夜晚降临，准备休息了。这种物质叫褪黑素，是从大脑深处一个叫松果体的部位分泌出来的（见图

图 7-1 体温和褪黑素水平在一天之内的变化

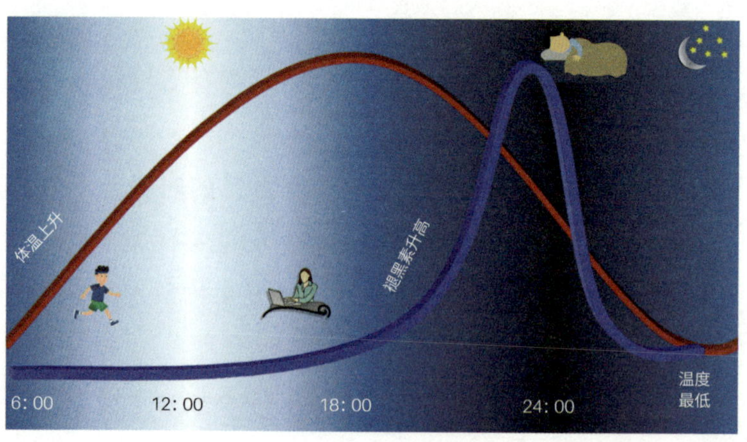

7–1）。”妈妈说。

妹妹揉揉眼睛，妈妈陪她回到帐篷，妹妹很快就睡着了。

哥哥还不困，又继续玩了一段时间，到了深夜才睡下。

WHAT IS TIME
知识盒子

美丽的生物钟——花钟

瑞典植物学家林奈发现一些花儿会在特定时间开放，于是他建议把金盏花、蒲公英、金丝桃、苦苣菜等植物栽种在一个圆环上，这样的话，看一眼圆环上哪种花儿正在开放，就知道当前的时刻了。这就是著名的“花钟”的来历（见图 7-2）。

图 7-2 花钟

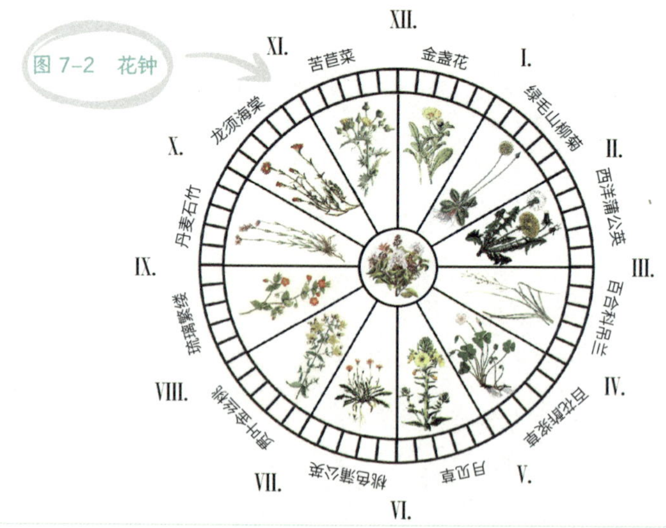

人体生物钟

人体生物钟能按照昼夜节律变化，并且影响人在不同时刻的状态。早晨 6：45 血压上升最快，10：00 人体灵敏度最高，15：30 反应最快，17：00 心血管效率最高，18：30 血压最高，19：00 体温最高，21：00 开始分泌褪黑素，22：30 肠胃蠕动放缓，凌晨 2：00 睡眠最深，凌晨 4：30 体温最低（见图 7–3）。分娩却多发生在半夜时分，心脏病猝死多发生在清晨。

对于经常值夜班的人来说，昼伏夜出的作息习惯会造成生物钟的紊乱，影响他们的血压水平、睡眠质量以及激素变化。

时差问题

为什么乘坐飞机跨时区旅行要倒时差，而驾车或乘船旅行却不需要？因为飞机的速度很快，在半天之内就能跨越多个时区，生物钟与目的地的时间相差较大、昼夜颠倒，人体无法一下子适应，所以会感到不适，需要几天的时间来倒时差。驾车或乘船的速度较慢，人体有足够的时间来逐渐适应当地时间，所以不会感到不适。

图 7-3 人体生物钟

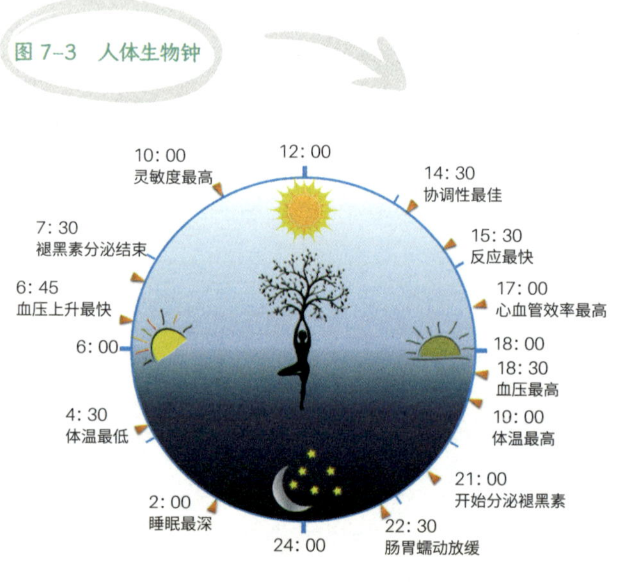

科学家发现，人们向西旅行产生的时差综合征比向东旅行时产生的要轻一些，因为延迟人体生物钟比提前生物钟更容易。一般人向西旅行后，适应新时区所需要的天数约等于跨越时区数的一半。例如，跨越了 6 个时区，需要 3 天适应期。而向东旅行的人，适应新时区所需的天数约等于跨越时区数的 2/3，即跨越了 6 个时区，需要 4 天才能适应。如果出发前两天把作息时间根据目的地时区调整 1～2 小时，可以减轻时差对身体的影响。

岩洞中的含羞草：生物体内的嘀嗒声

周六一早，妹妹就睁开了眼睛。平时上幼儿园，她总是赖到最后一刻才起床，可是今天爸爸妈妈想多睡一会儿，她却早早起来了。她推一推哥哥，哥哥转了个身继续睡；她又叫爸爸和妈妈，妈妈应了一声，看了看表，又躺下了。

妹妹一个人起来后格外精神，她戴上墨镜，头上别着闪闪发光的公主发夹，手里高举着自制的魔法棒，站在帐篷里念念有词："谁不起床就把谁变成毛毛虫！"爸爸妈妈终于忍受不了，爬了起来。

大家起来洗漱，只有哥哥继续赖在睡袋里，捂着头睡觉。

"哥哥这个大懒虫。"妹妹撇了撇嘴。

"我不是懒虫，只是想多睡一会儿而已。"哥哥在睡袋里辩解说，"大周末的，你怎么起得这么早？"

"周末多短呀，早点起来就可以多玩一会儿！"妹妹说。

“你们俩，一个夜猫子，一个百灵鸟。”妈妈说。

“不过这也正常，每个人都有自己习惯的作息时间，因为每个人的生物钟都不同。”爸爸说。

妹妹吃完早餐，问爸爸：“对了，今天我们去哪儿玩？”

“附近有个岩洞，我们去那里探险。”爸爸说。

哥哥一听要去探险，“嗖”的一下子从睡袋里钻了出来。

饭后，一家人收拾装备，带了头灯和绳索，朝岩洞走去。一路上，哥哥和妹妹轮流问爸爸，岩洞长什么样，里面会不会有吸血蝙蝠。

终于到了岩洞口，他们卸下背包，妈妈和妹妹在洞口等着，哥哥和爸爸准备先下去。就在这时，哥哥发现脚边一株草的叶子突然收缩起来，再碰另一株同样的草，它的叶子也立刻收缩起来。

“这是什么草，怎么会动？”哥哥蹲下来问，大家都围拢过来。

妈妈看了一眼说：“这就是含羞草。你一碰它，它害羞了，就把叶子合起来。过一会儿，没人动它了，它又会重新张开（见图 7-4）。”

“是吗？这么有意思。”妹妹盯着含羞草，过了几分钟，叶子果然又重新张开了。

图 7-4　含羞草的叶子白天张开、晚上垂下，即使在全黑的环境里也是如此，仿佛知道时间的流逝

“含羞草里有感知神经。当它感受到动物的扰动时，就会把叶子收起来，这样它被吃掉的概率就大大降低了。除此之外，含羞草的叶子到了晚上也会垂下来，到了白天又重新张开。”爸爸说。

“哦，白天张开、夜晚垂下，那不是和夜来香的花朵正好相反吗？”哥哥问。

“对，因为含羞草体内也有一个生物钟。”爸爸说。

“你怎么知道它有生物钟呢？”妹妹问。

“你忘记了吗，我们昨天晚上提到过。只要把它放在全黑的环境里，如果它还是照旧白天张开、晚上垂下，那就说明含羞草的张开和垂下与光线无关，而是受体内的生物钟控制。”爸爸说。

“爸爸，”哥哥瞅了瞅下面的岩洞说，“岩洞里不论什么时候都是黑暗的，不如我们把含羞草挪到下面去试一试？”

“这是个好主意。”爸爸说着，和哥哥一起把含羞草挖出来，连着根部的土，放进一个布袋子里。

爸爸和哥哥带着含羞草先进入岩洞。他们一点一点地往下挪，头顶的光线越来越暗。走到底后，他们打开手电筒继续向里走，逐渐适应了岩洞内部的昏暗。再拐了个弯，他们走到里面完全见不到光的地方了，就把含羞草重新栽在土里。洞里很清凉，也很安静，爸爸和哥哥环顾四周，打量了一番周围的环境，然后爬了出来。

妈妈和妹妹在外面等着。哥哥和爸爸出来后，告诉她们里面很安全，于是一家人全都进去了。在黑暗中，他们看到含羞草的叶子依旧是张开的。

“爸爸，我有个问题。”哥哥说，“虽然把含羞草放进全黑的岩洞里，排除了光线的影响，可是说不定还有其他因素影响了含羞草周期性地张开和垂下，比如温度。”

“嗯，你说得有道理。不过科学家们找到了办法来确定含羞草张开和垂下确实是靠自身的生物钟，而不是受到外部因素的控制，秘密就是含羞草张开和垂下的时间周期。”爸爸说。

“这是什么意思？”哥哥问。

“如果我们长期观察含羞草，并记录下它每天张开的时间，我们会发现，两次张开的时间并不是相差 24 小时，而是比 24 小时多一点儿。”

“这是为什么？”

“如果含羞草是靠外部因素来决定其张开和垂下的时间的，那么它的时间周期应该是 24 小时，也就是地球自转引起的温度、光线、宇宙射线等因素的周期变化时间。但是处于全黑环境里的含羞草，张开和垂下的周期并不是恰好 24 小时，这说明含羞草不是依靠这些外部因素来调节的，而是靠其内部的时钟。”爸爸说。

“哦，这个办法挺好的。”

“那其他植物和动物呢？它们的生物钟周期也不是刚好 24 小时吗？”

“对，例如人的生物钟也不是 24 小时，大部分人的生物钟比 24 小时长一点儿。”

“不过这样一来就有个严重的问题，”哥哥说，“如果生物钟不是 24 小时，过不了多久，生物钟就和太阳这个天然的时钟差得越来越远了。”

“嗯，我正想跟你提这一点呢。生物钟和普通钟表不同的是，它可以自我调节，最终会与地球自转的 24 小时周期同步。”

“是吗，这么神奇！那生物钟是怎么调节自己的？”哥哥问。

“走吧，我们上去说。”爸爸对哥哥说。

一家人朝岩洞口走去。快到洞口时，一束阳光从高处照射下来，跟黑暗的岩洞形成了鲜明的反差。爸爸走到光柱下，指着上面说：“秘密就是光线。”

“光线能调节生物钟？”

“是的。如果我们一直待在洞里不见天日，我们的生物钟将慢慢脱离昼夜的节律而变得紊乱。但阳光的变化节奏不会变，一昼夜始终是 24 小时。只要我们不是生活在黑暗中，能感知昼夜的明暗变化，我们的生物钟就可以调节到 24 小时的昼夜节律上，这样身体节律便不会紊乱。”

“没想到，这小小的生物钟有这么多不可思议的地方！”妈妈感叹道。

说话间，一家人爬出了岩洞，回到营地吃午饭。

WHAT IS TIME
知识盒子

生物钟节律

最常见的生物钟节律是昼夜节律，其周期约等于一昼夜的长度。昼夜节律是生物固有的，不受环境温度、湿度、重力、地球磁场等因素的影响。即使在国际空间站，宇航员的昼夜节律也与在地球表面时相同。

但是生物钟只是约等于 24 小时，它跟地球自转的 24 小时相比，每天会产生一点差距，如果这种差距不断累积下去，就会造成昼夜节律的颠倒。为了避免这种情况，生物需要通过感受光线等方式将自身生物钟调节到 24 小时，与地球自转一圈的时长保持一致，从而维持稳定的昼夜节律。

除了昼夜节律，还有其他类型的生物钟节律，比如周期约为 12.5 小时的潮汐节律。生活在海边的牡蛎会在潮水到来时张开壳，在潮水退去时关闭壳。即使把牡蛎从海里捞出来，放到人工建造的水池里，隔绝日光与月光的影响，它们张开与关闭壳的时间仍与当地的潮水涨落周期保持一致。

此外，还有与月亮有关的生物钟节律。在新月和满月时会形成大潮，这时银汉鱼会利用大潮上岸产卵，这是因为银汉鱼有半月周期的生物钟。

昼夜节律与温度补偿

一般认为，温度每升高 10℃，生物体内的化学反应速度就会增加到原来的 2 倍，所以生物钟应该随之变快。但 1953 年，生物学家皮登卓伊发现，不管是在 16°C还是 26°C下，果蝇的羽化时间几乎不变，这说明生物体内有一种机制能抵消温度变化的影响。2017 年，日本科学家上田宏生等人对此给出了一种解释，他们认为，生物体内存在两种随温度变化而呈相反趋势的化学反应，通过相互抵消，维持了生物钟在不同温度下的稳定。

这种机制与 17 世纪英国钟表匠约翰·哈里森发明的精准时钟是一个原理。当时，哈里森想制造一种不受温度变化影响的钟表，他选用了两种随温度变化而膨胀程度不同的金属——铜和铁，并将它们相互交叉构成栅格，以此抵消温度变化引起的时钟误差。

蓝细菌：生物的智慧

中午天气酷热，大家找了个阴凉的地方午休，日头偏西了才出来活动。

妹妹见天色渐渐昏暗，想起猫捉老鼠的游戏，就拉着爸爸、妈妈和哥哥一起玩。妹妹自告奋勇当猫，妈妈当裁判，哥哥和爸爸当老鼠，他们将一个瓶子立在地上当油瓶。

游戏开始，妈妈喊“天亮了”，所有人都停住不动，妈妈接着喊“天黑了”，爸爸和哥哥火箭般冲向油瓶。妹妹冲出去捉爸爸，爸爸赶紧定住不动。与此同时，哥哥飞快地冲向油瓶，妹妹又去追哥哥，哥哥也不动了。妈妈喊“天亮了”，所有人都不许动。

妹妹一直守着哥哥，眼睛却盯着爸爸。这时妈妈喊“天黑了”，爸爸冲向油瓶，妹妹去追爸爸，爸爸跑了一阵，快被妹妹捉到时停下了，哥哥又冲向油瓶，妹妹又大叫着冲向哥哥，把哥哥赶跑。几轮之后，妹妹终于捉到了爸爸，但哥哥抢到了油瓶。大家玩得兴高采烈。

玩了一会儿，他们都累了，纷纷倒在草地上，一个个饥肠辘辘。

当米饭做好时，大家等不及菜烧好就直接吃起米饭来，个个都吃得很香。

妹妹对刚才的猫捉老鼠游戏意犹未尽，她边吃饭边问爸爸："老鼠为什么晚上才出来活动？"

"因为晚上不容易被捕食者发现，趁着夜色正好四处活动。"

"除了这个，还有什么好处？"

"还可以充分保存身体里的水分。在沙漠等干旱地区或者热带，白天出来活动会消耗掉身体里宝贵的水分，所以许多动物等到夜晚凉快了才出来。"

"我很难想象有些动物到了晚上精力充沛是什么感觉，我天一黑就很困了。"妹妹说。

"嗯，夜行动物的生物钟正好和日行动物相反。到了晚上，夜行动物的激素分泌会变得活跃起来。"

妹妹闻着空气中花的香味，想起了夜来香，于是问爸爸："还有哪些植物会在夜里活跃？"

"比如稻谷，到了晚上也没有闲着。如果没有生物钟，我们就吃不到有营养的大米了。"爸爸指着碗里的饭粒说。

妹妹和哥哥有点吃惊，但还是听爸爸继续讲："大米里除了淀粉，最主要的成分就是蛋白质。蛋白质的形成离不开氮元素，而氮元素主要来自空气中的氮气。稻谷中的蓝细菌能把氮转换成蛋白质，也就是大米里的营养成分。”

“这和生物钟有什么关系呢？”妹妹问。

“稻谷的生长离不开光合作用。在光照下，稻谷里的蓝细菌吸收二氧化碳，会排放出什么气体呢？”爸爸问。

“氧气。”哥哥说。

“对，问题就出在这里。光合作用产生的氧气会严重抑制固氮酶，妨碍蛋白质的生成。光合作用和固氮反应，一个让作物生长，另一个帮助作物生成蛋白质，都是稻谷生长所必需的，但二者是一对矛盾，没法兼容。”爸爸说。

“那怎么办？”妹妹问。

“稻谷里的蓝细菌发展出一种新机制：既然光合作用和固氮反应没法在空间上分开，那只有把它们从时间上分开，白天光合，晚上固氮，一举两得。能在时间上把这两种矛盾的反应过程分开的，就是稻谷里蓝细菌的生物钟。”爸爸说。

“哦，小小的稻谷太有智慧了。”哥哥说。

说话间，米饭都被他们消灭光了。

“可是我还有个问题，”哥哥抹抹嘴，继续问，“为什么每一个生物体内都有一个生物钟，难道都有一个像稻谷这么必要的理由吗？”

“生物是多样性的。如果有些生物有生物钟，而另外一些没有，经过漫长时间的演化，有生物钟的物种最终就会具有更大的竞争和生存优势。”

“为什么这么说呢？”哥哥问。

“比如在远古时期，紫外线是威胁生命的杀手之一，强烈的紫外线让很多早期生命夭折。只有那些具有生物钟功能的生命才能躲过紫外线，更好地生存下来。”

“为什么那时紫外线那么强烈呢？”

“因为大气中没有臭氧层阻挡紫外线。臭氧是从哪里来的呢？氧气在紫外线的照射下，氧分子分解成氧原子，接着一个氧原子和一个氧分子结合，就形成了臭氧分子。但那时地球上氧气的含量非常低。”

“为什么那时氧气很少？”

“因为那时缺少植物通过光合作用产生的氧气。经过几十亿年，地球上的氧气含量才逐渐提高，而这都离不开这种蓝细菌。”

“为什么紫外线没有杀死这种蓝细菌呢？”

“啊哈，你问到点子上了。”爸爸说，“强烈的紫外线会严重破坏生物的遗传物质复制。蓝细菌没有遮阳伞，而且既没有腿又没有翅膀，无法移动。如果蓝细菌在白天制造遗传物质，就会被紫外线严重破坏，而且蓝细菌并不会修复受损的遗传物质。”

“那蓝细菌怎么办？”

“既不能躲避，又不会修复，蓝细菌就选择了第三种策略：与其和紫外线对抗，不如适应它。天亮了，紫外线强烈，蓝细菌只进行光合作用，停止复制遗传物质。天黑之后，光合作用停止，蓝细菌开始复制遗传物质。于是，这种具有生物钟功能的细菌在进化中生存了下来。正是蓝细菌释放的氧气，才让地球上的氧气含量增加到现在的水平（见图 7-5）。”

“我还有个问题，即使蓝细菌没有生物钟，只要它能感知光线，那么仍然可以日出后进行光合作用，日落后复

图 7-5 蓝细菌与氧气和臭氧的关系，以及蓝细菌生物钟的作用

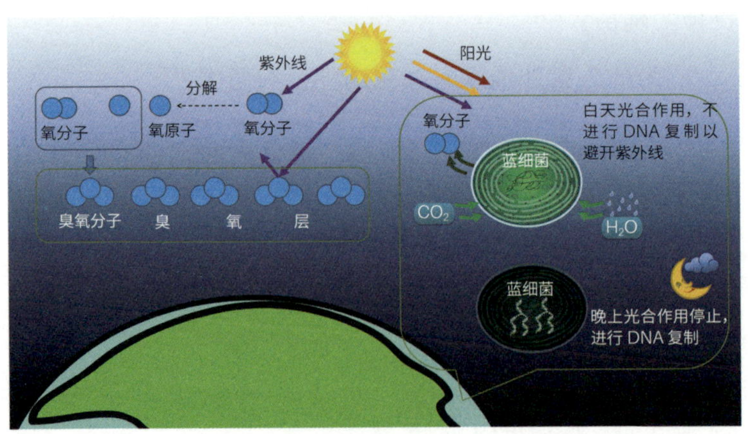

制遗传物质吗？”哥哥问。

“这样是可以，但如果有极个别的蓝细菌由于某种基因突变偶然地发展出生物钟，那么它们会更有竞争优势。因为蓝细菌进行光合作用是需要准备时间的，不是一日出就能立刻开始。如果有了生物钟，蓝细菌就可以估计好日出的时刻并提前准备好，这样一日出就可以立刻开始光合作用，这就比那些没有提前准备好的蓝细菌有了更大的竞争优势，从而在生物演化中更好地生存下来。”

“没想到小小的蓝细菌拥有这么多智慧。”哥哥感叹道。

WHAT IS TIME
知识盒子

生物钟的起源与进化

现代复杂生物的生物钟是如何演化来的呢？

早在35亿年前，地球生命刚刚诞生不久，蓝细菌（又叫蓝藻）就出现在了地球上。不过，那时生命所处的环境很恶劣，大气中臭氧很少，紫外线辐射强烈，严重破坏了蓝细菌复制遗传物质的过程。为了应对这种挑战，蓝细菌体内进化出了生物钟机制，使得它可以知晓当前时刻，只在夜间才开始复制遗传物质，从而避免了紫外线的影响。正是由于这种生物钟机制，蓝细菌才能在地球早期严苛的环境中生存下来。鉴于生物钟机制如此有用，在后来的生命演化过程中，生物钟机制被一代代遗传下来，出现在每一种生物体内。

生物钟的周期一直是24小时左右吗？不一定。这取决于地球自转速度。在6.2亿年前，地球上的一天更短，只有 21.9 小时，所以那时的生物钟应该更接近当时的昼夜长度。在以亿年为单位的时间长河里，生物有足够的时间随着地球自转速度的改变逐渐调整生物钟的周期，并与之匹配。

生物钟与生命的适应性

生物钟周期与昼夜的明暗周期相近。但如果有些生物的生物钟周期与昼夜的明暗周期相差很大，它们还能生存下来吗?

为了探究这个问题，有科学家用细菌做了实验，他们通过基因突变培育了两种细菌：一种昼夜节律为 22 小时，另一种昼夜节律为 30 小时。随后，他们把这两种细菌放在人工照明环境中，该环境的明暗周期设置为 11 小时明亮，另外 11 小时黑暗，循环一次共 22 小时。实验结果显示，昼夜节律为 22 小时的细菌在竞争中更占据优势。反之，如果把人工照明的周期改成 15 小时明亮，15 小时黑暗，那么昼夜节律为 30 小时的细菌会表现出更强的生存能力。这说明，生物钟的节律越接近环境的明暗周期，生物的生存机会越大。

狼与羊：生物数量的变化与循环

晚饭后，一家人坐在帐篷里聊天。天色越来越黑，外面变得非常安静。大家谈论着第二天的安排，爸爸提议早上去山顶看日出，两个孩子都同意了。妈妈拿出手机，设定了闹钟。

“万一闹钟没响，可怎么办呢？”妹妹问。

爸爸觉得有道理，便也在他的手机里设置了一组闹钟。

“看来我们真的离不开钟表。”哥哥说。

“是啊，要是没有钟表，不仅早上起不来，连鸡蛋都有可能煮过头。”妈妈说。

“对了，爸爸，”哥哥说，“动物和植物的生物钟到底是怎么回事呀？难道它们身体里也有一些钟摆和机械齿轮在驱动时钟？”

正在这时，外面突然传来一声吼叫，在寂静的夜空里显得很悠长。过了一会儿，又传来一声类似的吼叫。

“爸爸，那是什么叫声？会不会是狼？”妹妹问。

“应该不会的，这附近已经很多年没有狼了，狼在这一带几乎已经绝迹了，很可惜。”爸爸说。

“为什么没有狼了还可惜？狼不是会吃掉小孩和羊吗？！”妹妹问。

“狼在我们的印象里的确是一种凶恶的动物，但如果一个生态系统里没有了顶级的食肉动物，只剩下食草动物，也会是一场灾难。”爸爸说。

“为什么？大家都吃草不是挺好的吗？”妹妹不解地问。

“让我们重新看一下草原上狼和羊之间发生的事。”爸爸说完，从包里翻出一个可折叠的便携围棋盘，把它打开，抓起一把白子摆在上面。

“假如这个棋盘是一片草原，白子是草原上的羊。”哥哥和妹妹点点头，继续听爸爸讲，“如果草原上只有羊，情况会怎么样呢？它们啃食草皮、繁殖后代，由于没有天敌，数量越来越多。”爸爸说着，在棋盘上摆上更多的白子。

“而草场是有限的，数量众多的羊最终会吃光所有的草。没有了草，生态系统崩溃，所有的动物都活不下来。”爸爸说。

“哦，原来如此，看来草原上需要食肉动物来平衡。”哥哥说。

爸爸又在棋盘上摆了一些黑子，代表狼："我们试试看，现在草原上出现了一些狼，狼少羊多。狼有丰富的食物，所以数量增加。由于一开始狼不多，所以羊的数量会继续增加一些，直到狼变得越来越多，羊才开始减少。"爸爸放入了更多的黑子，并拿掉一些白子。

"这样下去，狼越来越多，会不会把羊全部吃光呢？"妹妹有点担心地问。

"可这时，情况发生了反转。"爸爸说，"狼数量众多，食物却在减少，狼无法获得足够的食物，所以数量也开始减少。"爸爸拿掉了一些黑子。

"看来物极必反啊。"妈妈说。

"狼减少了，羊的天敌就变少了。当狼减少到一定程度时，羊的数量又会开始回升。"爸爸继续摆下更多的白子。

"哦，是啊！然后呢？"哥哥说。

"羊的数量增多了，狼的食物充足，狼群也会扩大，一切又回到最初的状态，这样周而复始。"爸爸说。

"我一直以为在一个健康的生态系统中，狼和羊的数量是稳定不变的，原来也是不断波动的。"妈妈说。

"是的，在一个健康的生态系统里，狼和羊的数量会发生周期性的波动，就像一个钟摆，摆上又摆下（见图7-6）。"爸爸说。

图 7-6　在健康的生态系统中，捕食者（如狼）和被捕食者（如羊）的数量会随着时间的推移呈现出周期性变化

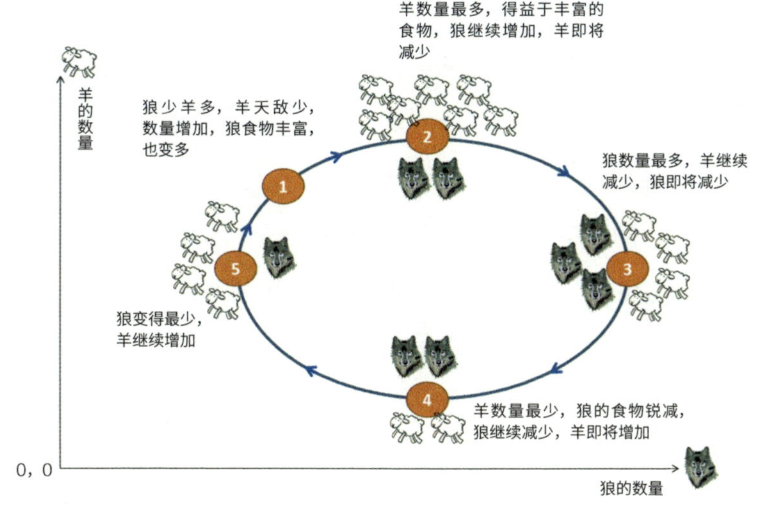

“这么说，狼和羊组成了生态系统的时钟？”哥哥问。

“对，在狼和羊的例子里，捕食者和被捕食者彼此相克又彼此依存。”爸爸指了指黑子和白子。

哥哥和妹妹凑过来，继续摆弄着棋盘上的棋子。

WHAT IS TIME
知识盒子

生态系统中种群数量的变化

我们经常听到“生态平衡”这个词，但可能也会因此产生一种误解：在一个生态平衡的系统里，生物的数量是稳定不变的。其实，这种生态平衡是动态的，不是固定不变的。每时每刻，生物的种群数量都在发生变化，但总体上，每种生物的数量既不会变得太多而泛滥，也不会变得太少而灭绝。

草原上狼和黄羊的数量变化就是一个典型的生态平衡的例子。假设在一个封闭的生态系统中，只有狼和黄羊两种动物。由于一个偶然的因素，狼的数量有所增加，那么黄羊作为狼的食物，其数量就会随之减少。当黄羊数量变得很少时，狼由于缺乏食物，数量也会因此下降。而作为黄羊天敌的狼群一旦变少，黄羊数量又开始恢复，这样就为狼提供了更多食物，导致狼群数量再度增加。就这样，狼和黄羊的数量呈周期波动的趋势，仿佛狼群数量在跟随黄羊数量波动，但不是完全同步，而是有一定的延迟。二者形成了周期性的循环，维持着动态变化和平衡。

如果有一天，人们开始大量捕杀狼群，情况就会发生改变。狼群灭绝后，黄羊没有了天敌，数量开始猛增。结果，黄羊大量啃食草皮，造成草场退化，甚至变成荒漠，最终黄羊自身也无法生存下去。这样原有的生态平衡就被打乱了，也可以说生态回到了另一个更稳定的状态，即所有生物都灭绝的原始状态。

在一个包含狼和羊以及草原的封闭生态系统中，如果任何一方的数量小于种群繁殖所需的最小数量，那么不仅该种群会灭绝，另一方也将面临灭顶之灾。如果狼吃光所有的羊，自己也会因缺少食物而灭绝（见图 7–7）。如果狼灭绝了，羊会吃光草原的草，从而导致草原生态系统的崩溃（见图 7–8）。因此，生物数量一旦停止循环变化，生物就会消亡。

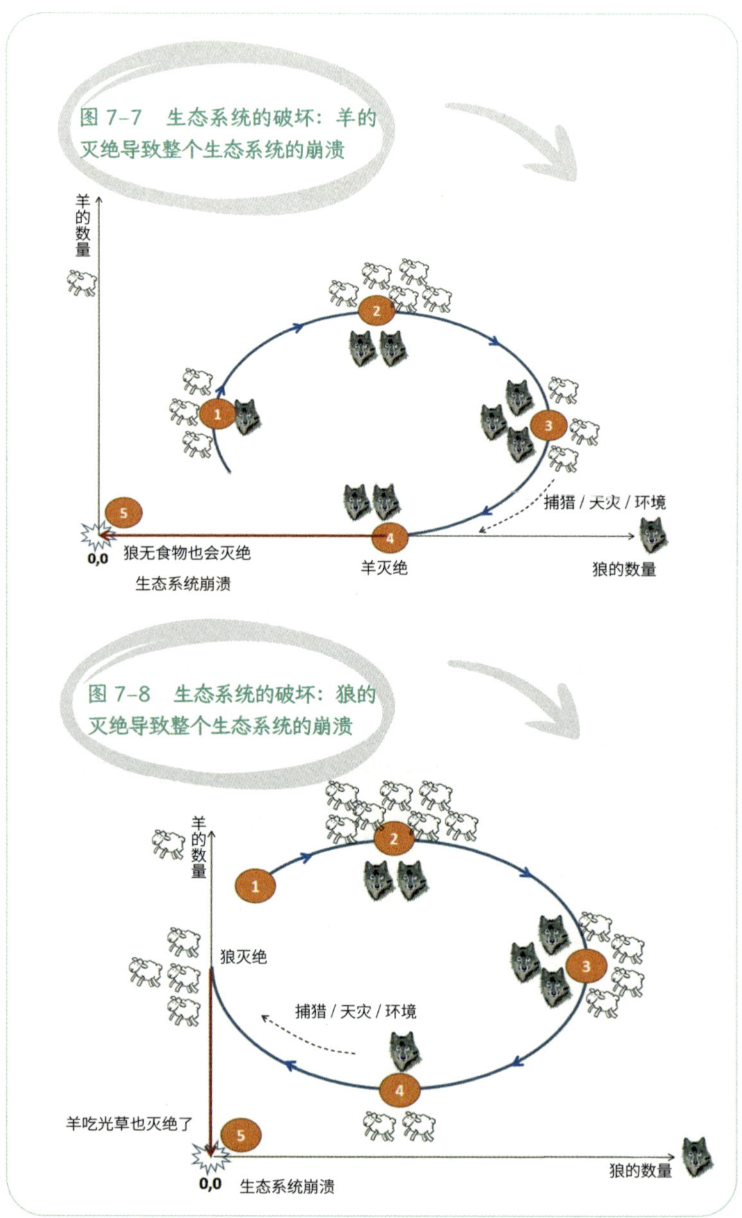
图 7-7 生态系统的破坏：羊的灭绝导致整个生态系统的崩溃
羊的数量
1
2
3
捕猎 / 天灾 / 环境
5
4
0,0
狼无食物也会灭绝
羊灭绝
狼的数量
生态系统崩溃
图 7-8 生态系统的破坏：狼的灭绝导致整个生态系统的崩溃
羊的数量
2
1
狼灭绝
3
捕猎 / 天灾 / 环境
4
羊吃光草也灭绝了
5
狼的数量
0,0
生态系统崩溃

细胞：最小的生物钟

哥哥和妹妹摆弄了一会儿围棋子，突然，哥哥想起刚才问爸爸的问题还没问完："我们人体里的生物钟是什么样子的，它究竟位于哪里呢？"

"哦，是啊，我也差点忘记这个问题了。其实生物钟不在某一个具体的地方，而是与我们同在。"爸爸说。

"与我们同在？这是什么意思？"

"你知道细胞吧？人体每一个器官，无论是大脑还是内脏、肌肉、皮肤，都是由微小的细胞构成的。它们就像积木一样，是组成人体的最基本单位。奇妙的是，几乎在每个细胞里都有一个生物钟。所以我们无须刻意寻找生物钟，它们无处不在。"

"在这么小的细胞里都有生物钟？它是怎么工作的？"

"动物的细胞一般由三部分构成：表层的细胞膜、中间半透明的胶状物质——细胞质，以及位于最中心的细胞核。就像在草原上一样，细胞里也有自己的'羊群'和'狼群'，它们相互促进和抑制，这才产生了周期性的节律。只不过，在细胞里扮演羊群和狼群角色的分别是 DNA 和蛋白质。”

“DNA 和蛋白质是什么，它们为什么会像羊群和狼群？”

“你不妨想象细胞就是一盒刚买的玩具，外面的纸盒子是细胞膜。拆开盒子，我们首先要找到说明书，才能组装玩具。DNA 就相当于细胞里的说明书，上面写着组装蛋白质所需的信息。细胞生成蛋白质的过程：首先，细胞里的 DNA 信息被信使 RNA 复制到细胞核外，然后在这些信息的指导下，细胞就能组装各种形状的蛋白质（见图 7-9）。蛋白质有带状的，也有环形的（见图 7-10）。复制出来的 DNA 信息越多，生产出来的蛋白质才越多，就像草原上羊越多，狼的数量也越多。”

“原来是这么回事。”

“可是，狼太多了，就会抑制羊的数量，羊会逐渐减少。同样，蛋白质太多了，就会重新进入细胞核，连接到一个特定的区域，反过来抑制信使 RNA 的产生，使它越来越少。”

“那接下来呢？”

“羊减少了，会导致狼跟着减少。同样，信使 RNA 减少，复制出来的 DNA 和制造出来的蛋白质也相应减少，这样一来蛋白质就没法继续抑制信使 RNA 了，就像减少的狼群没法抑制羊群的增长一样。”

图 7-9　DNA 位于细胞核内，而根据其编码生成的蛋白质位于细胞质中

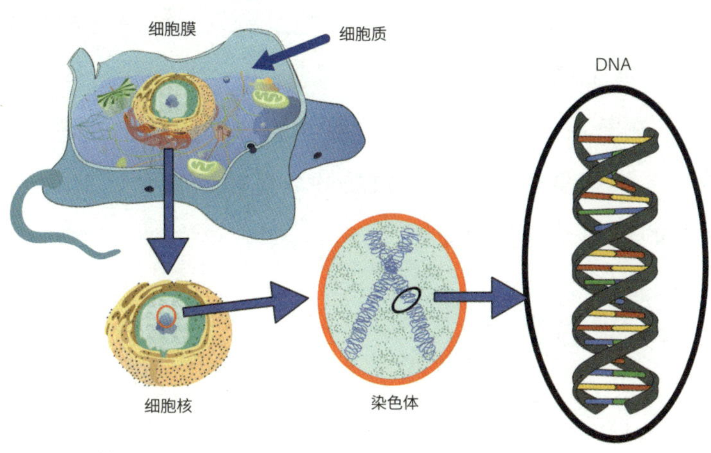

图 7-10　一种六边形的生物钟蛋白质 KaiC

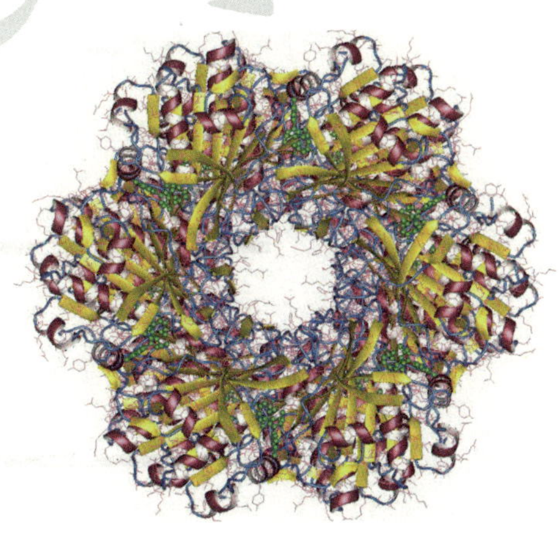

资料来源：维基百科。

哥哥点点头，爸爸继续讲：“狼减少了，羊群会继续增加。而对于细胞来说，蛋白质减少了，信使 RNA 和复制出来的 DNA 会继续增加，于是又开始了新一轮的循环。这就是细胞里生物钟的工作原理。这个周期差不多是 24 小时。”

“这么一说，我明白了。细胞里所发生的一切确实有点像草原上的羊和狼。”

“在草原上，狼的数量跟随羊的数量的变化而增加或减少。细胞里也类似，蛋白质的数量跟随着信使 RNA 的数量的变化而变化（见图 7-11）。”

图 7-11 果蝇体内的 PER 蛋白水平随着信使 RNA 的变化而变化，就像狼群随着羊群变化而变化。

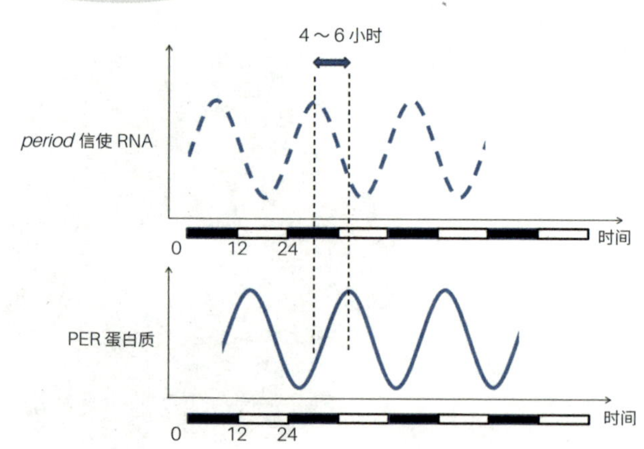

“人体里一共有多少个这种生物钟？”哥哥问。

“整个人体有数以亿万计的生物钟。”

“天哪！”妹妹惊讶地叫道。

“它们虽然数量众多，但各司其职，相互配合。你的胃里有胃钟，控制你什么时候觉得饿了，你的肾脏里有肾钟，决定内分泌的水平，等等。”爸爸说。

“如果我们家里摆了这么多时钟，那么到底要以哪个为准呀？”妈妈问。

“嗯，这是个好问题！人体里还有一个主时钟呢，它负责调控其他器官和细胞里的生物钟。”

“为什么需要这样一台主时钟来调控其他时钟？”

“因为人体生物钟每天也会快一点儿或慢一点儿。比如一个人的生物钟周期是 24.5 小时，如果不调节，每天会有半小时的偏差，3 个星期后他的生物钟就和外部时间昼夜颠倒了。”

“原来如此。”哥哥说，“那这个主时钟在人体的什么位置呢？”

“它位于我们的大脑前部，确切说是在下丘脑的前部，一个叫作‘视交叉上核’的位置，就在你两眼之间的眉心里面。”爸爸说。

“这不是二郎神的第三只眼吗？”哥哥问。

“确实有点像第三只眼，因为这个视交叉上核处于视神经的通道上，是光线从视网膜进入大脑的必经之路。”

爸爸说。

“哈！还真让我说对了。”哥哥说。

“主时钟为什么会位于这里呢？”妈妈问。

“上午我们从岩洞里爬出来的时候说过，光线可以调节生物钟，还记得吗？对人体来说，光线就是调校生物钟的那只手，而位于视神经通道上的视交叉上核就是生物钟上的旋钮。光线通过转动旋钮，就可以调节主时钟，进而调控其他细胞里的生物钟。”

“哦，那光线到底怎么调节生物钟呢？”哥哥问。

“阳光照进我们眼内，通过视神经进入视交叉上核。视交叉上核里的 2 万个细胞有节奏地律动，它们捕捉到光线里的时间信息，进行校准，然后像乐队的指挥棒一样，调动全身的其他细胞按照它的节奏运作。”爸爸说。

“如果在雷雨天，一道闪电的亮光会不会扰乱我们的生物钟？”妈妈问。

“那倒不会，生物钟的周期长达 24 小时，瞬间的闪电不足以影响生物钟里 DNA 的复制和蛋白质的生成。但如果我们睡前长时间地看电脑、手机，这些屏幕所发出的蓝光就会强烈地抑制大脑中褪黑素的分泌，让我们不再产生睡意，到了夜间反而变得很清醒。”爸爸说。

妈妈看了看表：“对了，我们明天还要早起呢！早点睡觉吧。”

“是啊，差点忘记了！”哥哥说。一家人立刻睡下了。

WHAT IS TIME
知识盒子

生物钟的“嘀嗒”声

生物钟并非仅仅存在于一个器官内，而是广泛存在于每个细胞内部，甚至存在于分子层面，因而被称为“分子生物钟”。

1990 年，保罗·哈丁和杰弗里·霍尔在果蝇体内发现了一种名为 *period* 的生物钟基因，并提出了一套分子生物钟机制。这套机制非常简洁，基因与蛋白质就像钟表的齿轮与连杆一样相互驱动，交替发出“嘀”和“嗒”的声音。

这个过程与草原上狼和羊数量变化的例子很像，只需把羊替换成 DNA，把狼替换成蛋白质即可。在草原上，狼有了食物，数量便会增加；在细胞内，有了 DNA 信息，就可以合成更多的蛋白质。在草原上，过多的狼会吃掉很多羊，导致羊无法快速繁殖；在细胞内，过多的蛋白质进入细胞核，则会抑制 DNA 的复制。

分子生物钟机制具体如下（见图 7-12）：

- 首先，*period* 基因（锯齿状）被信使 RNA（橙色长条状）复制，生物钟开始循环（步骤 1），就像时钟发出了“嘀”声。

图 7-12 分子生物钟简化模型：一昼夜内 *period* 基因与蛋白质的周期变化构成生物钟的“嘀嗒”

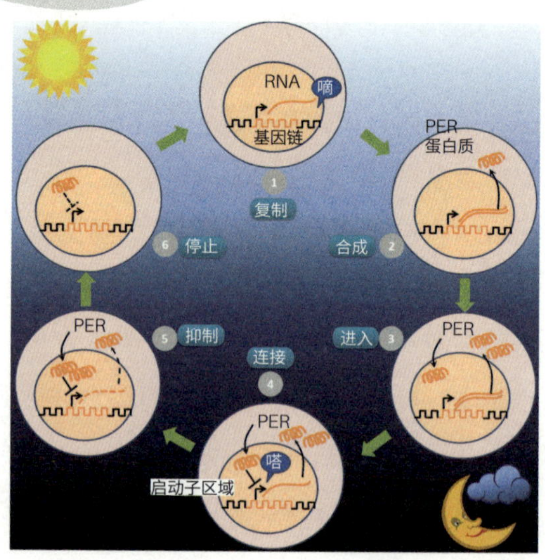

- 细胞核外开始合成 PER 蛋白质，即步骤 2 里的卷曲物。
- 生成的蛋白质越来越多（小心，狼越来越多！）并进入细胞核内（步骤 3）。
- 蛋白质连接到启动子区域，抑制生成信使 RNA（步骤 4：狼多为患了，羊群在颤抖！），相当于时钟发出了“嗒”的一声。
- 进入细胞核的蛋白质越来越多，信使 RNA 和 PER 蛋白质被严重抑制（步骤 5：可怜的狼，食物越来越少），蛋白质的数量越来越少。
- 当所有 PER 蛋白质的生成都停止后，它不再抑制 *period* 基因（步骤 6），于是 *period* 信使 RNA 开启了新一轮 PER 蛋白质的合成（步骤 1：羊群又开始恢复了），进入下一个昼夜节律的循环。

这种“嘀嗒”的生物钟机制和老爷钟里的擒纵轮机制非常相似，都是增长和抑制两种力量之间的相互制约平衡。由于在分子生物钟模型研究上做出了卓越贡献，杰弗里·霍尔获得了 2017 年诺贝尔生理学或医学奖。

登山看日出：生命的偶然

第二天清晨，一家人早早就起了床。走出帐篷，凉爽的空气让人清醒了很多。

天空开始泛白，群星渐次隐退，准备和太阳交接班。爸爸带着大家向附近的一座小山走去，到那儿看日出。刚刚走了没多远，哥哥和妹妹的裤腿就被露水沾湿了，不过他们仍然蹦蹦跳跳地走着。一人宽的小径弯弯曲曲通到山顶，两旁是茂密的青草。小路上的泥土湿润且柔软瓷实，散发出清香。爸爸走在前面，哥哥和妹妹跟在后面，想着几天后暑假就要结束，又要和爸爸离别，两个孩子心里不禁有些失落。妈妈走在最后，时不时回头看看，似乎要把这景色留在心底。

半个小时后，他们到了山顶。朝东望去，一朵云盘桓在地平线上。那地平线下的光亮，为云朵镀上了一层金边。天地间一片寂静，偶尔传来几声虫鸣。群山静静矗立，仿佛刚从梦中醒来。山腰上的树木挺立着，准备沐浴第一缕阳光。远处的布谷鸟在啼叫，声音清脆悠远。轻风拂面，小草微微摆动。

哥哥和妹妹专注地望着东边有亮光的地方，一刹那，他们脸上、额头上的绒毛被晶莹的金光照亮了，瞳孔里出现了一个橙红色的亮点。妹妹的嘴微微张开，目不转睛地看着眼前的一切。突然耳边传来一阵空气震颤的声音，一群飞鸟从旁边的树上扑棱着飞起，吓得妹妹赶紧用双手捂着耳朵。

瞬间，群山的轮廓沐浴在橙红的氤氲之中，草地上每颗露珠里都冒出一朵晶莹。东边那个橙红色亮点不徐不疾地扩大、上升，仿佛下面有什么东西在托举着它。周边的云彩变成了紫色的云霓，环绕着这道光亮。对面青翠的大山被初升的太阳照得通亮，在碧蓝的苍穹映衬下，显得英姿勃发。一条带状的白云横跨山峦，犹如张弓弩射。

渐渐地，那个橘黄色的圆盘露出半个脸庞，柔和而自如地发散出光芒，温暖地照在一家人身上，像慈母轻轻地抚摸着孩子，充满亲昵之情。近处的山默默注视着远处低语的群山，不肯轻微动一下。丝带般的白云在天空中轻轻涌动，俯瞰着这一切。

哥哥和妹妹伫立着，他们的身影融进了大山，融进了白云，融进了这碧蓝的天空。他们浑然忘记了自己，不再思念过去，也不再担忧未来，虽然仍有遗憾，但不再惧怕别离。他们甚至不再渴求什么，也不再留恋什么，心中只有一片空灵。时间仿佛消失了。虽然这美景不会亘古不变，但他们内心自在如初。

橘色的圆盘完全跃出云层，轻盈地悬浮于云朵之上。它继续悠然地上升，一如两个少年胸中升起的柔软而无畏之心。

• ● •

一家人缓缓朝山下走去。假期就要结束了，大家心里都在想着什么，但没有人说话。回到营地，他们最后一次收拾行李，上路回家了。

爸爸望着车窗外的绿色，陷入沉思。大自然中，所有的生命都沉浸在自我之中，花儿忘情绽放、树枝尽情摇曳，忘记了时间的存在。而在学校、工厂中，所有的人都盯着钟表，专注于每一个日程表，忘记了自我的存在。现在，自己也即将投身于那个日程表中了。

妹妹拿出图画本，画下今天早上见到的美景。汽车的身影在群山的注视下转过了一道山梁。

爸爸望着路上的车辙，仿佛时间碾过的印迹。过去的这个夏天真的会永远过去和消失吗？那未来的呢，真的尚未到来吗？

“今天是几号？”妹妹画完了，她用铅笔抵着下巴问大家，准备标上日期。

“8 月底或 9 月初吧，不记得哪一天了。”哥哥说。

“第一天。”妈妈侧过头来插了一句。

“9 月的第一天吗？”妹妹摇着笔问。

“不，是你人生剩余日子的第一天。”妈妈说。

“剩余日子的第一天……”哥哥和妹妹重复着。

过了一会儿，妈妈觉得后面很安静，回头一瞥，发现哥哥既没有睡觉，也没有欣赏车外的风景，而是怔怔地坐着。

“怎么这么安静，你有什么担心的事情吗？”妈妈问哥哥。

“爸爸这次出差还是坐长途飞机吗？”哥哥问。

“是啊。”妈妈答道。

“我记得爸爸回国时坐的飞机出故障后，我们第一次去露营时，爸爸说人生最不可思议的就是生命的无常。”

“哦，原来你担心的是这个啊。”妈妈说，“你担心爸爸的安全，是吗？”

哥哥点点头。

妈妈深深吸了一口气，把手搭在扶手上，望着前方的地平线。远方新的山峦一点点出现，但总是无法穷尽所有的风景。车厢里很安静，只有马达发出的单调的声音。

过了一会儿，妈妈回过头来对哥哥说：“对了，你还记得爸爸昨天跟你们讲的 DNA 信息复制吗？”

“嗯，我记得。DNA 信息从上一代复制到下一代，生命才能不断延续。”

“是的，但有时我们需要反过来想一想，这样能帮助我们解开一些疑惑。”

“是吗？怎么反过来想呢？”哥哥问。

“你应该听说过吧，DNA 信息的复制并不总是像复印一张纸那样准确，有时候信息复制会出现差错，这是无法预测的。但正因为这些偶尔的错误，生命才会变得不一样，才有机会改变自己，适应新的环境。”妈妈说。

“这说明了什么呢？”

“这说明，这种不确定性、不可预测性是生命本身的一部分。生命在地球上演化了几十亿年，但仍然没有排除这种不确定性，说明它内植于生命之中。如果消除了这种不确定性，生命的 DNA 信息总是完美地复制自己，那么就永远没有了变化的可能，生命将一成不变，地球上永远不会有更高级和更复杂的生命。”

哥哥和妹妹瞪大眼睛，听妈妈继续讲。

“我们常说‘年年岁岁花相似’，但一切看起来不变的东西，其实都在变化。我们还经常说‘坚实的大地’，但你们知道吗，其实大地一直在运动。印度洋板块以每年至少 5 厘米的速度向北移动，造成了喜马拉雅山脉持续升高，预计 2.5 亿年后，七大洲将合并为一个超级大陆。由于一些偶然的原因，非洲东海岸在很久以前被向上抬起，阻隔了印度洋的暖湿气流，使东非的森林变成树木稀疏的平原。大约几百万年前，猿猴从树上来到地面，开始直立行走。如果没有这些偶然的变化，也就不会有今天的人类。”

哥哥和妹妹似听懂了。爸爸侧过头来，微笑着看了看妈妈。

“妈妈说得对，”爸爸说，“不止地球和生命在变化，太阳系、宇宙都在变化，甚至我们的文化也在随之变化。70 亿年前，宇宙开始加速膨胀。50 多亿年前，太阳还只是一片星云，那时我们身体里的铁、碳原子还在太空中飘荡。在 6.2 亿年前，地球上的一天只有不到 22 小时。3.5 亿年前，地球的一年长达 385 天。如果那时就有人类，他们的钟表设置、新年规则以及昼夜节律周期会和现在大不相同。我们把这种变化叫作‘时间’。”

妈妈接着说道：“这种变化和变异就是一种不确定性，它让生命的出现成为可能。就单个生命来说，它不喜欢这种不确定性，总希望能够尽量避免。但就生命全体来说，它是好事，因为不确定性意味着改变和适应。即使经历了五次生物大灭绝，甚至有一次 95% 以上的物种都消失了，但存留的生命还是顽强地适应了新的变化，繁衍出更加丰富的物种。生物的多样与丰富恰恰来源于它的偶然性。一个生命在消失前，把宝贵的信息遗传给后代，并给后代留下了改进的机会，还有什么比这更好的呢？”

哥哥终于露出了久违的笑容，像车窗外远处的群山一样安宁。

• ● •

在汽车的颠簸中，路两边的树木不断向后退去、远离，每个人的思绪都像潮汐般起起落落。一个夏天的风餐露宿、披星戴月、上山下溪，又一次在心里泛起涟漪。那些欢乐、困乏、孤寂的星光、饥肠辘辘的肚子、太阳下的暴晒，都被精心地收藏，存放在一座心灵的岛屿上。

太阳轮回一次的分离与等待，换来月亮轮回一次的相聚，显得如此不成比例。想着即将到来的离别，妈妈在心里默默地说："时间在不同的地方流逝，而我们对彼此的思念，却会在相同的时间开始……"

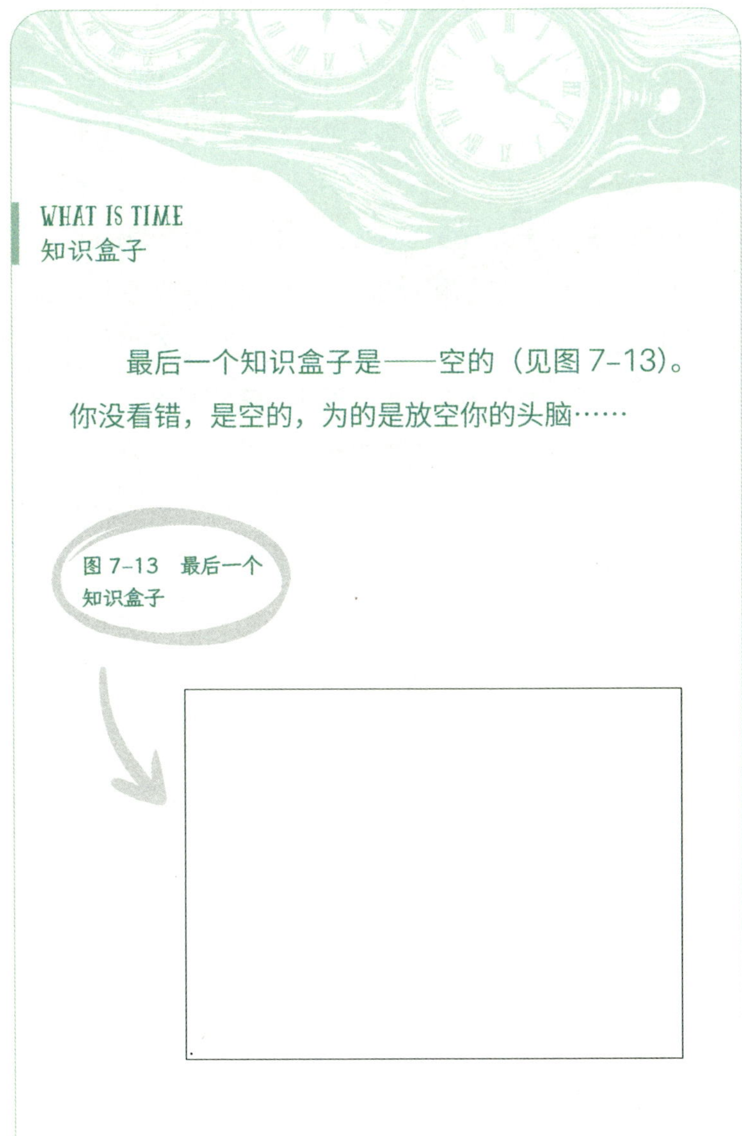

WHAT IS TIME
知识盒子

最后一个知识盒子是——空的（见图 7-13）。你没看错，是空的，为的是放空你的头脑……

图 7-13　最后一个知识盒子

如果你仔细搜寻一下，会发现盒子左下角有个小黑点。这一点，象征着人类千万年来世世代代所累积的全部知识，从楔形文字、甲骨文、竹简、羊皮卷，到成千上万座图书馆里的纸书，再到整个互联网的网页，在无限知识中，它们所占据的空间只有那么一点儿。

现在，请把书本拿远一点儿，暂时忽略那个小黑点，将目光投向这大片的空白，想象你正置身于一大片银白的雪原上，可以尽情漫步、奔跑、打滚、匍匐、翻腾……

阅读书目

关于生物的昼夜节律的基本原理、发现过程以及分子生物钟等，请参考 [1] [2] [3]。

关于 2017 年发现的生物钟的温度补偿机制，请参考 [4]。

[1] [美] 罗伯特：《近日生理学》，陈善广、王正荣译，科学出版社，2009。

[2] [英] 拉塞尔·福斯特、利昂·克赖茨曼：《生命的节奏》，郑磊译，当代中国出版社，2004。

[3] 汪波：《时间之问》，清华大学出版社，2019。

[4] Shinohara Y., Koyama Y.,Ukai-Tadenuma Met al., "Temperature-Sensitive Substrate

and Product Binding Underlie Temperature-Compensated Phosphorylation in the Clock. *Molecular Cell*, 2017, 67: 783-98.

致 谢

记得2018年草长莺飞之际，我开始构思《时间之问》。怀揣着出版社的嘱托，我的思绪如植物般滋长，朝各个方向抽条发枝。之后，这些枝条的绝大部分虽已长大，却并没令我满意，因而无法逃脱被忍痛剪掉的命运。然而，久违的灵感在绿树浓荫的夏至那一天悄然而至，冥冥中暗示我，夏日就应该走出家门，跟孩子到山间溪边，与星光虫鸣做伴。一家人就这么上路了。

初稿完成，我返回来补写全书的第一节。随着键盘声，最后一句话显示在屏幕上："是的，他（爸爸）的心已经到家了。"这行字立刻在我眼前模糊起来，只有镜片上的雾气和眼眶里温热的水珠在悄然流转。静下来后，我嗅出了这不期而至却又熟悉的感觉，它曾多次在我写作正酣时对我发动突袭。我自问：难道是这些小小的水滴浇灌了我的作品？这对于一本科普书来说似无必要，此前我一直如此认为。现在我明白了，它不属于理性的管辖之地，却是我们之所以是人类的凭据。

写作是一场修行，感谢所有支持和激（刺激）励（鼓励）过我的人。

感谢女儿和你纯真好奇的大眼睛。我们蜷在一起阅读、嬉戏、一问一答，你贡献了一个又一个的“为什么”。感谢家人，你们的陪伴为这个野外旅行故事提供了源源不断的灵感。

感谢行距文化做我坚实的后盾。身兼资深出版人和孩子母亲双重角色的毛晓秋女士，对书稿的完善提出了双份见解。她把诸多干扰屏蔽在我的笔尖之外。

感谢编辑们对本书的精心锻造，他们提出了“知识盒子”的好点子，并搭配了漂亮的手绘插图，还不遗余力地挑出隐藏的“虫子”。

感谢您，读者！只要书里的故事能使您生发一点儿兴趣的种子，我就会很高兴，相信这种子会在未来的时间里继续萌发。期待听到您的反馈意见，只需通过这个神秘的传输门：wangbo.i@gg.com。

谨向所有的少年致敬！

汪 波

2025 年 4 月 27 日

未来，属于终身学习者

我们正在亲历前所未有的变革——互联网改变了信息传递的方式，指数级技术快速发展并颠覆商业世界，人工智能正在侵占越来越多的人类领地。

面对这些变化，我们需要问自己：未来需要什么样的人才？

答案是，成为终身学习者。终身学习意味着永不停歇地追求全面的知识结构、强大的逻辑思考能力和敏锐的感知力。这是一种能够在不断变化中随时重建、更新认知体系的能力。阅读，无疑是帮助我们提高这种能力的最佳途径。

在充满不确定性的时代，答案并不总是简单地出现在书本之中。“读万卷书”不仅要亲自阅读、广泛阅读，也需要我们深入探索好书的内部世界，让知识不再局限于书本之中。

湛庐阅读 App：与最聪明的人共同进化

我们现在推出全新的湛庐阅读App，它将成为您在书本之外，践行终身学习的场所。

- 不用考虑“读什么”。这里汇集了湛庐所有纸质书、电子书、有声书和各种阅读服务。
- 可以学习“怎么读”。我们提供包括课程、精读班和讲书在内的全方位阅读解决方案。
- 谁来领读？您能最先了解到作者、译者、专家等大咖的前沿洞见，他们是高质量思想的源泉。
- 与谁共读？您将加入优秀的读者和终身学习者的行列，他们对阅读和学习具有持久的热情和源源不断的动力。

在湛庐阅读App首页，编辑为您精选了经典书目和优质音视频内容，每天早、中、晚更新，满足您不间断的阅读需求。

【特别专题】【主题书单】【人物特写】等原创专栏，提供专业、深度的解读和选书参考，回应社会议题，是您了解湛庐近千位重要作者思想的独家渠道。

在每本图书的详情页，您将通过深度导读栏目【专家视点】【深度访谈】和【书评】读懂、读透一本好书。

通过这个不设限的学习平台，您在任何时间、任何地点都能获得有价值的思想，并通过阅读实现终身学习。我们邀您共建一个与最聪明的人共同进化的社区，使其成为先进思想交汇的聚集地，这正是我们的使命和价值所在。

CHEERS

湛庐阅读 App 使用指南

读什么

- 纸质书
- 电子书
- 有声书

与谁共读

- 主题书单
- 特别专题
- 人物特写
- 日更专栏
- 编辑推荐

怎么读

- 课程
- 精读班
- 讲书
- 测一测
- 参考文献
- 图片资料

谁来领读

- 专家视点
- 深度访谈
- 书评
- 精彩视频

HERE COMES EVERYBODY

下载湛庐阅读 App
一站获取阅读服务